Oberbürgermeister

DEUTSCHE FÜHRUNGSSCHICHTEN IN DER NEUZEIT

Band 13

Im Auftrag der Ranke-Gesellschaft
Vereinigung für Geschichte im öffentlichen Leben
und des
Instituts zur Erforschung historischer Führungsschichten
herausgegeben von
GÜNTHER FRANZ

Harald Boldt Verlag · Boppard am Rhein

Oberbürgermeister

Büdinger Forschungen
zur Sozialgeschichte
1979

herausgegeben von
KLAUS SCHWABE

Harald Boldt Verlag · Boppard am Rhein

CIP-Kurztitelaufnahme der Deutschen Bibliothek

Oberbürgermeister / Büdinger Forschungen zur Sozialgeschichte 1979. Hrsg. von Klaus Schwabe. – Boppard am Rhein: Boldt, 1981.
(Deutsche Führungsschichten in der Neuzeit; Bd. 13)
ISBN 3-7646-1799-3

NE: Schwabe, Klaus [Hrsg.]; Büdinger Forschungen zur Sozialgeschichte ⟨17, 1979⟩; GT

Gedruckt mit Unterstützung
des Förderungs- und Beihilfefonds Wissenschaft
der VG Wort GmbH,
Goethestraße 49,
8000 München 2

ISBN: 3 7646 1799 3

1981

Herstellung: boldt druck boppard gmbh

INHALTSVERZEICHNIS

NAME UND ANSCHRIFT DER REFERENTEN

Professor Dr. Otto Borst
Mozartweg 32, 7300 Eßlingen

Dr. Christian Engeli
Spindlermühlenweg 27, 1000 Berlin 45

Walter Först
Fröbelstraße 42, 5000 Köln 42

Dr. Gerhard Hirschmann
Gerngroßstraße 26, 8500 Nürnberg

Professor Dr. Wolfgang Hofmann
Winklerstraße 18^{b}, 1000 Berlin 33

Professor Dr. Wolfgang Klötzer
Weißdornweg 24, 6070 Langen

Professor Dr. Horst Matzerath
Weilburgerstraße 2, 5000 Köln 91

Dr. Susanne Miller
Saarweg 6, 5300 Bonn

Professor Dr. Rudolf Morsey
Blumenstraße 5, 6730 Neustadt

Dr. Dieter Rebentisch
Lerchenweg 6, 6072 Dreieich

Professor Dr. Klaus Schwabe
Feldbergstraße 8, 6382 Friedrichsdorf

BILDERVERZEICHNIS

EINFÜHRUNG

VON KLAUS SCHWABE

Der Freiherr vom Stein erhoffte sich von seiner Städteordnung eine „Belebung des Bürgersinnes"[1]. In gewissem Umfang ist diese Hoffnung im Deutschland der letzten hundert Jahre in Erfüllung gegangen. Ist es doch mittlerweile eine unumstrittene historische Tatsache, daß Ansätze und Impulse für eine Modernisierung des politischen Lebens, d. h. für die Entwicklung von Formen demokratisch legitimierter staatsbürgerlicher Mitbestimmung, im Deutschland des 19. und 20. Jahrhunderts am ehesten im Bereich der städtischen Selbstverwaltung zu suchen sind. Wie die Namen einiger prominenter nationalliberaler Oberbürgermeister (z. B. Forckenbeck, Berlin, oder Miquel, Frankfurt), zeigen, wurde nach der Reichsgründung die Kommunalpolitik eines der bevorzugten politischen Betätigungsfelder des nach rechts tendierenden Liberalismus, der sich nach dem Verfassungskonflikt mit Bismarck arrangiert hatte[2]. Doch gelang es vor dem Ersten Weltkrieg auch Persönlichkeiten, die der entschieden liberalen bürgerlichen Linken, also den Freisinnigen bzw. der Fortschrittlichen Volkspartei, nahestanden, in den Spitzen der Verwaltungshierarchien einiger deutscher Großstädte (z. B. Georg Voigt in Frankfurt, Rudolf Schwander in Straßburg oder Otto Geßler in Nürnberg) Fuß zu fassen, wobei sie sich ihrerseits bisweilen schon auf die anwachsende Zahl sozialdemokratischer Stadtverordneten bzw. Stadträte stützten. Hand in Hand mit dieser allmählichen Tendenz nach links ging die Ablösung der

[1] Freiherr vom Stein, Denkschrift für K. F. v. Schuckmann, 15. 3. 1829. Zit. nach: Erich Botzenhart, Gunther Ipsen (Hg.), Freiherr vom Stein, Ausgewählte Briefe und Denkschriften. Stuttgart 1955, S. 445; dazu vgl. Gerhard Ritter, Stein. Eine politische Biographie. Stuttgart 1958, S. 267.

[2] Heinrich Heffter, Die deutsche Selbstverwaltung im 19. Jahrhundert. Geschichte der Ideen und Institutionen. Stuttgart, 2. Aufl., 1969, S. 616.

„Honoratiorenverwaltung“ durch mehr und mehr von den Parteien gestellte Kommunalpolitiker[3].

In der Weimarer Republik treffen wir dann auf die ersten Stadtoberhäupter, die selbst Mitglieder der sozialdemokratischen Partei waren, obwohl auch in diesem Zeitabschnitt die Sozialdemokratie, gemessen an den in den Kommunen für sie abgegebenen Stimmen, in Führungsgremien der deutschen Stadtverwaltungen unterrepräsentiert blieb[4]. Im Ganzen war, wie die Laufbahnen einer Reihe von Stadtoberhäuptern – nicht zuletzt Adenauers – zeigen, der berufliche Aufstieg im Kommunalbeamtentum schon im wilhelminischen Deutschland an nicht ganz so strenge ausbildungsmäßige und gesellschaftliche Vorbedingungen geknüpft wie die Karriere eines staatlichen Beamten. Mit der Hitlerzeit stieg die Zahl der aus der unteren Mittelschicht in kommunale Spitzenpositionen Aufgestiegenen sogar noch an[5]. Dies war eine Folge der rigorosen Säuberung, der die höchsten städtischen Behörden nach der Machtübernahme Hitlers unterzogen wurden, der in den Stadtverwaltungen – aus seiner Sicht mit Recht[6] – Residuen eines für ihn nicht mehr zeitgemäßen republikanischen Liberalismus sah.

Das grundlegende Problem, das jede kommunale Verwaltung aufwirft, blieb freilich auch nach 1933, nachdem das „Führerprinzip“ in den Rathäusern seinen Einzug gehalten hatte und „alte Kämpfer“ mit Bürgermeisterposten belohnt worden waren, nach wie vor ungelöst, ja es verschärfte sich sogar noch: die Notwendigkeit, das Kriterium politischer Loyalität mit den Bedürfnissen einer an geregelte Verfahren und

---

[3] Dazu Helmuth Croon, Das Vordringen der politischen Parteien im Bereich der kommunalen Selbstverwaltung. In: Helmuth Croon u. a. (Hg.), Kommunale Selbstverwaltung im Zeitalter der Industrialisierung. (= Schriftenreihe des Vereins für Kommunalwissenschaften 33) Stuttgart 1971, S. 15 ff.

[4] Vgl. dazu den Beitrag von Susanne Miller in diesem Bande.

[5] Dieter Rebentisch, Ludwig Landmann. Frankfurter Oberbürgermeister der Weimarer Republik. (= Frankfurter Historische Abhandlungen 10) Wiesbaden 1975, S. 12. Hierzu und für das Folgende vgl. die Beiträge vom selben Autor und von Horst Matzerath in diesem Bande.

[6] Der der DDP angehörende Nürnberger Oberbürgermeister Luppe bezeichnete die Gemeinde als „Keimzelle des Staates“, die „im Kampf um die Durchsetzung des demokratischen Gedankens die Führung übernehmen“ müsse: Hermann Hanschel, Oberbürgermeister Hermann Luppe. Kommunalpolitik in der Weimarer Republik. (= Nürnberger Forschungen 21) Nürnberg 1977, S. 405. Vgl. auch den Beitrag von Christian Engeli in diesem Bande.

technischen Sachverstand gebundenen Stadtverwaltung in Einklang zu bringen. Wenn auch die Oberbürgermeister ihren herausgehobenen Status als vor allem fachlich qualifizierte Politiker im Dritten Reich verloren, so blieb es doch eine Frage, wieweit das Hitlerregime hier auf Sachkompetenz verzichten konnte, ohne daß die technisch-zivilisatorische Fortentwicklung des deutschen Städtewesens Schaden genommen hätte. Denn an der Tatsache, daß vor allem die deutschen Großstädte Pioniere und Hauptträger der Industrialisierung Deutschlands geworden waren, ließ sich nun einmal nicht rütteln. In irgendeiner Weise mußten also die städtischen Verwaltungen dem technisch-zivilisatorischen Entwicklungsstand der urbanen Ballungszentren Deutschlands entsprechen und in der Lage sein, die Probleme zu meistern, welche die moderne Urbanisierung und Technisierung aufwarfen.

Die Frage nach den gesellschaftlichen und politischen Grundlagen der Leitung der städtischen Verwaltung in Deutschland seit der industriellen Revolution rührt damit an ein zentrales Problem auch der allgemeinen Geschichte Deutschlands in den letzten hundert Jahren: Die Erarbeitung einer „historisch-politischen Soziographie des kommunalen Berufsbeamtentums"[7] bleibt ein wichtiges historiographisches Desiderat.

Das 17. Büdinger Gespräch wollte als Vorleistung zu dieser insgesamt noch zu bewältigenden Aufgabe verstanden werden, wenn es einige namhafte Vertreter der auf die jüngste Zeit bezogenen Stadtgeschichtsforschung der Bundesrepublik zusammenführte[8]. Die bei dieser Zusammenkunft gehaltenen Vorträge werden hiermit der Öffentlichkeit übergeben. Deutsche Oberbürgermeister aus der Zeit etwa der Jahrhundertwende bis zum Ende des Zweiten Weltkrieges sollten in erster Linie als Repräsentanten einer auf die einzelnen deutschen Großstädte verteilten Verwaltungselite verstanden werden. In Anlehnung an die Untersuchungen Wolfgang Hofmanns[9] sollten sie daneben aber auch als Angehörige der zentralen Eliten im wilhelmini-

---

[7] Rebentisch, Landmann, S. 12.

[8] Schnelle Orientierung über den Stand der Forschung bei: Jürgen Reulecke (Hg.), Die deutsche Stadt im Industriezeitalter. Beiträge zur modernen deutschen Stadtgeschichte. Wuppertal 1978.

[9] Wolfgang Hofmann, Zwischen Rathaus und Reichskanzlei. Die Oberbürgermeister in der Kommunal- und Staatspolitik des Deutschen Reiches von 1890–1933. (= Schriften des Deutschen Instituts für Urbanistik 46) Stuttgart 1974; vgl. ferner den Beitrag Hofmanns in diesem Bande.

schen und nachrevolutionären Deutschland betrachtet werden, mit denen sie z. B. als Mitglieder der ersten Kammern oder als Teilnehmer an den Städtetagen in Berührung kamen. Besonders in der Weimarer Republik gelang es einigen deutschen Oberbürgermeistern dann auch, in Ministerposten der Reichsregierung aufzurücken: Die deutschen Oberbürgermeister waren zu einer „politischen Reserve" für die Zentrale geworden[10]. Da es, abgesehen von dem schon genannten Buch von W. Hofmann, bisher nur wenige kommunalgeschichtliche Arbeiten gibt, die über einen begrenzten lokalen oder doch regionalen Rahmen hinausreichen und die Aufarbeitung der einschlägigen Quellen auch bei weitem noch nicht soweit gediehen ist, um derartige übergreifende Synthesen zu ermöglichen, konnte das Programm der 17. Büdinger Gespräche auf den individuell-biographischen Ansatz nicht verzichten. Doch wurde darauf geachtet, daß die für die Hauptvorträge ausgewählten individuellen Beispiele – Adickes, v. Schuh, Adenauer[11] – Oberbürgermeister betrafen, die sich alle in ihrem engeren Wirkungskreis und darüber hinaus einen Namen gemacht hatten und jeweils in möglichst verschiedenen Teilen Deutschlands ihr Amt innehatten. Zwei der gehaltenen Korreferate[12] (die alle mehr als erweiternd denn als kritisch-kommentierend gedacht waren) haben diese notgedrungen rigorose Auswahl ergänzt. Der Kenner wird die Oberbürgermeister aus dem östlichen Deutschland (wie z. B. Hans Lohmeyer, Richard Rive, Carl Goerdeler oder Wilhelm Külz) unterrepräsentiert finden. Daß diese bedauerliche Lücke gelassen werden mußte, lag nicht nur an der Schwierigkeit, hier kompetente Referenten zu gewinnen, sondern auch an der an dieser Stelle besonders ungünstigen Quellenlage. Im Bemühen, einen wenigstens begrenzt repräsentativen Querschnitt zu gewinnen, wurden darüber hinaus Themen gestellt, die sich entweder auf Gruppen innerhalb der Gesamtheit der deutschen Oberbürgermeister oder aber auf die Rolle der deutschen Oberbürgermeister insgesamt in einem scharf eingegrenzten Zeitraum bezogen.

Soweit möglich, sollten in allen Beiträgen die folgenden Gesichtspunkte berücksichtigt werden: der gesellschaftliche und regionale Hin-

---

[10] Rudolf Morsey in: „Frankfurter Allgemeine Zeitung", 17. 7. 1975 (Besprechung des unter Anm. 9 genannten Werkes von W. Hofmann).

[11] Vgl. die Beiträge von Wolfgang Klötzer, Gerhard Hirschmann und Rudolf Morsey.

[12] Von Christian Engeli und Walter Först.

tergrund für den beruflichen Aufstieg in das Amt des Oberbürgermeisters; die Bewährung des Oberbürgermeisters als Gliedes der großstädtischen Elite und die Absicherung seiner Stellung gegenüber Interessengruppen und Parteien; das politisch-gesellschaftliche Selbstverständnis der jeweiligen Oberbürgermeister als Vertreter einer lokalen und/oder überlokalen Elite; der Einfluß des Oberbürgermeisters als Vertreters lokaler Interessen auf die übergeordneten politischen Zentralinstanzen (d. h. z. B. die Regierungspräsidenten, Länder- bzw. Reichsregierungen und -parlamente); der politische und gesellschaftliche Status des Oberbürgermeisters als „Sprungbrett" für eine Karriere innerhalb der zentralen Eliten Deutschlands; die Verschränkung und ggf. gegenseitige Bedingtheit von „lokaler" und „zentraler" Elitefunktion.

Mit dem 17. Büdinger Gespräch ist eine neue Reihe dieser alljährlichen wissenschaftlichen Begegnungen eröffnet worden, nachdem noch zu Lebzeiten von Herrn Professor Dr. Hanns Hubert Hofmann, dem Betreuer der Büdinger Gespräche im Zeitraum von 1972 bis 1977, die Leitung dem Herausgeber anvertraut worden war. Stärker als die bisherige Gesprächsserie soll die neue Reihe den Schwerpunkt auf das 19. und das 20. Jahrhundert legen und dabei die wissenschaftliche Auseinandersetzung auch mit der jüngsten Zeitgeschichte nicht scheuen.

Diese Akzentversetzung wird den Charakter der künftigen Büdinger Gespräche in mehrfacher Hinsicht verändern: Je mehr im Zeichen der modernen Massengesellschaft der Familienverband als Bestimmungsfaktor für gesellschaftlichen Status und Aufstieg an Bedeutung verliert, desto mehr wird von Fall zu Fall (es gibt auch Ausnahmen!) die genealogische Fragestellung in den Hintergrund treten. Damit wird das methodische Prinzip, das die Gespräche bisher geleitet hat, nicht verlassen. Es gilt, auch für die jüngste Zeit – nach der Formulierung von Hanns Hubert Hofmann[13] –, „von biographischer zu prosopographischer Betrachtung" „fortzuschreiten" und „aus genereller wie regionaler Themenstellung" ein breites „Spektrum" „zu gewinnen" und „das Innen- wie Außenverständnis von Führungsschichten" und, so darf man hinzufügen, ihren politisch-gesellschaftlich-wirtschaftlichen Status an sich zu beleuchten. Der einzelne Vertreter einer Elitegruppe

[13] Hanns Hubert Hofmann, Einführung zu: Bankherren und Bankiers. Büdinger Vorträge 1976. (= Deutsche Führungsschichten in der Neuzeit 10) Limburg 1978.

wird indessen, je mehr sich die Büdinger Gespräche unserer Gegenwart nähern, um so mehr als Mitglied einer Einkommensschicht, einer Berufsgruppe, einer Partei oder eines Interessenverbandes, und nicht mehr so sehr als Angehöriger z. B. eines Familienverbandes erscheinen. Verbands- und Parteiengeschichte werden deshalb stärker in den Vordergrund des Interesses der künftigen Büdinger Gespräche rücken. Es ist zu hoffen, daß damit diese wissenschaftlichen Gesprächsrunden auch einen Beitrag zur Diskussion um gesellschaftliche Kontinuitäten bzw. Diskontinuitäten im Deutschland der letzten hundert Jahre leisten werden. Da Quellenerschließung und -erforschung im Bereich der neuesten Geschichte noch mehr im Fluß sind, als dies bei den frühere Epochen behandelnden Unterdisziplinen der Geschichtswissenschaft der Fall sein dürfte, werden viele der künftigen Beiträge noch mehr den Charakter einer vorläufigen wissenschaftlichen Bestandsaufnahme tragen. Das Grundanliegen der Büdinger Gespräche wird damit nicht beeinträchtigt, die Absicht nämlich, Vertreter gemeinsamer Forschungssparten – in diesem Bande z. B. Vertreter der modernen Stadtgeschichtsforschung – im Rahmen der umfassenden Frage nach Formen der Elitebildung und des Eliteverständnisses zu einem wissenschaftlichen Meinungsaustausch zusammenzuführen, dessen Ergebnisse der Öffentlichkeit zugänglich gemacht werden sollen. Als Gegenstand für die Büdinger Gespräche der kommenden Jahre sind u. a. die staatlichen Verwaltungsspitzen, das diplomatische Korps und die Hochschullehrerschaft ins Auge gefaßt worden.

Wie seit ihrer Begründung im Jahre 1963, so standen die Büdinger Gespräche auch 1979 wieder unter der Schirmherrschaft der „Ranke-Gesellschaft für Geschichte im öffentlichen Leben" e. V. (Hamburg) und des „Instituts zur Erforschung historischer Führungsschichten" e. V. (Bensheim). Wie zuvor durften sie wieder die Gastfreundschaft Sr. D. des Fürsten zu Ysenburg und Büdingen in Anspruch nehmen, der u. a. auf Schloß Büdingen den Tagungsraum zur Verfügung stellte. Finanziell wurde das Gespräch durch Zuschüsse des Hessischen Kultusministers und der Deutschen Forschungsgemeinschaft, die Drucklegung des vorliegenden Bandes durch eine Beihilfe des Förderungs- und Beihilfefonds Wissenschaft der VG Wort ermöglicht. Gegenüber allen Persönlichkeiten und Dienststellen, die die Durchführung des 17. Büdinger Gesprächs 1979 materiell ermöglicht haben, möchte ich an dieser Stelle meinen aufrichtigen Dank zum Ausdruck bringen. Zu danken habe ich auch den Herren Buntrock und Dr. Hauf, die mir bei der Drucklegung geholfen haben.

Zu besonderem Dank verpflichtet bin ich allen denen, die an dem inhaltlichen Ablauf dieses Treffens beteiligt gewesen sind: an erster Stelle natürlich den Vortragenden selbst, dann aber auch den Kollegen – vor allem den Herren G. Franz, W. Hofmann, R. Morsey und D. Rebentisch –, die mich bei den Vorbereitungen mit ihrem fachmännischen Rat unterstützt und so zu dem Gelingen des 17. Büdinger Gesprächs maßgeblich beigetragen haben.

OBERBÜRGERMEISTER ALS POLITISCHE ELITE IM WILHELMINISCHEN REICH UND IN DER WEIMARER REPUBLIK

VON WOLFGANG HOFMANN

Oberbürgermeister haben sich in unserem Jahrhundert schon immer für Oberbürgermeister interessiert; nicht nur für die eigene Person, wie die zahlreichen autobiographischen Berichte von Luther (Essen, gleich mehrfach)[1], Wallraf (Köln)[2], Rive (Halle)[3], Wermuth (Berlin)[4], Lohmeyer (Königsberg)[5], Luppe (Nürnberg)[6], Kaisen (Bremen)[7] und Hensel als Oberstadtdirektor (Düsseldorf)[8] belegen, sondern auch für ihre Kollegen, wie ihre historiographischen Versuche zeigen, die zugleich auch Kommunalgeschichte der Stadt und Region wiedergeben. Darin äußert sich ein hohes Selbstgefühl, die subjektive Zuordnung zu einer hervorgehobenen Gruppe von Personen, die Bedeutsames erlebt hat und etwas zu sagen weiß, also die Zugehörigkeit zu einer

---

1 Hans Luther, Im Dienst des Städtetages. (= Schriftenreihe des Vereins für Kommunalwissenschaften 4) Stuttgart 1959; ders., Aus Magdeburgs kommunalpolitischer Vergangenheit. Lebenserinnerungen. Duisburg 1959; ders., Politiker ohne Partei. Stuttgart 1960; ders., Zusammenbruch und Jahre nach dem Ersten Krieg in Essen. Erinnerungen. (= Beiträge der Geschichte von Stadt und Stift Essen 73) Essen 1958.

2 Max Wallraf, Aus einem rheinischen Leben. Hamburg 1926.

3 Richard Robert Rive, Erinnerungen eines deutschen Oberbürgermeisters. (= Schriftenreihe des Vereins für Kommunalwissenschaften 5) Stuttgart 1960.

4 Adolf Wermuth, Ein Beamtenleben. Erinnerungen. Berlin 1926.

5 Hans Lohmeyer, Die preußischen Oberbürgermeister und die Städtetage. In: Hans Luther, Im Dienst des Städtetages, S. 7 ff.; ders., Rückblick auf meine Amtszeit. In: Jahrbuch der Albertus-Universität zu Königsberg i. Pr. 7 (1957), S. 3–18.

6 Hermann Luppe, Mein Leben. (= Quellen zur Geschichte und Kultur der Stadt Nürnberg 10) Nürnberg 1977.

7 Wilhelm Kaisen, Meine Arbeit – Mein Leben. München 1967.

8 Walther Hensel, Dreimal Kommunalpolitik 1926–1964. Köln 1970.

Elite. Da es durchweg Männer von literarischer Bildung waren, die sie sich auf dem Gymnasium, der Universität oder wie Kaisen, im Arbeiterbildungsverein angeeignet hatten, konnten sie auf diese Weise über ihre Arbeit und ihr Leben Auskunft geben. Ihrer Amtsstellung und Amtsbezeichnung trauten sie hinreichende Wirkung in der Öffentlichkeit zu, so daß sie auf anderweitige Titel der staatlichen Hierarchie glaubten verzichten zu können[9].

Die Frage ist nun, warum sind sie für uns interessant und einer intensiven Beschäftigung wert, wie die zahlreichen neuen Oberbürgermeisterbiographien von Brandt-Löwenthal über Reuter (Berlin)[10], Engeli über Böß (Berlin)[11], Hanschel über Luppe (Nürnberg)[12], Först über Lehr (Düsseldorf)[13], Rebentisch über Landmann (Frankfurt/Main)[14],

---

[9] Lohmeyer, Oberbürgermeister, S. 9, berichtet, daß seit Beginn des 20. Jh. die preußischen Oberbürgermeister größerer Städte auf die bis dahin übliche Verleihung des Titels „Geheimer Regierungsrat" der staatlichen Rangordnung verzichteten und diese Auszeichnung den Zweiten Bürgermeistern sowie den Oberbürgermeistern kleinerer Städte überließen. Luthers besonders ausgeprägtes Selbstbewußtsein traute der Amtsbezeichnung friedenstiftende Wirkung zu; denn er lief bei dem Sturm der „Roten Armee" auf das Essener Rathaus 1920 den Belagerern mit ausgebreiteten Armen entgegen und rief, nach eigenem Zeugnis: „Hier ist der Oberbürgermeister", offenbar nicht ohne Erfolg (Luther, Zusammenbruch, S. 49). Geßler relativiert die geringe Berücksichtigung der Oberbürgermeister in der Hofrangordnung des Kaiserreiches – an 58. Stelle – und betont, daß der Zugang eines „Zivilisten, der etwas zu sagen hatte", zum Kaiser höher zu veranschlagen war, als diese nachgeordnete Position (Otto Geßler, Reichswehrpolitik in der Weimarer Zeit, hrsg. von Kurt Sendtner. Stuttgart 1958, S. 39 und 102).

[10] Willy Brandt u. Richard Löwenthal, Ernst Reuter. Ein Leben für die Freiheit. München 1957.

[11] Christian Engeli, Gustav Böß, Oberbürgermeister von Berlin 1921–1930. (= Schriftenreihe des Vereins für Kommunalwissenschaften 31) Stuttgart 1971.

[12] Hermann Hanschel, Oberbürgermeister Hermann Luppe. Nürnberger Kommunalpolitik in der Weimarer Republik. (= Nürnberger Forschungen 21) Nürnberg 1977.

[13] Walter Först, Robert Lehr als Oberbürgermeister. Ein Kapitel deutscher Kommunalpolitik. Düsseldorf 1962.

[14] Dieter Rebentisch, Ludwig Landmann. Frankfurter Oberbürgermeister der Weimarer Republik. (=Frankfurter Historische Abhandlungen 10) Wiesbaden 1975.

Sprenger über Sahm (Danzig/Berlin)[15] und die Autoren des von Stehkämper herausgegebenen Adenauerbandes zeigen[16]. Gerade das biographische Interesse hat gewiß etwas mit der Korrespondenz von Amt und Person zu tun, das im Vergleich zu anderen Ämtern eine relativ hohe Gestaltungsfreiheit hatte, ausgeprägte Charaktere anzog und ihnen Entfaltungsmöglichkeiten eröffnete.

Hans Luthers „Lust zur praktischen kommunalen Arbeit“[17], Konrad Adenauers Chance, sich in diesem Amt „ganz auszuwirken mit allen Kräften des Verstandes und der Seele“[18], teilt sich auch dem Biographen und dem Leser mit. Wer diese schöpferische Tätigkeit der Stadtgestaltung, des Planens und Gründens von Stadterweiterungen und Grüngürteln, von kommunalen Hafenanlagen und Flugplätzen, von öffentlichen Nahverkehrsnetzen und Kanalisationssystemen, von Messen und Ausstellungen, Museen und Schulen in einer lebendigen Darstellung mitverfolgt, dem teilt sich auch der Rausch des homo faber mit, der in Hans Luthers Zeugnis über seine Tätigkeit anklingt.

Mit dieser bedeutsamen Rolle der Oberbürgermeister im Prozeß der Urbanisation und des Ausbaus der Städte ist bereits ein Moment benannt, aus dem heraus sie in den zu besprechenden Epochen allgemeines historisches Interesse beanspruchen können. Ob die funktional hohe Bedeutung dieser administrativen Elitegruppe die zu erörternden Epochen überdauerte oder, wie Horst Matzerath betont[19], eine Übergangserscheinung war, soll der Diskussion überlassen sein. Neben der lokalen Bedeutung der Oberbürgermeister, die wegen der Allgemeinheit des Urbanisationsprozesses schon gesamtgesellschaftliche Bedeutung hat, wird diese durch ihr Amt in erster Linie örtlich orientierte Gruppe bemerkenswerterweise auch mit zentralstaatlicher Politik verknüpft.

Vor allem die absolute und relative Häufung der Oberbürgermeister in den Reichskabinetten der Weimarer Republik ist immer wieder bemerkt worden. Auch hier taucht die Frage auf, wie weit ein Novum

---

[15] Heinrich Sprenger, Heinrich Sahm. Kommunalpolitiker und Staatsmann. Köln 1969.

[16] Hugo Stehkämper (Hg.), Konrad Adenauer. Oberbürgermeister von Köln. Köln 1976.

[17] Hans Luther, Brief an die Vorstandsmitglieder des Städtetages vom 30. 4. 1918 (Altakten des Deutschen Städtetages ADSt A 581).

[18] Hugo Stehkämper (Hg.), Adenauer, S. 96.

[19] Horst Matzerath, Rezension Rebentisch, Landmann. In: Historische Zeitschrift 225 (1977), S. 212.

Tabelle 1: Oberbürgermeister als Mitglieder zentraler Kabinette

	Reich/Bund	Preußen
1890–1918 (28 Jahre)	2	2
1918–1933 (14 Jahre)	8	2
1933–1945 (12 Jahre)	0	0
1949–1975 (26 Jahre)	6	–

moderner Politik vorliegt, wie weit ein Ausnahmefall oder eine strukturelle Konstante der Politik des 20. Jahrhunderts[20]. Bevor wir uns aber diesen Problemen der zentralen Elite zuwenden wollen, soll zunächst definiert werden, was hier unter Oberbürgermeister verstanden wird, welches der soziale Charakter der Gruppe und welche ihre Aufstiegswege waren.

SOZIALES PROFIL

Der amtliche Sprachgebrauch für die Bezeichnung der leitenden Beamten von Gemeindeverwaltungen bietet für diese Definition nur Anhaltspunkte, da die gleiche Funktion mit unterschiedlichen, wenn auch ähnlichen Begriffen bezeichnet wurde: Oberbürgermeister als Amtstitel für die Leiter der größeren Städte, d. h. mit mehr als 10 000 Enwohnern, nach der Stein'schen Städteordnung; Oberbürgermeister als nur noch verliehener Titel in Preußen im späteren 19. und frühen 20. Jahrhundert; Erster Bürgermeister in Bayern oder nur Bürgermeister wie in Baden oder in Preußen ab 1853. Hier sollen alle hauptamtlichen Leiter der Verwaltungen von Städten darunter verstanden werden, die eine gewisse Größe und Bedeutung hatten. Man könnte dabei nur an die 48 Großstädte des Reiches von 1910 denken oder besser an die 178 direkten Mitgliedstädte des Deutschen Städtetages vom gleichen Jahr, die alle mindestens 25 000 Einwohner hatten. Damit hat man auch eine ungefähre Größenordnung der zu behandelnden Gruppe, wenn man nämlich die Zahl der Städte mit etwa drei Amtsinhabern zwischen 1890 und 1933 multipliziert. Man kommt dann bei

[20] Vgl. dazu ausführlich Wolfgang Hofmann, Zwischen Rathaus und Reichskanzlei. Die Oberbürgermeister in der Kommunal- und Staatspolitik des Deutschen Reiches von 1890–1933. (= Schriften des Deutschen Instituts für Urbanistik 46) Stuttgart 1974, S. 14 ff.

Zugrundelegung der Mitgliedstädte des Städtetages auf etwa 550 Personen.

Die Bestellung der Oberbürgermeister erfolgte gewöhnlich durch ein Zusammenwirken von Gemeindevertretung, die den Wahlakt vornahm, und den monarchischen Staatsbehörden, die eine Bestätigung dieser Wahl aussprachen oder verweigerten. Dieses war sowohl in Preußen wie in Bayern und Baden die im 19. Jahrhundert vorherrschende Form der Bestellung[21]. Varianten dieses Verfahrens waren einerseits die erhöhte Beteiligung des Staates durch die Präsentation, andererseits die erhöhte Beteiligung der Bürgerschaft durch Direktwahlen. Die erste Variante findet sich in der Preußischen Städteordnung von 1808, wonach die Stadtverordneten dem König drei Kandidaten für das Amt des Oberbürgermeisters vorschlagen konnten und dieser die eigentliche Auswahl vornahm (§ 153 Pr.St.O. von 1808). Mit der besonders lange und für weite Teile des preußischen Staates geltenden Städteordnung von 1853 für die sechs östlichen Provinzen wurde dieses Verfahren fallengelassen und die übliche Kombination von Wahl und Bestätigung eingeführt. Auf der anderen Seite enthielt das Badische Gemeindegesetz von 1831 die weitestgehende Mitwirkungsmöglichkeit der Bürger, indem die Gemeindeversammlung den Bürgermeister wählte und für die staatliche Bestätigung eine großzügige Handhabung in Aussicht gestellt war. (Bad. Gem.Ges. von 1831, § 10–13). Jedoch wurde in Baden im Laufe des 19. Jahrhunderts dieses Verfahren mehrfach eingeschränkt, (so 1837 und 1884) bzw. wieder erweitert (so 1851 und 1870)[22]. Die Wahlzeit für die Oberbürgermeister variierte zwischen 6 Jahren, wie in der Preußischen Städteordnung von 1808 und dem Badischen Gemeindegesetz von 1831, 12 Jahren, wie in der Preuß.St.O. von 1853, und einer lebenslangen Anstellung nach einer Probezeit, wie in Bayern.

Welches ist nun der soziale Typus dieser Gruppe? Weder die preußischen Städteordnungen des 19. Jahrhunderts noch das badische Ge-

[21] Siehe dazu die gesetzlichen Regelungen in den Gemeindeordnungen der einzelnen Staaten. Die wichtigsten Gesetze sind in der für einen institutionellen Vergleich vorzüglich geeigneten Ausgabe neu abgedruckt: Quellen zum modernen Gemeindeverfassungsrecht in Deutschland, herausgegeben und bearbeitet von Christian Engeli und Wolfgang Haus. (= Schriften des Deutschen Instituts für Urbanistik 45) Stuttgart 1975 – Der Band ist mit einem Sachregister gut erschlossen. Abgekürzt: Quellen.

[22] Christian Engeli, in: Quellen, S. 206.

meindegesetz von 1831 prägten durch bestimmte Anforderungen an die berufliche Qualifikation für das Amt des Ersten Bürgermeisters dessen sozialen Charakter vor. Da aber Zensus und Klassenwahlrecht den allgemeinen bürgerlichen Charakter der Selbstverwaltung bestimmten, war damit auch ein gewisses Sozialprofil für den Magistrat im allgemeinen vorgegeben. Das in Steins „Nassauer Denkschrift" und der Städteordnung von 1808 ausgeprägte Leitbild für den Oberbürgermeister – „Geachtete, rechtliche, einsichtsvolle und geschäftskundige Männer" – sah eher den bodenständigen Honoratiorenpolitiker als den ortsfremden Beamten für das besoldete Amt des Oberbürgermeisters vor[23]. Das badische Gemeindegesetz von 1831 deutete durch eine Inkompatibilitätsklausel in die gleiche Richtung: „Wenn ein als Bürgermeister Gewählter das Wirtschaftsgewerbe treibt, so kann er nur bestätigt werden, wenn er sein Gewerbe niederlegt"[24]. Honoratioren waren wählbar, wenn auch unter Aufgabe ihres Berufes. Tatsächlich bewarben sich zwischen 1808 und 1848 mehrfach Kaufleute (Königsberg, Bielefeld) und Rechtsanwälte (Mannheim) um dieses Amt und wurden gelegentlich auch gewählt und bestätigt.

In Bayern hingegen wiesen die Bestimmungen der Bayerischen Gemeindeordnung von 1818 in höherem Grade auf einen amtserfahrenen Verwaltungsjuristen hin, wenn sie auch nicht direkt auf einen ersten Bürgermeister bezogen wurden. Für die beiden vorgesehenen Bürgermeister der größeren Städte war Gymnasialbildung und „eine mehrjährige für ihre Dienst-Funktion erforderliche Geschäfts-Übung" nachzuweisen; einer dieser beiden Bürgermeister sollte in den Städten „erster Klasse" studierter und geprüfter Jurist sein[25]. In Preußen wurde der juristische Sachverstand im Magistrat nach der Stein'schen Städteordnung durch die „besoldeten und gelehrten Stadträte" sichergestellt[26]. Was sich aber bis zum Ende des Jahrhunderts weithin durchsetzte, war auch in Preußen der juristisch geschulte, häufig promovierte, auswärtige Beamte von gehobener bürgerlicher Herkunft, mit dem Charakter des Reserveoffiziers, also ein Karrierebeamter des Kaiserreiches. Das Instrument der Städte für die Einengung des Bewerberfeldes auf die Verwaltungsjuristen war die Formulierung der Ausschreibungsbedingungen, die im Kaiserreich gewöhnlich die „Be-

---

[23] Preuß. St.O. von 1808, § 148; Quellen, S. 120.

[24] Badisches Gemeindegesetz von 1831, § 13, 7; Quellen, S. 210.

[25] Bayerische Gemeindeordnung von 1818, § 48; Quellen, S. 145.

[26] Preuß. St.O. von 1808, § 144; Quellen, S. 120.

fähigung zum Richteramt oder zum höheren Verwaltungsdienst" enthielt[27]. Unter den 34 Bewerbern um den Posten des Aachener Oberbürgermeisters im Jahre 1916 war nur ein Ingenieur. Immerhin blieben auch im wilhelminischen Deutschland noch bezeichnende Unterschiede zum leitenden Staatsbeamten, der häufig noch aus dem Adel kam und in einer strengeren Laufbahn aufgestiegen war. Diese Merkmale des Oberbürgermeisters belegt eine Tabelle über Bürgermeister des Regierungsbezirks Düsseldorf von 1909 bis 1911. Von 18 Amtsinhabern hatten 16 Jura studiert, neun davon promoviert. Von diesen 18 entstammten 14 der bürgerlichen Oberschicht und vier der Mittelschicht. Neun hatten Militärdienst geleistet, sechs als Offiziere.

In diese Aufstellung sind auch Städte unter 25 000 Einwohner einbezogen worden, weil sich bei der Ermittlung erwies, daß sich ihre Bürgermeister im Hinblick auf die Sozialdaten wenig von den Bürgermeistern der Städte über dieser statistischen Grenze unterschieden, ja man kann sogar feststellen, daß die Bürgermeister mehrerer Städte unter 15 000 Einwohnern noch ein bis auf geringe, aber bedeutungsvolle Unterschiede gleiches Bild aufweisen. Welche funktionale Bedeutung das hat, darauf wird im Abschnitt über die regionale Herkunft einzugehen sein. Die wesentlichen Merkmale bei diesem Sozialprofil, die dann auch die Herkunft mitbestimmten, sind professioneller Charakter – trotz Wahlamt – und juristisches Studium bei umfangreichen planerischen, organisatorischen und finanziellen Aufgaben.

Beide Elemente waren schon bei dem unter intensiver Staatsaufsicht stehenden leitenden städtischen Beamten des Absolutismus ausgeprägt. Da die kommunale Selbstverwaltung im 19. Jahrhundert durch staatliche Kommunalaufsicht, Bestätigungsrecht und Auftragsverwaltung in das rechtsförmige Gesamtsystem der öffentlichen Verwaltung eingefügt war, paßten sich die Städte bei der Auswahl ihrer Oberbürgermeister diesem System an. Die für die Leitung einer expandierenden Stadt nötigen praktischen Verwaltungskenntnisse erwarben sich die Oberbürgermeister im Amte selbst durch Dienstreisen, durch Wechsel von Stadt zu Stadt und durch Fachtagungen[28].

---

[27] Vergleiche dazu die Fallstudie: Klaus Pabst, Die Aachener Oberbürgermeisterwahl von 1916. In: Zeitschrift des Aachener Geschichtsvereins 84/85 (1977/78), S. 745–781.

[28] Vgl. dazu Wolfgang Hofmann, Oberbürgermeister und Stadterweiterungen. In: H. Croon, W. Hofmann, G. Ch. von Unruh (Hg.), Kommunale Selbstverwaltung im Zeitalter der Industrialisierung. (= Schriftenreihe des Vereins für Kommunalwissenschaften 33) Stuttgart 1971, S. 59 ff.

Tabelle 2: Oberbürgermeister und Bürgermeister von 18 Städten im Regierungsbezirk Düsseldorf im Jahre 1909/1911[a].

Stadt	Einw. n. d. Zählung von 1905	Titel Titel d. Verw. leiters	Zur Zeit der Wahl an-sässig	Zur Zeit der Wahl in Stadt-verw.	Beruf des Vaters	Militär-dienst	Lebens-alter 1909/11[b]	Studium	Orden	Geburtsort
Düsseldorf	253 000	OBm	nein	nein	Kanzleirat	nein	51	Dr. jur.	R.A.O. IV	Torgau
Essen	231 000	OBm	nein	nein	Justizrat	Oberltnt.	43	Dr. jur.	R.A.O. III + IV	Dortmund
Duisburg	192 000	OBm	ja	nein	Justizrat	Oberltnt.	67	jur.	R.A.O. IV-II	Meschede
Elberfeld	162 000	OBm	nein	nein	Generalmaj.	nein	51	jur.	R.A.O. III + IV	Minden
Barmen	156 000	OBm	ja	ja	Rentner	–	43	Dr. jur.	R.A.O. IV	Hückeswagen
Crefeld	110 000	OBm	nein	nein	Arzt	Leutnant	41	Dr. jur.	R.A.O. IV	Kr. Rendsburg
Hamborn	103 000	OBm	nein	nein	Steuerrat	–	46	nein	–	Freyburg/Sachs.
Mülheim/Rhr.	93 000	OBm	ja	nein	Ritt. Gutsbes.	–	49	Dr. jur.	R.A.O. III + IV	Lüttersdorf/ Meckl.
Mönchen-Gladbach	61 000	OBm	nein	nein	Arzt	Prem. Ltnt.	50	Dr. jur.	R.A.O. IV	Köln
Oberhausen	52 000	OBm	nein	nein	Ob.Bürgermstr.	–	41	jur.	R.A.O. IV	Kirchberg/ Simmern/Rhld.
Solingen	49 000	OBm	nein	nein	Rentner	nein	50	jur.	R.A.O. IV	Schwelm
Rheydt	40 000	OBm	nein	nein	Reg. Rat	Hauptmann	46	jur.	R.A.O. IV	Bromberg
Neuß	30 000	Bm	nein	nein	Fabrikbes.	ja	41	jur.	R.A.O. IV	Aachen
Moers	23 000	Bm	nein	nein	Postsekretär	ja	40	Dr. jur.	–	Kr. Cleve
Velbert	19 000	Bm	nein	nein	Professor	ja	33	Dr. jur.	–	Emden
Wesel	19 000	Bm	nein	nein	Rentner	Oberltnt.	43	jur.	–	Rinteln
Steele	17 000	Bm	nein	nein	Kaufmann	–	48	Architekt	–	Bochum
Cleve	16 400	Bm	nein	nein	Hauptlehrer	–	43	Dr. jur.	–	?

[a] Reg. Düsseldorf Nr. 31 202. Die Städte ab 30 000 Einwohner sind vollständig angegeben, darunter nur einige Beispiele. Die Abkürzung: R.A.O. = Roter Adler Orden.

[b] Erfaßt wurde das Lebensalter möglichst 1909, bei Vakanzen der Zeitpunkt der Amtseinführung bis 1911.

Aus dieser, in der Entwicklung des 19. Jahrhunderts gegen die reformerischen Absichten Steins durchgesetzten Qualifikation ergaben sich dann – über das Bildungsprivileg – die bürgerlichen Herkunftsmerkmale[29]. Die Kosten für Abitur, Jurastudium und Referendariat mußten von der Familie aufgebracht werden, was eine gehobene bürgerliche Herkunft voraussetzte. Die Schleuse, die etwaige Studenten der unteren Mittelschicht von gesellschaftlich erwünschten Anwärtern für den öffentlichen Dienst weitgehend schied, war das Eintreten in das Referendariat. Hier mußte, polizeilich beglaubigt, der Nachweis des standesgemäßen Lebensunterhaltes erbracht werden. Unbemittelte Doktoren, wie Rive/Halle, mußten um 1890 M 5.000,– in Wertpapieren als Garantie für diesen Lebensstandard hinterlegen[30]. In die gleiche Richtung wirkte das zum höheren Beamtentum gehörige Offizierspatent. Auch hier mußte eine Lebensführung garantiert sein, die Söhne wenig bemittelter Elternhäuser ausschloß. Gewiß gab der höhere Kommunaldienst Aufstiegsmöglichkeiten für das mittlere und untere Bürgertum. Diese wurden vor allem von den Söhnen aus Beamtenfamilien wahrgenommen, wie die Tabelle ausweist. Aber die Norm für die Oberbürgermeister scheint doch eher die Herkunft aus Familien der akademischen Berufe oder des begüterten Unternehmertums gewesen zu sein. Darauf weisen auch die sozialen Daten der acht in die Reichskabinette aufgestiegenen Oberbürgermeister der Weimarer Republik hin. Die Väter waren in zwei Fällen Pfarrer, ein promovierter Oberlehrer, Arzt und Justizrat, zweimal Großkaufmann und nur eine zum unteren Bürgertum zu rechnende militärische Charge, der Wachtmeister Geßler[31]. Derartige Aufstiege in die Gruppe der hoffähigen Spitzenbeamten waren im späten Kaiserreich durchaus vorhanden, aber sie hatten doch offenbar Ausnahmecharakter und wurden als sozialpolitische Paradepferde vorgeführt, wie der wohlwollend geförderte Schwander/Straßburg[32], oder sie erlebten den Integrationsprozeß in die Oberschicht doch unter Demütigungen wie der sich gegen zahlreiche Widerstände durchsetzende Rive/Halle. Gerade in seinem Fall zeigte sich, daß die moderne Orientierung des Bürgertums an Leistung und Bildung mit den in Militär und Verwaltung durchaus noch vorhandenen ständischen

---

[29] Bernd Wunder, Privilegierung und Disziplinierung. Wien 1978.

[30] Rive, Erinnerungen, S. 18.

[31] Hofmann, Zwischen Rathaus . . ., S. 226.

[32] Alexander Dominicus, Straßburgs deutsche Bürgermeister Back und Schwander 1873–1918. Frankfurt a. M. 1939.

Strukturen in Konflikt geriet. Erst mit den sozialdemokratischen Oberbürgermeistern der Weimarer Republik kamen zumindest teilweise neue soziale Elemente an die Spitze der deutschen Städte. Für die anderen galt weiterhin noch das traditionelle Karrieremuster, das die sozialen Barrieren des Bildungsprivilegs einschloß.

REGIONALER HINTERGRUND

Für die Bedeutung des lokalen und regionalen Hintergrundes beim Aufstieg in das Amt des Oberbürgermeisters wird man, gestützt auf das Beispiel einer Reihe sozialdemokratischer Oberbürgermeister in der Weimarer Republik und auf Untersuchungen von Rolf-Richard Grauhan[33], über die Bundesrepublik sagen können: daß bei einer Wahl, die sich auf lokale politische Strukturen stützt, der lokale Kandidat meist einen Vorsprung vor dem auswärtigen Kandidaten hat. Aber es gibt das rivalisierende Muster einer administrativen Auswahl der fachlich Besten durch eine Ausschreibung, bei der lokale und regionale Herkunft keine Rolle spielen. Hans Luther hat dieses Verfahren zur praktizierten Norm für die Städte seiner Amtszeit erklärt[34]. Walter Först hingegen hat die pauschale Geltung dieser Norm für das Rheinland bestritten[35]. Er stellte fest, daß von 38 rheinischen Oberbürgermeistern aus der Zeit der Weimarer Republik 17 aus dem Rheinland und sieben aus Westfalen kamen; nur die restlichen 14 stammten aus anderen Provinzen Preußens und anderen Ländern des Reiches; innerhalb derselben Stadtverwaltung stiegen fünf Beigeordnete zum Oberbürgermeister auf, einer in seiner Heimatstadt.
Vergleichen wir diese Feststellung nun mit der Tabelle des Regierungsbezirks Düsseldorf von 1909/1911! Von den 18 untersuchten ersten Bürgermeistern war keiner am Ort geboren, elf kamen aus den Provinzen Rheinland und Westfalen, drei hatten ihre Vorposition vor dem Bürgermeisteramt innerhalb derselben Stadt, einer davon als Landrat, ein anderer als Richter und der dritte als Beigeordneter. Der

[33] Rolf-Richard Grauhan, Politische Verwaltung. Auswahl und Stellung des Oberbürgermeisters als Verwaltungschef deutscher Großstädte. Freiburg i. Br. 1972.

[34] Luther, Politiker, S. 47.

[35] Walter Först, Rheinische Städte und ihre Oberbürgermeister. In: Stehkämper, Adenauer, S. 555 ff.

Befund ist also durchaus ähnlich wie bei Först für die Weimarer Republik, zumal es sich teilweise um dieselben Personen handelt. Allerdings interpretiere ich ihn etwas anders. Dazu hilft uns die Liste der Lebensaltersstufen. Bei den Städten unter 30 000 Einwohnern ist kein Bürgermeister über 50 Jahre. Bei den Städten über 30 000 Einwohnern ist kein Bürgermeister unter 40 Jahre[36]; d. h. der Wechsel von Stadt zu Stadt ist in dieses System der administrativen Auslese nach Qualifikation eingebaut. Man stieg gewöhnlich nicht in einer einzigen Stadtverwaltung auf, sondern im idealtypischen Fall über mittlere Positionen in größeren Städten und Bürgermeisterstellen in kleineren Städten zum Oberbürgermeister von großen Städten. Dabei konnte der Weg eines im Kreise Kleve Geborenen auch einmal über Stadtratstellen in Flensburg und Dortmund zurück an den Niederrhein auf den Oberbürgermeisterposten von Moers führen und ein Aachener über Münster Oberbürgermeister von Neuß werden. Aber ein in der Provinz Sachsen Geborener kam auch auf den Oberbürgermeisterstuhl von Düsseldorf und ein Schleswig-Holsteiner nach Krefeld. Luthers Charakterisierung des Auswahlverfahrens stimmt also zumindest für das Kaiserreich, überwiegend auch für die Weimarer Republik. Die von Först aufgedeckte landschaftliche Schwerpunktbildung hebt die in den meisten Fällen vorgefundene Distanz zur örtlichen Partei- und Interessenverflechtung nicht auf.
Interessant sind die Fälle, in denen dieses Prinzip durchbrochen wird; da wäre z. B. Münster zu nennen, das nach Helmuth Croon bis zum Oberbürgermeister Zuhorn nur Einheimische zu Oberbürgermeistern wählte[37]. Hier würde ich eine Fortführung traditioneller Verhaltensweisen unterstellen, wie sie in älteren Zeiten unter dem Einfluß patrizischer Strukturen in vielen Städten unterschiedlicher Größe wie Nürnberg, Hamburg, Bielefeld vorzufinden waren; bemerkenswert ist aber auch für diese Betrachtung Adenauer, bei dem ein Übergang von älteren lokalbezogenen Honoratioren- und Familienstrukturen zum

[36] Die Zufälligkeit der Quelle verdeckt, daß zahlreiche der hier einbezogenen Oberbürgermeister schon in jüngerem Alter auf ihre Positionen kamen: Carl Lehr/Duisburg mit 37, Lembcke/Mühlheim mit 34, Havenstein/Oberhausen mit 39, Schrecker/Hamborn mit 37, Diecke/Solingen mit 37, Gielen/Neuß mit 35.

[37] Helmuth Croon, Diskussionsbeitrag. In: Helmuth Croon, Wolfgang Hofmann und G. Ch. von Unruh (Hg.), Kommunale Selbstverwaltung im Zeitalter der Industrialisierung. (= Schriftenreihe des Vereins für Kommunalwissenschaften 33) Stuttgart 1971, S. 86.

politischen Auswahlprinzip zu finden ist. Bei den sozialdemokratischen Oberbürgermeistern war das ortsbezogene politische Auswahlprinzip zumindest dominant.

DIE OBERBÜRGERMEISTER IM KREISE DER LOKALEN ELITEN

Zusammenfassende Aussagen über die Stellung der Oberbürgermeister im Kreise der örtlichen Eliten müssen die unterschiedliche soziale und politische Situation im Kaiserreich und der Republik berücksichtigen. Während im 19. Jahrhundert auch in größeren Städten die Honoratioren des Wirtschafts- und Bildungsbürgertums die lokale Gesellschaft dominierten und durch das Dreiklassenwahlrecht auch die kommunale Politik, hatten sich in der Weimarer Republik stärker die Parteien und die organisierten Interessen durchgesetzt.

Die soziale Integration in die städtische Oberschicht des Kaiserreiches war für die Oberbürgermeister eine wichtige Voraussetzung ihrer Tätigkeit, insbesondere innerhalb einer stark von Honoratiorenstrukturen geprägten Politik. Sie konnte durch Conubium und Convivium, durch Heirat und Vereinsmitgliedschaft bewirkt werden.

Gerade bei erfolgreichen Oberbürgermeistern erfolgt häufig eine Verbindung der beamten- und bildungsbürgerlichen Sphäre des Vaters mit der wirtschaftsbürgerlichen des Schwiegervaters und der Schwiegersöhne. Darüber existieren keine repräsentativen Statistiken, aber einige Beispiele können den Vorgang belegen. Sie dokumentieren, daß die Oberbürgermeister nicht zu einer abgeschlossenen Beamtenkaste gehörten, sondern sich auch oder besonders mit dem Wirtschaftsbürgertum verbanden.

Oberbürgermeister Oehler/Düsseldorf, Sohn eines mittleren Beamten, heiratet die Tochter eines Bergbaubesitzers; seine Töchter wiederum heiraten Fabrikanten. Von den acht in Reichskabinetten der Weimarer Republik zu findenden Oberbürgermeistern stammten sechs aus dem Bereich von Beamtentum und Bildungsbürgertum und zwei aus dem Wirtschaftsbürgertum; drei heirateten ihrerseits in das Wirtschaftsbürgertum ein. Der unmittelbare politische Wert dieser Verbindung dürfte nur für längere Amtszeiten am Ort der Verschwägerung gegeben sein. Bei einem Wechsel im regionalen Bereich z. B. des Rheinlandes dürfte er jedoch darüber hinaus nützliche Kontakte ermöglicht haben. Dieser Effekt konnte zumal dann eintreten, sobald die städtische Wirtschaft und Politik den lokalen Rahmen überschritt und regionale Akzente bekam, wie das nicht nur in der Industrialisierung

und Verstädterung des Ruhrgebietes, sondern auch in der Ausbildung von Stadtregionen um die großen rheinischen Städte, aber auch um Frankfurt, Nürnberg und andere Großstädte geschah.
Solche familiären Kontakte konnten allerdings nur Ansatzpunkt für die Integration in die lokale, bürgerliche Oberschicht sein. Im 19. und frühen 20. Jahrhundert erfolgte die gesellschaftliche Einbeziehung der Oberbürgermeister in den Kreis der Honoratioren durch die geselligen Vereinigungen des Bürgertums. In Essen sahen es die Oberbürgermeister seit Lindemann (1858 gewählt) bis zu Luther (1918 gewählt) „als ihre Pflicht an", dem „Verein von 1828" anzugehören. Oberbürgermeister Zweigert verkehrte dort fast täglich[38]. In Bielefeld war es die Ressource von 1795[39]. Die Mitgliedschaft in diesen Clubs und Vereinen bedeutete aber neben der gesellschaftlichen Integration ein wesentliches Element kommunaler Politik; die Verbindung zu den politischen Herrschaftsgruppen der Stadt.
Oberbürgermeister gehörten qua Amt zu den jeweiligen politischen Eliten der Stadt, da es ihnen durch ihre Funktion möglich war, politische Entscheidungen zu treffen oder doch stark zu beeinflussen. Diese Macht beruhte wesentlich auf der starken Stellung, die der deutsche Oberbürgermeister in der rechtlichen und realen Verfassung der deutschen Städte im Laufe des 19. Jahrhunderts errungen hatte, am deutlichsten ausgeprägt in der rheinischen Oberbürgermeister-Verfassung. Dazu trug wesentlich die effektive Leistung eines in der Phase der stürmischen Urbanisation von 1870 bis 1914 immer umfangreicher gewordenen Verwaltungsapparates von Beamten, Angestellten und Arbeitern bei.
Als Wahlbeamte, die außerdem an Gremienbeschlüsse gebunden waren, blieb es aber für die Oberbürgermeister auch wichtig, Kontakt zu den anderen Einflußpersonen und führenden politischen Gruppierungen der Städte zu halten. In der Struktur dieser Gruppen vollzog sich nun schon in der ersten Periode des Betrachtungszeitraumes, der wilhelminischen Ära, ein deutlicher Strukturwandel: der Übergang von der Honoratioren- zur Parteipolitik. Neben den neuen Organisationsformen der industriellen Gesellschaft, den Parteien, Fraktionen und

38 Wilhelm Henning, Geschichte der Stadtverordnetenversammlung in Essen (1890–1914) (phil. Diss. Köln 1965). Essen 1965, S. 10.

39 Wolfgang Hofmann, Die Bielefelder Stadtverordneten: Ein Beitrag zu bürgerlicher Selbstverwaltung und sozialem Wandel 1850–1914. Lübeck 1964.

Interessengruppen, die schon weitgehend die Wahlkämpfe zu den Kommunalparlamenten und die offiziellen Abstimmungen in ihnen bestimmten, gab es immer noch die bürgerlichen Vereine, die auf informelle Weise die tägliche Kommunalpolitik beeinflußten. Aus Bielefeld, aus Krefeld, aus Dortmund und Essen wissen wir, daß die führenden Stadtverordneten bestimmten Oberschicht-Vereinen angehörten, in deren Räumen die Geschäfte der Stadt vorbesprochen wurden[40]. Für die Oberbürgermeister war es politisch wichtig, gerade diesen Vereinen anzugehören und nicht alternativen bürgerlichen Gesellschaftsvereinen, in denen sie gelegentlich nominelle Mitgliedschaften hatten: in Essen nicht einem der katholischen Vereine, sondern dem „Verein", wo ein national-konservativer Ton protestantischer Prägung vorherrschte, in Bielefeld der national-liberal-konservativen Ressource und nicht der liberaleren, mittelbürgerlichen „Eintracht". Jene waren der Sammelpunkt der Honoratioren, die als ehrenamtliche Magistratsmitglieder und Stadtverordnete der 1. und 2. Klasse die Stadtpolitik bestimmten. Die der 3. Klasse angehörenden Stadtverordneten des Zentrums und der Sozialdemokraten wirkten stärker durch Mobilisierung der öffentlichen Meinung in ihren Zeitungen und durch ihre Organisationen, die z. B. bei den Reichstagswahlen viel stärker zur Geltung kamen als bei dem privilegierten Bereich der Kommunalwahlen, auf die Politik des Oberbürgermeisters ein.

Diese gesellschaftlich-politische Option für die Oberschicht-Vereine wurden den Oberbürgermeistern leicht gemacht, denn das gleiche politische Kalkül, das durch das Dreiklassenwahlrecht die nationalliberale und konservative Plutokratie in die Stadtverordnetenversammlungen beförderte, wirkte auch bei der Selektion der Oberbürgermeister mit. Denn der Oberbürgermeister war nicht nur der gewählte Repräsentant der städtischen Gesellschaft, sondern auch der ernannte Vertreter der staatlichen Macht, deren Einflüssen er unterlag. Seine Wahl mußte von der Krone bestätigt werden; in den mittleren Großstädten führte er am kurzen Zügel des Regierungspräsidenten und des Innenministers die Polizeigeschäfte wie auch andere Aufga-

[40] Henning, Stadtverordnetenversammlung Essen, S. 10; Helmuth Croon, Die Stadtvertretungen in Krefeld und Bochum. In: Staat und Verfassung. Festgabe für Fritz Hartung, hrsg. von Richard Dietrich und Gerhard Oestreich. Berlin 1958, S. 289 ff.; Gustav Luntowski, Geschichte Dortmunds im 19. und 20. Jh. Die kommunale Selbstverwaltung. Dortmund 1977, S. 99.

ben als staatliche Auftragsangelegenheiten weisungsgebunden durch. Der Staat beanspruchte ihn als „mittelbaren Staatsbeamten". Schon Heinrich Heffter hat die Wirkung der staatlichen Bestätigungsrechte dahingehend analysiert, daß die vom König gebilligten Oberbürgermeister in einem gewissen Gegensatz zur politischen Grundströmung ihrer Städte waren, aber, so muß man hinzufügen, in weitgehender Übereinstimmung mit den wirtschaftlich führenden Kreisen: „Die Berliner Fortschrittler ebenso wie die Frankfurter Demokraten oder auch die Welfen in Hannover mußten mit national-liberalen Stadtoberhäuptern zufrieden sein"[41].

In diesen verschiedenen Elementen des Amtes, nämlich Repräsentant einer stärker als noch zur Mitte des 19. Jahrhunderts politisch aufgespaltenen städtischen Gesellschaft zu sein, Repräsentant des Staates und Chef einer Verwaltung, lagen Gefahren und Chancen zugleich. Eine erfolgreiche Amtsführung konnte nur dann gelingen, wenn der Oberbürgermeister eine Linie fand, die verschiedenen, auf einen Konflikt hin angelegten Elemente zur Übereinstimmung zu bringen. Dafür waren die Chancen eines Oberbürgermeisters – und darin dürfte ein gewisses Unterscheidungsmerkmal liegen – besser als die eines einfachen Bürgermeisters einer mittleren Kleinstadt, wie ihn etwa Heinrich Mann in seinem „Untertan" schilderte. Dort war die Gefahr der allseitigen Abhängigkeit gegenüber Landrat, Regierungspräsidenten und den verschiedenen politischen Strömungen der Stadtverordneten gegeben. Hingegen verfügten die Oberbürgermeister in Städten wie Köln, Frankfurt, Königsberg, Magdeburg, Essen und Dortmund um 1900 über einen ausgedehnten Verwaltungsapparat, dessen Leitung ihnen sowohl gegenüber dem Regierungspräsidenten wie den Stadtverordneten eine gewisse unabhängige Politik sicherte. Außerdem konnte gerade in Verhandlungen mit der Regierung das Gewicht eines wirtschaftlich potenten Großbürgertums in die politischen Beziehungen eingebracht werden, dem der Bürgermeister einer Klein- oder Mittelstadt selten etwas Vergleichbares an die Seite stellen konnte. Dem gehobenen Bürgertum konnte es wiederum nicht unlieb sein, wenn der Oberbürgermeister eine gewisse Mittlerstellung zu den Unterschichten einnahm, wie sie die Bielefelder Sozialdemokraten von

[41] Heinrich Heffter, Die deutsche Selbstverwaltung im 19. Jahrhundert. Stuttgart 1950, S. 616.

ihrer Stadtverwaltung[42] forderten und wie sie Zweigert in Essen gegenüber den Arbeitern gelegentlich praktizierte[43].

Das Ergebnis dieser Kombination der verschiedenen Amtselemente war die Annäherung an einen Mischtypus des öffentlichen Lebens. Max Weber hat die Figur des auf Machterwerb orientierten Politikers der dienenden und ausführenden Funktion des Beamten gegenübergestellt. In der Figur des als Oberbürgermeister auf Zeit angestellten Wahlbeamten verbinden sich beide Elemente. Er mußte Fachmann in kommunaler Verwaltung sein und die politische Zustimmung von Stadtverordneten, großen Unternehmern und zentralen Behörden suchen. Bei diesem politischen Handeln ging es nicht um den Erwerb gesamtstaatlicher Macht, sondern um die erfolgreiche Vertretung der begrenzten kommunalen und städtischen Interessen einer bestimmten Stadt oder – wie beim Städtetag – aller Städte. Diese Figur des Fachpolitikers konnte politische Neigungen haben, mußte diese aber wegen der allseitigen Kontaktnotwendigkeiten zu national-liberalen Wirtschaftsvertretern, konservativen Oberpräsidenten, katholischen Zentrumsführern und sozialdemokratischen Gewerkschaftlern nicht zu prononciert herauskehren. Andererseits erlaubte dieser Mischtypus des Fachpolitikers eine erhebliche Bandbreite in der individuellen Ausprägung, so daß man darunter sowohl so neutrale Beamte wie Wermuth (Berlin) fassen kann, der im Ersten Weltkriege gute Kontakte zu MSPD und USPD hielt, wie den stärker vom Naumannschen Sozialliberalismus geprägten Schwander (Straßburg) oder auch Miquel (Frankfurt). Diese Flexibilität erlaubte dann Akzentverschiebungen in der stärker von Parteipolitik bestimmten Weimarer Republik und die Einordnung in den neuen Staat.

Die Weimarer Republik hat zweifellos zu einer stärkeren Politisierung der kommunalen Selbstverwaltung geführt. Die Gründe dafür liegen zunächst in der Verknappung der Finanzmittel, insbesondere für die Kommunen nach der Erzbergerschen Finanzreform, die zu stärkeren

---

[42] Vgl. Sozialdemokratisches Flugblatt von 1895 aus Bielefeld auf dem Rückendeckel von Helmuth Croon, Wolfgang Hofmann, G. Ch. von Unruh, Kommunale Selbstverwaltung.

[43] W. Henning, Stadtverordnetenversammlung Essen, S. 44, berichtet, daß 1893 Oberbürgermeister Zweigert als Polizeibehörde eine Bergarbeiterversammlung nicht verboten hatte, obwohl der Bergbauliche Verein und die Regierung ihn deswegen kritisiert hatten. 1901 stellte er allerdings den Freien Gewerkschaften nicht den städtischen Saal zur Verfügung.

Verteilungskonflikten führte. Diese Auseinandersetzungen gewannen wiederum dadurch an Konsequenz, daß das demokratische Wahlrecht jetzt eine gleichmäßige Vertretung aller Bevölkerungsgruppen ermöglichte; damit bestimmten die rivalisierenden Parteiorganisationen stärker die Kommunalpolitik; insbesondere die vorher unterrepräsentierten, aber besser organisierten Massenparteien von Zentrum und SPD griffen jetzt bestimmend in die Kommunalpolitik ein. Die Frage war, wie diese neue politische Konstellation der Republik, von der die engere Kommunalpolitik nur ein Teilproblem war, auf die Oberbürgermeister einwirkte.

Auch sie wurden als Gruppe stärker politisiert, was sich u. a. in der Ausformung eines neuen Oberbürgermeister-Typus äußerte, der als Parteipolitiker aufgestiegen war und als Oberbürgermeister stärker gesamtpolitisches Engagement zeigte. Dieser Typus wurde besonders durch die sozialdemokratischen Oberbürgermeister repräsentiert, wie Leinert (Hannover) und Beims (Magdeburg).

Aber auch im Bereich der mehr dem Fachpolitiker-Typus zuzurechnenden Gruppe ist eine stärkere Politisierung zu beobachten. Sie erfolgte einmal durch personellen Wechsel in der Revolution 1918/19, so der Übergang von Geßler zu Luppe in Nürnberg. Außerdem führten die großen Konflikte der Weimarer Republik die Oberbürgermeister in Situationen, die gegebenenfalls zur öffentlichen und konkreten Parteinahme, auf alle Fälle aber zum Eingreifen in die allgemeine Politik drängten. Man denke etwa an die Verwicklungen der rheinischen Oberbürgermeister wie Adenauer, Jarres, Luther in die nationalen Konflikte der Rheinlandpolitik und des Separatismus von 1918 bis 1923. Ferner sei an Luppes (Nürnberg) Rolle bei der Mobilisierung der republikanischen Kräfte in Franken beim Hitlerputsch von 1923 erinnert[44]. Auch Landmanns (Frankfurt am Main) demonstrativ republikanische Gestaltung der Verfassungsfeiern sei hier hervorgehoben[45]. Auch von Adenauer ist bekannt, daß er sich mehrfach entschieden für die Republik und ihre Symbole einsetzte; am deutlichsten geschah dies im sogenannten Dreimänner-Kollegium des Landes Preußen im Jahre 1933, wo er von Papens Manipulationen verhindern wollte[46].

---

[44] Hanschel, Luppe, S. 183 ff.

[45] Rebentisch, Landmann, S. 136.

[46] Vgl. dazu u. a. Rudolf Morsey, Vom Kommunalpolitiker zum Kanzler. In: Konrad Adenauer, Ziele und Wege. Mainz 1972, sowie Konrad Adenauer (jr.), Konrad Adenauer als Präsident des Preußischen Staatsrates. In: Stehkämper (Hg.), Adenauer, S. 367 ff.

Im Prinzip war dieses Eintreten für die legale Staatsform nichts anderes als das, was Oberbürgermeister im Kaiserreich aus Anlaß von Krisen und Unruhen, wie z. B. der drohenden Revolution von 1918 oder Arbeiterunruhen gegen Ende des 19. Jahrhunderts sowie bei großen nationalen Veranstaltungen wie den Sedan-Feiern, getan hatten. Aber in der Monarchie waren sie in Übereinstimmung mit der Gesamtheit der Machthaber; in der Republik konnten sie dessen nicht so sicher sein, da es keinen Konsens über die Staatsform unter den politisch einflußreichen Eliten in Justiz, Verwaltung und Regierung der einzelnen Länder des Deutschen Reiches gab. Das Farbe-Bekennen im Sinne der Republik war eine Parteinahme, nicht ohne Risiko, wie z. B. Luppe schon 1924 im Streicher-Prozeß und die meisten Oberbürgermeister dann bei der nationalsozialistischen Machtergreifung erfuhren.
Und diese Aktivitäten, die auf mehr als auf die Vertretung der engeren kommunalen Interessen gerichtet waren, werfen natürlich die Frage auf, wie weit der Typenbegriff des Fachpolitikers für die Weimarer Republik noch anwendbar ist.
Hanschel, der den Begriff für seine Biographie Hermann Luppes übernimmt, modifiziert ihn auch schon leicht ins Politische, indem er Luppe als einen „demokratischen Fachpolitiker" charakterisierte[47]. — Aber einmal wird man für die Weiterverwendung des Begriffes in der Republik die personelle Kontinuität in vielen Städten über die Revolution von 1918/19 hinaus anführen können, die partei- und staatspolitisch nicht so exponierte Oberbürgermeister im Amte hielt: z. B. Eichhoff (Dortmund), von 1910 bis 1933, Blüher (Dresden), 1915 bis 1931, und Lautenschlager (Stuttgart), von 1911 bis 1933. Außerdem war die kommunalpolitische Konstellation in vielen Städten der Weimarer Republik dazu angetan, die Oberbürgermeister in eine ähnlich abgehobene Position wie im Kaiserreich zu bringen: Sie verfügten immer noch über den umfangreichen Verwaltungsapparat, und ihre üblicherweise langen Amtszeiten von sechs, zehn, zwölf und fünfzehn Jahren wurden in den politischen Wechselfällen der Weimarer Republik geradezu als Symbol politischer Stabilität angesehen, so daß ein geplagter Reichs- und Parteipolitiker wie Gustav Stresemann sie mit „Königen" verglich. Schließlich konnten viele der gerade besonders deutlich der DDP, der DVP oder der DNVP zuzuordnenden Oberbürgermeister sich nur auf relativ kleine Fraktionen ihrer Parteigänger

[47] Hanschel, Luppe, S. 406.

im Kommunalparlament stützen. Deshalb mußten sie versuchen, eine überparteiliche Politik zu machen, teils aus Überzeugung wie Lehr, Düsseldorf (DNVP), teils aus Notwendigkeit wie Petersen, Hamburg (DDP). Letztendlich wirkten die traditionellen Verhaltensweisen aus dem Kaiserreich noch allgemein nach. So wird man feststellen können, daß der Fachpolitiker in der Weimarer Republik insgesamt politischer geworden war, aber meist noch kein reiner Parteipolitiker, auch wenn er jetzt mehr mit Fraktionen und Interessengruppen als mit Honoratioren umging.

OBERBÜRGERMEISTER ALS ZENTRALE ELITE

Als Beleg für die Präsenz der Oberbürgermeister unter den zentralen Funktionseliten werden gewöhnlich die acht Reichsminister der Weimarer Republik aus der Gruppe der Oberbürgermeister angeführt sowie Konrad Adenauers Präsidentschaft im Preußischen Staatsrat von 1921 bis 1933. Ein kurzer Blick auf die anderen zentralen Gremien der Monarchie und der Republik zeigt aber schon, daß sich dieser Kreis noch weiter ziehen läßt. Von den 347 aktiven Mitgliedern des Preußischen Herrenhauses von 1911 waren 50 Oberbürgermeister. Da nur drei von ihnen Adelstitel hatten, stellten sie das Gros der 87 Bürgerlichen, die der Dreiviertelmehrheit des Adels in dieser ersten Kammer gegenüberstanden[48]. Diese Liste reichte von Dr. Ackermann, Stettin (124 000 Einwohner, 1905) über Dr. Becker, Minden (25 000 Einwohner, 1905) bis zu Dr. Wilms, Posen (137 000 Einwohner, 1905). Unter ihnen waren 24 promoviert. In der Weimarer Republik waren im Preußischen Staatsrat jeweils acht bis zehn Oberbürgermeister unter den 80 bis 90 Mitgliedern. Neben Konrad Adenauer gehörten dem Präsidium des Preußischen Staatsrates Oberbürgermeister Jarres (Duisburg), und Bürgermeister Gräf (Frankfurt a. M.), an. In der Weimarer Nationalversammlung saßen schließlich neun Oberbürgermeister, allen voran die fünf Mitglieder der DDP (Dietrich, Konstanz; Hesse, Dessau; Luppe, Nürnberg; Koch-Weser, Kassel, und Pohlmann, Kattowitz).
Diese offenbar sehr häufige Präsenz der Oberbürgermeister in den

[48] Ernst Rudolf Huber, Deutsche Verfassungsgeschichte seit 1789, 3. Stuttgart 1963, S. 83; A. Metzel, Handbuch des Preußischen Herrenhauses, Berlin 1905. Die adeligen Oberbürgermeister waren der ehemalige Oberbürgermeister Becker (Köln), von Bruchhausen (Trier) und Dr. von Ibell (Wiesbaden).

zentralen Gremien war allerdings – je nach verfassungspolitischer Situation – in den einzelnen Epochen und Institutionen unterschiedlich dicht. So war z. B. die Mitgliedschaft der Oberbürgermeister in den zentralen Kabinetten weder im Kaiserreich noch in der Bundesrepublik so intensiv wie in der Weimarer Republik. Ihre breit gefächerte Anwesenheit in den zentralen Funktionen stellt aber die Frage nach dem Verhältnis des Oberbürgermeisteramtes zur zentralen Politik. Darauf wird man je nach zentraler Funktion eine unterschiedliche Antwort geben müssen: Die Mitgliedschaft im Preußischen Herrenhaus und im Preußischen Staatsrat hing wesentlich mit der Wahrnehmung kommunaler und regionaler Interessen zusammen, war also ein spezifisches Korrelat des Amtes. – Die Mitgliedschaft in der Nationalversammlung von 1919/20 war mehr ein Ausdruck unterschiedlich starker Integration der einzelnen Oberbürgermeister in die allgemeine Politik. Sie hing weniger mit den administrativen Pflichten des Amtes zusammen, war vielmehr ein Signal dafür, daß das Amt sich selbst stärker politisierte. – Die Verwendung der Oberbürgermeister als Minister trennte sie fast immer auf Dauer von ihrem Amte mit der Ausnahme von Karl Jarres. Es ist hier wie bei der Mitgliedschaft in der Nationalversammlung vor allem danach zu fragen, welche besonderen Voraussetzungen die Oberbürgermeister aus ihrem Amte mitbrachten, um in die zentrale Politik überzuwechseln.

Zunächst ist zu bemerken, daß die normale Amtsführung des Oberbürgermeisters als Fachpolitiker vielfältige Erfahrungen mit politischen und parlamentarischen Gremien brachte: zunächst mit der eigenen Stadtverordnetenversammlung, aber auch mit zentralen Institutionen wie Ministerien und Parlamenten. Dies bedeutet, daß Kommunalpolitik nie bloße Lokalpolitik war. Dazu gehörte immer auch das Bemühen um die Förderung der allgemeinen kommunalen Interessen und der besonderen lokalen Politik bei zentralen Institutionen.

Das konnte auf dem Wege einer allgemeinen Gesetzgebung geschehen, wie z. B. die Bemühungen von Franz Adickes und Johannes Miquel um eine städtebauliche Gesetzgebung sowohl in Preußen wie im Reich während der Monarchie, die dann nur zu der Frankfurter lex Adickes führten. Oder es konnte auch das Bemühen um eine spezielle Gesetzgebung für die einzelnen Städte sein, wie die verschiedenen im Preußischen Abgeordnetenhaus durchgebrachten Eingemeindungsgesetze.

Aber auch durch bloße Verwaltungsakte wurden die Städte so nachhaltig gefördert, daß ein guter Kontakt zu Parlament und Ministern wesentlicher Bestandteil erfolgreicher Kommunalpolitik war. In der

Art der Wahrnehmung dieser Interessen konnten sich zentrale und lokale Elitefunktionen der Oberbürgermeister aufs engste verbinden. So berichtete beispielsweise Rive (Halle), daß ihn seine Mitgliedschaft im Herrenhaus bei der Gesetzgebungsarbeit mit allen Ministern und Räten zusammenbrachte. Dies wiederum ermöglichte ihm, „sich zum Beispiel im Verkehrsministerium um die weitere Förderung der zentralen Eisenbahnlage der Stadt oder im Finanzministerium um Genehmigung von Steuern und Anleihen oder im Kultusministerium um Hilfe bei neuen Schöpfungen auf dem Schulgebiet oder im Landwirtschaftsministerium um den Verkauf der Heide an die Stadt" mit Erfolg zu bemühen[49]. Ähnlich brachte auch die allgemeine kommunale Interessenvertretung durch die Sitzungen des engeren und weiteren Vorstandes des Deutschen Städtetages dessen Mitglieder in ständige persönliche Kontakte mit Ministern und Parlamentariern. Einerseits war der zentrale Rat der Oberbürgermeister erwünscht, andererseits konnten sie ihre Stadt dabei vertreten. Ein individuelles Beispiel für solche weit gefächerte zentrale Verflechtung außerhalb der wichtigsten Funktionen in Parlament und Regierung ist Luppe, Nürnberg: Mitgliedschaft im Verwaltungsrat der Reichsanstalt für Arbeitsvermittlung, Beisitzer im Kartellgericht beim Reichswirtschaftsgericht, Vorstandsmitglied des Reichsarbeitgeberverbandes der deutschen Gemeinden, Mitgliedschaft in der Nationalversammlung, Mitglied in der zweiten Sozialisierungskommission, Zweiter Vorsitzender des deutschen Verbandes für private und öffentliche Fürsorge, Mitglied im Vorstand des Deutschen Städtetages[50]. Dem lassen sich andere Funktionen anderer prominenter Kommunalpolitiker wie Adenauer oder Landmann an die Seite stellen. Die Oberbürgermeister waren ein wesentliches Element der Formulierung gesamtstaatlicher Politik, insbesondere auf dem Gebiet von Wirtschafts- und Sozialfragen.

Wenn man also danach fragt, was die acht ehemaligen und amtierenden Oberbürgermeister der Weimarer Republik, die Reichsminister wurden, aus ihrem Amt mitbrachten, dann wird man neben der spezifischen Kombination von politischen und Verwaltungserfahrungen des Fachpolitikers auch die zentralen Verbindungen einbeziehen müssen. Wenn, wie die strukturellen Darlegungen zum Oberbürgermeisteramt und die Tabelle 1 ausweisen, Oberbürgermeister zum normalen Reservoir zentraler Eliten in Deutschland in der Neuzeit gehören,

[49] Rive, Erinnerungen, S. 263.

[50] Hanschel, Luppe, S. 309.

dann bleibt doch noch zu klären, warum sie gerade in der Weimarer Republik so häufig in diesen Funktionen auftraten. Ich möchte dafür drei Gründe angeben. Zunächst bestand beim Übergang von der Monarchie zur parlamentarisch-präsidentialen Republik ein Mangel an Politikern im zentralen Parlament, die zugleich demokratisch legitimiert und in Regierungs- und Verwaltungsgeschäften erfahren waren. Darum griffen Parteien und Reichspräsident gern auf Oberbürgermeister zurück, die als Wahlbeamte die bisherigen Traditionseliten von Adel und zentralen Staatsbeamten ersetzen konnten. Darauf ist etwa Koch-Wesers und Geßlers Berufung 1919 zurückzuführen, ebenso auch Dietrichs und Külz' Übergang in die Reichspolitik.

In den nationalen und regionalen Krisen zu Beginn der Republik profilierten sich andere Oberbürgermeister so weit, daß sie ministrabel wurden; darauf ist etwa die Berufung von Jarres und Luther zurückzuführen.

Schließlich wird man als besonderen Faktor, der aber mit dem zweiten Grund zusammenwirkte, anmerken müssen, daß die parlamentarische Demokratie ihre Anfangsschwäche nie ganz überwunden hat, was sich im Rückgriff auf Eliten außerhalb von Fraktionen und Parlament äußerte – einerseits zentrale Verwaltungsbeamte, andererseits Oberbürgermeister. Darauf ist eindeutig die Berufung von Bracht in das autoritäre Kabinett Papen zurückzuführen und die häufige Wiederverwendung von Geßler und Luther, die beide ein distantes Verhältnis zu den Parteien hatten.

Dieser Umstand äußerte sich auch in der Stilisierung mehrerer Oberbürgermeister zum nicht in die Parteienverantwortung eingebundenen Fachminister. Diesen Weg gingen Geßler, Dietrich, Luther und Bracht. So brachten sie in das hochpolitische zentrale Amt Merkmale des ehemaligen Verwaltungsmannes. Andere wiederum, wie Koch und Külz, blieben in den zentralen Funktionen weit stärker ihrer Partei, der DDP, verpflichtet. Beide Möglichkeiten waren im Fachpolitiker angelegt. Die amtserfahrenen Oberbürgermeister waren vielseitig verwendbar.

FRANZ ADICKES
FRANKFURTER OBERBÜRGERMEISTER 1891–1912

VON WOLFGANG KLÖTZER

„Oberbürgermeister a. D. Dr. jur. et med. h. c. Franz Adickes, Wirklicher Geheimer Rat, Ritter des Wilhelmsordens und des Kronenordens I. Klasse, der die Stadt Frankfurt a. M. während mehr als zwei Jahrzehnten mit ungewöhnlichem Erfolge geleitet hat, unser Ehrenbürger, ist heute früh im 69. Lebensjahre verschieden. Die unvergänglichen Verdienste, die er sich um die Entwicklung der Stadt Frankfurt a. M. und um das Wohl ihrer Bürgerschaft erworben hat, sichern ihm einen Ehrenplatz in der Geschichte unseres Gemeinwesens für alle Zeiten."

Durch diese Anzeige[1] des Frankfurter Magistrats erfuhr die Öffentlichkeit vom Tode des Mannes, der von 1891 bis 1912 die Geschicke der Mainmetropole bestimmt hat[2]. In ergreifender Totenfeier ver-

---

[1] Zweites Morgenblatt der „Frankfurter Zeitung", Nr. 36, 5. 2. 1915. Adickes war am 4. 2. gestorben.

[2] Berthold Freudenthal, Franz Adickes. Rede bei der Gedächtnisfeier der Universität Frankfurt. (= Frankfurter Universitätsreden 2) Frankfurt 1915; Adolf Varrentrapp, Drei Oberbürgermeister von Frankfurt. Frankfurt 1915 (Mumm, Miquel, Adickes); Erich Foerster, Franz Adickes. In: Deutsches Biographisches Jahrbuch 1 (1925), S. 111–116, 321, mit Literaturangaben; Julius Rothenberger, Von Miquel bis Adickes. Kommunalpolitische Erinnerungen. In: Jahrbuch der Frankfurter Bürgerschaft, Jg. 1926, S. 121–130; Franz Adickes. Sein Leben und sein Werk, hrsg. von der Historischen Kommission der Stadt Frankfurt a. M. (= Frankfurter Lebensbilder 11) Frankfurt 1929, mit Beiträgen von Erich Adickes, Heinrich Bleicher, Berthold Freudenthal, Ludwig Heilbrunn und Karl Weidlich (künftig zitiert: Adickes, Leben, Werk); Harry Gerber, Franz Adickes. Sein Leben und sein Werk. In: Alt-Frankfurt, Jg. 1930, S. 9–12; Hermann Meinert, Franz Adickes. In: Neue Deutsche Biographie 1 (1953), S. 67 f.; Wilhelm Emrich, Franz Adickes, der Begründer der Großstadt Frankfurt. In: Frankfurt. Lebendige Stadt, Jg. 1962 H. 1, S. 28–33; Wolfgang Klötzer, Franz Adickes. In: Männer der deutschen

sammelten sich die Spitzen der Regierung und der Parlamente, die Vertreter der Kirche, Stadtverwaltung, Universität und der Bürgerschaft in den weiten Hallen des Frankfurter Römers, um Abschied zu nehmen von dem großen Toten. Und noch über Wochen brachten die zahllosen Kondolenzen und Nachrufe[3] vielfältig zum Ausdruck, was der Verstorbene über seine engere Amtstätigkeit hinaus für das Städtewesen überhaupt, ja für das öffentliche Leben im weitesten Sinne gewesen ist.

Mit Franz Adickes war ein Kommunal- und Sozialpolitiker dahingegangen, der besonders in der Verwaltungs- und Justizgesetzgebung anregend und bahnbrechend gewirkt hat. Zweifellos zum Höchsten berufen, hatte er die ihm nacheinander angebotenen Staatsämter der unterschiedlichsten Ressorts ausgeschlagen und nicht wie sein Frankfurter Amtsvorgänger Miquel den Weg nach Berlin gesucht, sondern seine Verpflichtung in erster Linie in der Kommunalpolitik gesehen. Doch im Preußischen Herrenhaus spielte er als Repräsentant seiner Kommunen, erst für Altona, dann für Frankfurt, die seiner Persönlichkeit angemessene Rolle, ob als Referent über den Eisenbahnetat, über kirchenpolitische Angelegenheiten oder als Kommentator des Kommunalabgabengesetzes. Zuletzt als Mitglied der Immediatkommission gab er wertvolle Anregungen zur Verwaltungsreform, die zwar erst nach Jahren Früchte trugen.

Doch zunächst zu seiner Person, seiner Herkunft, seinem Werdegang[4]. Franz Adickes wurde als ältester von drei Brüdern am 19. Februar 1846 in Harsefeld bei Stade geboren. Der Vater, Wilhelm Adickes, ein Patriarch in seinem Kreise, war Jurist, ein hervorragender Goethekenner und sehr musikalisch, was man von dem Sohne nicht sagen konnte. Während der Vater von altfriesischen Grundbesitzern abstammte, deszendierte die Mutter, Therese Chappuzeau, aus beweglicher Hugenottenfamilie, deren Stammvater im Paris des 16. Jahr-

---

Verwaltung, hrsg. von der Groteschen Verlagsbuchhandlung. Stuttgart 1963, S. 245–259; Walther Schliepe, Franz Adickes. In: Handwörterbuch der Raumforschung und Raumordnung, 2. Aufl., 1970, Sp. 8–11.

[3] Stadtarchiv Frankfurt a. M., Magistratakte R 315. Eine Sammlung von Berichten und Nachrufen auch in S 2/649. Die im Römer und in der Universität gehaltenen Nachrufe erschienen als Sonderdrucke: Gedächtnisreden bei der Trauerfeier für Franz Adickes im Römer zu Frankfurt a. M. am 7. Februar 1915; Freudenthal, Adickes.

[4] Erich Adickes, Franz Adickes als Mensch. In: Adickes, Leben, Werk (vgl. Anm. 2), S. 1–232, bes. S. 1–134.

hunderts als Advocat au conseil du roi wirkte. In dem pietistisch-religiösen Elternhaus, mit dem Adickes ein halbes Jahrhundert in segensreichem Kontakt blieb, genoß der Junge eine moralisch-zuchtvolle, dennoch liebevolle Erziehung auf altlutherisch-orthodoxer Grundlage. In der ländlichen Idylle von Harsefeld und Lesum (Wümme), wohin der Vater 1852 als Amtsrichter berufen wurde, verging die Kindheit, bis sich ab Ostern 1860 auf der „Hohen Schule" in Hannover die aus germanischem und romanischem Erbe gemischten geistigen Anlagen überraschend schnell entfalteten. Den Schüler, der fünfzehnjährig der verbotenen Verbindung Hercynia beitrat, begeisterten Mittelalter, nationale Tragik und Reichssehnsucht; seine Vorstellung von Freiheit und Einheit Deutschlands entzündete sich an der Idealgestalt Theodor Körners, an dessen 50. Todestag 1863 er die Festrede hielt; er sammelte für Schleswig-Holstein, und seine leicht erregte Einbildungskraft entströmte in politischen Gedichten. Die Schulzeit beschloß Adickes 1864 mit einer englischen Rede über Washington und Napoleon.

Das juristische Studium führte ihn nach Heidelberg, wo er Vangerow und den Historiker Häußer hörte, und schon im nächsten Jahr nach München, wo er sich neben seinen juristischen Vorlesungen von Carriere in die Kunst- und Literaturgeschichte der Neuzeit einführen ließ. Schon im Frühjahr 1867 beendete er seine Studien in Göttingen. Hier erlebte er auch den deutschen Bruderkrieg, innerlich auf Seiten Preußens, aber durchaus liberal gesinnt. Ein kurzes Gastspiel bei der Burschenschaft Alemannia in Heidelberg blieb Episode; obschon er sich ehrenhaft schlug, fühlte er sich in seinen idealen Erwartungen enttäuscht, doch nahm er das freundlich gewährte Gastrecht und später auch ein Ehrenband an.

Das erste mündliche Examen seiner Referendarzeit absolvierte er in Celle so gut, daß er nach Hause schreiben konnte: „Vermöge fabelhaften Schweins hab' ich bekommen Nummer eins", wurde Auditor am Neustädter, dann am hannoverschen Amtsgericht, wo er auch sein Einjährigen-Freiwilligen-Jahr hinter sich brachte, schließlich in Göttingen, wo er seine Frau, eine Arzttochter aus Waldkappel bei Eschwege, kennenlernte, mit der er am 27. September 1873 die Ehe schloß. Ihr entsprossen drei Töchter: Die älteste heiratete den Frankfurter Kapellmeister Ludwig Rottenberg, deren Töchter sich mit Hans Flesch, dem Leiter des Frankfurter Rundfunks, bzw. Paul Hindemith verbanden. Die zweite Tochter heiratete Alfred Hugenberg, die jüngste Karl Eisenlohr aus Stuttgart.

Doch kaum in Göttingen, rief Franz Adickes der Krieg 70/71, den er mit der patriotischen Begeisterung seiner Zeit zunächst im verlustreichen Sturm der preußischen Garde auf St. Privat, dann als Platzmajor eines Pariser Vorortes erlebte.

Dem Heimkehrer schien die Zukunft ungewiß. Seine vielseitigen Interessen und der Wunsch nach Verbindung von Theorie und Praxis führten den jungen Gerichtsreferendar zu literarisch-wissenschaftlicher Durchdringung juristischer Fragen, als deren Ergebnis er im Mai 1872 seine Erstlingsschrift, das „Problem der Rechtsquellen", zum Druck beförderte. Schon im Februar war in den Preußischen Jahrbüchern ein Aufsatz über „Das Rechtsstudium und die deutschen Universitäten" erschienen, dessen Polemik gegen den üblichen Studiengang zwar nicht das gewünschte Echo fand, dessen Reformgedanken den „Juristen aus Leib und Seele" aber zeitlebens begleitet und noch den Lehrplan der Frankfurter Universität beeinflußt haben.

Ein Jahr später, Ende Januar 1873, bestand Adickes in Berlin das Assessorenexamen mit „gut".

Doch wie weiter? Sollte er Richter werden wie der Vater oder in die Reichsbahnverwaltung eintreten, was Adickes zeitweilig erwog? Sollte der so vielseitig Veranlagte die Universitätslaufbahn einschlagen, womit er liebäugelte? Kurz entschlossen bewarb er sich um die Stelle des Zweiten Bürgermeisters in Dortmund, wurde einstimmig gewählt und schon am 19. Juli 1873 als Magistratsmitglied eingeführt[5]. Eine zwar überraschende, aber nicht unmotivierte Wendung seines Entwicklungsganges, denn seine Anlagen strebten nach praktischer Tätigkeit.

In Dortmund nutzte er jede Gelegenheit, sich auf allen Gebieten der Verwaltung umzutun, besonders aber im Stiftungs- und Armenwesen, das er von Grund auf reorganisierte. Aber Dortmund konnte nur kurzfristig Durchgangsstation für den achtundzwanzigjährigen Aufsteiger im Kommunaldienst sein. Nachdem er ein Angebot Herfords abgelehnt – die Stadt war ihm zu klein – und auch beim Revirement in Dortmund sich, angeblich seiner Jugend wegen, zurückgehalten hatte, ging er lieber im Oktober 1876 als Bürgermeister, bald darauf Oberbürgermeister, nach Altona[6].

Dort schon, in 14jähriger Tätigkeit, hat Adickes erste kommunale Meisterleistungen vollbracht. Er hat Altonas Selbstbewußtsein ge-

---

[5] Ebd., S. 135–150.

[6] Ebd., S. 151–172.

stärkt, indem er es aus dem Sog Hamburgs befreite, was freilich die Eingemeindung 1937 nicht verhindert hat. Als Adickes 1891 mit noch größeren Plänen nach Frankfurt ging, eilte ihm das folgende Empfehlungsschreiben[7] des schleswig-holsteinischen Regierungspräsidenten an dessen Kollegen in Wiesbaden voraus (22. 10. 1890):

„Der Oberbürgermeister Adickes ist m. E. ein hervorragend qualifizierter Kommunalbeamter. Es ist ihm gelungen, während seiner siebenjährigen Tätigkeit als Oberbürgermeister der Stadt Altona neben seiner vortrefflichen Leitung der inneren Angelegenheiten der Stadt eine Reihe großer Verkehrsanlagen ins Leben zu rufen, welche bestimmt sind, Altona neben der erdrückenden Konkurrenz Hamburgs in kommerzieller Hinsicht selbständig zu erhalten. Dahin gehören vor allem die großen Kai- und Hafenbauten mit Speichern, Verkaufshallen, Bahnverbindungen usw., die Anlage von Pferdebahnen, die Gründung der Altona-Kaltenkirchener Eisenbahn, die Förderung der Eingemeindung benachbarter Ortschaften, um Bauterrain zu gewinnen u. a. m. Dabei hat es Adickes verstanden, die anfangs ihm entgegenstehende Opposition in den städtischen Körperschaften mehr und mehr seinen Reformplänen geneigt zu machen, so daß er gegenwärtig in der Leitung der städtischen Angelegenheiten einem Widerspruch kaum mehr zu begegnen scheint, ein Resultat, welches er seinem klugen, einnehmenden und doch energischen Auftreten zu verdanken hat."

Verblüffend zu sehen, wie dieses Altonaer Resümee zur Frankfurter Visitenkarte geworden ist, nicht nur was Programm und Leistung, sondern auch Führungswille und Führungsstil betrifft.

22 Jahre, die Franz Adickes an der Spitze der in wilhelminischer Zeit aufblühenden Mainmetropole gewirkt hat[8], unter zahlreichen bedeu-

---

[7] Hessisches Hauptstaatsarchiv Wiesbaden 405, 5169.

[8] Franz Adickes, Leben, Werk, S. 172–218. Heinrich Bleicher, Franz Adickes als Kommunalpolitiker, ebd., S. 253–373. Teilweise ganzseitige Würdigungen brachten die Frankfurter Tageszeitungen, die „Frankfurter Neue Presse" (3. 2. 1965, Walter Gerteis; 2. 1. 1971, Franz Lerner) und die „Frankfurter Allgemeine Zeitung" (19. 2. 1971, Heinrich Heym). Besonderes Interesse, was den Wandel des Amtes angeht, verdient auch die Analyse von Hubert Delvos unter dem Titel: Oberbürgermeister einst und heute. Die Verwaltung unserer Städte im Wandel der Zeiten; in der „Frankfurter Allgemeinen Zeitung" am 11. 3. 1964. Dagegen ist das Buch von Wolfgang Hofmann, Zwischen Rathaus und Reichskanzlei. Die Oberbürgermeister in der Kommunal- und Staatspolitik

tenden Bürgermeistern seiner Zeit sicher der bemerkenswerteste, werden im folgenden näher zu beleuchten sein, um das wirklich Elitäre in Werk und Persönlichkeit sichtbar zu machen. Nach 22 Jahren war die Kraft erschöpft, ausgegeben für die Idee eines Groß-Frankfurts, wie es früher nicht existierte, auch nicht in der Zeit des alten Reiches. Seit dem 1. Oktober 1912 im Ruhestand, gesundheitlich, nicht geistig gebrochen und immer noch, namentlich für seine Universitätsgründung tätig, starb Franz Adickes, ohne das 70. Lebensjahr erreicht zu haben.

Die ehemalige Reichs-, dann Freie Stadt Frankfurt a. M. war 1866 preußisch geworden und am äußersten Südrand des Staatsgebietes ins Abseits geraten[9]. Einsichtige Beobachter bekräftigten, was der erste Oberbürgermeister Heinrich Mumm von Schwarzenstein seit 1868 immer wieder offen aussprach, daß Frankfurt in seiner Entwicklung stagnierte und Gefahr lief, von anderen, stärker protegierten Städten überflügelt zu werden. Mumm mahnte[10] deshalb, „sich ernstlich zu rühren und in richtiger Erfassung seiner Lage und der gebotenen Mittel zu streben, einer der Zentralpunkte jenes großen Welt- und Verkehrsleben zu werden, das durch die Anreize, welche es den Vermögenden bietet, fähig ist, die Vorteile der Freizügigkeit in umfassender und nachhaltiger Weise der Stadt zuzuwenden." Das heißt nach heutigen Begriffen nichts anderes als, Kapital heranzuschaffen, zu investieren, Arbeitsplätze zu schaffen und die Konjunktur zu beleben. Doch Mumm scheiterte[11] in seinem Bemühen, „die Stadt aus dem engbegrenzten Sonderleben der früheren Zeit zu einer höheren

---

des deutschen Reiches von 1890 bis 1933. (= Schriften des Deutschen Instituts für Urbanistik 46) Stuttgart 1974, bezüglich Franz Adickes' weniger ergiebig, da Hofmann das Schwergewicht seiner Untersuchung in Köln und Düsseldorf findet. Für den zeitgeschichtlichen Rahmen vgl. Wolfgang Klötzer, Das wilhelminische Frankfurt. In: Archiv für Frankfurts Geschichte und Kunst 53 (1973), S. 161–182.

[9] Wolf-Arno Kropat, Frankfurt zwischen Provinzialismus und Nationalismus. Die Eingliederung der „Freien Stadt" in den preußischen Staat 1866–1871. (= Studien zur Frankfurter Geschichte 4, 1971); Wolfgang Klötzer, Vom Senat zum Magistrat, Frankfurt 1968; ders., Frankfurt 1866. Eine Dokumentation aus deutschen Zeitungen. (= Archiv für Frankfurts Geschichte und Kunst 50, 1966).

[10] In seinem Verwaltungsbericht vom 14. 12. 1869, zit. nach: Varrentrapp, Drei Oberbürgermeister, S. 5.

[11] Klötzer, Das Wilhelminische Frankfurt, S. 170.

Bedeutung zu erheben"[12], am Widerstand der Stadtverordneten, wenn ihm auch gewisse Erfolge nicht versagt blieben. Die persönlichen Gegensätze verhinderten 1880 seine Wiederwahl.

Glücklicher operierte der Nachfolger, Johannes von Miquel[13], der über reiche Erfahrungen als Rechtsanwalt, Bankdirektor und politischer Parteiführer verfügte. Gewandt und schmiegsam vermied er die Reibungen mit dem Stadtparlament, die seinen Vorgänger behindert hatten. Für seine Kommunalpolitik ohne innere Konflikte zahlte er allerdings einen fühlbaren Preis: Er erklärte die Periode der gründerzeitlichen Investitionen für abgeschlossen und bekannte sich zu dem Programm[14], „die Kräfte der Gemeinde zu schonen und zu pflegen und das Gegebene sparsam zu nützen, mit einem Wort, Atem zu schöpfen". Aber wenn Miquel sich auch auf die reine Hoheitsverwaltung beschränkte, Eingriffe in das Monopol der Privatwirtschaft vermied, auf sozialem Sektor nur das Armenwesen pflegte, im Städtebau nur baupolizeiliche Gesichtspunkte gelten ließ, kurz, wenn dem Jahrzehnt seiner Amtszeit die großzügigen Unternehmungen fehlten, – ein Verdienst bleibt ihm unbestritten: Miquel, der 1891 preußischer Finanzminister wurde, hinterließ in Frankfurt den geordneten Finanzhaushalt für die genialen Intentionen des Nachfolgers. Die Wahl der Stadtverordneten, frei von Parteirücksichten gelenkt durch Leopold Sonnemann[15], den Herausgeber der Frankfurter Zeitung, fiel am 14. Oktober

---

[12] Verwaltungsbericht für 1871: „Frankfurt hat in der früheren Zeit ein engbegrenztes Sonderleben geführt. Jetzt hat es seine Stelle inmitten des großen Ganzen gefunden; sie richtig zu erfassen und zu immer höherer Bedeutung zu erheben, das ist die Aufgabe, die unserer Stadt zum eigenen wie des Gesamtvaterlandes Wohl zur Lösung gestellt ist" (Varrentrapp, S. 6).

[13] Wilhelm Mommsen, Johannes von Miquel. Stuttgart 1928; Hans Herzfeld, Johannes von Miquel, 2 Bde., Detmold 1938; vgl. auch Anm. 2 (Varrentrapp, Rothenberger).

[14] Der Passus seiner Rede vor den Stadtverordneten bei seiner Amtseinführung am 3. März 1880 lautet wörtlich: „Es beginnt für uns eine ruhigere Zeit, in welcher wir mit der inneren Verwaltung uns sorgsam beschäftigen, die Kräfte der Gemeinde schonen und pflegen und sparsam das Gegebene im großen und kleinen zu nützen haben, mit einem Wort: Atem schöpfen." (Varrentrapp, Drei Oberbürgermeister, S. 11).

[15] Klaus Gerteis, Leopold Sonnemann. Ein Beitrag zur Geschichte des demokratischen Nationalstaatsgedankens in Deutschland. (= Studien zur Frankfurter Geschichte 3) Frankfurt 1970.

1890 auf Franz Adickes, der am 11. Januar 1891 das Frankfurter Amt als Krönung seines Wirkens antrat.
Sein Bedürfnis, Neues zu schaffen und Großes zu gestalten, fand in Frankfurt, das in den 70er Jahren die Einwohnerzahl 100 000 erreicht hatte und auf dem Wege war, seine Bevölkerung zu vervierfachen, reiches Betätigungsfeld. Indem er nicht nur an Bestandssicherung wie Miquel, sondern an allseitige Entwicklung des Gemeinwesens bis zu einem Höchstmaß an Urbanität und Prosperität dachte, stellte er sich in die Nachfolge Mumms, diesen aber an Genialität und sozialem Gewissen weit überragend. Um der Zukunft gerecht zu werden, müsse der Blick zugleich das Erbe der Vergangenheit, die Forderungen der Gegenwart und die Möglichkeiten zukünftiger Entwicklung umfassen. So überwand Adickes, begabt mit hervorragendem Sachverstand, geübt in der Kunst der Menschenbehandlung, energisch und zielstrebig alle Widerstände, mit dem Erfolg, Frankfurt schließlich als Weltstadt etabliert zu haben.
Zweifellos war seine Zeit, die überall eine Blüte des Städtewesens heraufführte, besonders begünstigt durch den Aufstieg des wilhelminischen Reiches und die Belebung der wirtschaftlichen Konjunktur[16]. Der Ruf nach kommunalen Initiativen auf wirtschaftlichem, sozialem und kulturellem Sektor war allgemein, die finanzielle Basis in Frankfurt, das unter gründerzeitlichen Zusammenbrüchen weniger zu leiden hatte, wie gesagt, günstig. Dabei wollte sich Adickes von privatkapitalistischen Interessen weder nötigen noch einengen lassen. Das Sozialistengesetz war eben gefallen, und seine staatsmännische Begabung machte ihn feinhörig genug für das mahnende Anklopfen der Arbeiterschaft[17] und erleichterte ihm, die berechtigten Forderungen des vierten Standes in seine liberal-konservative Weltanschauung zu integrieren. So konnte ihn der Frankfurter Oberbürgermeister der

[16] Klötzer, Das Wilhelminische Frankfurt (wie Anm. 8), S. 174 ff.; Geschichte der Handelskammer zu Frankfurt a. M. 1707–1908, Frankfurt 1908; demnächst: Eric Hinderlither, Die Industrialisierung Frankfurts 1867–1914. Phil. Diss. Brown University, Providence, USA.

[17] Klötzer, Das Wilhelminische Frankfurt (wie Anm. 8), S. 174 ff.; demnächst: Volker Eichler, Sozialistische Arbeiterbewegung in Frankfurt a. M. 1875–1900. Phil. Diss. Frankfurt a. M. 1979 (bei L. Gall). John Rolling, Linksliberalismus, Sozialismus und Kommunalpolitik in Frankfurt a. M. zwischen 1900 und 1918. Phil. Diss. Univ. of Wisconsin 1979 (bei T. Hamerow).

Weimarer Zeit, Landmann[18], als einen der ersten deutschen Munizipalsozialisten bezeichnen.

Suchte man in den ersten Wochen seiner Amtszeit den Oberbürgermeister, so befand er sich in der Regel auf Stadtrundgängen, wo er sich rasch und gründlich einen Überblick über die notwendigen Verbesserungen und planerischen Möglichkeiten verschaffte. Abgestoßen von der städtebaulichen Verwilderung der 80er Jahre, übertrug er seine Altonaer Erfahrungen auf Frankfurt und entschloß sich, die meist kleinlichen Pläne der letzten Zeit, wo man bei Durchbrüchen und Sanierungen nur den nötigsten Bedürfnissen genügt hatte, von Grund auf zu revidieren. In genialer Voraussschau, ja mit künstlerischer Intuition hat Adickes Stadterweiterung, Verkehrsführung, Schönheit und Hygiene der Stadt geplant und für seine bis heute wirkenden Maßnahmen zur Verbesserung der Infrastruktur oft gegen erheblichen Widerstand die Frankfurter Bürgerschaft letztlich zu gewinnen verstanden. Freilich, auch Adickes war ein Kind seiner Zeit und den Sünden des Neo-Imperialismus verfallen und hat zugunsten eines zweifelhaften Eklektizismus der Vernichtung unersetzlicher Bauwerke des Klassizismus und des Barock, ja selbst der Gotik zugestimmt[19]. Anderes dagegen, was Gefahr lief, zu verkommen, hat er durch Ankauf aus Privatbesitz gerettet und durch Restaurierung vor dem Verfall bewahrt.

Seinen Beinamen als „Städtebauer" hat er indes verdient. Schon in Dortmund beschäftigte ihn eine neue Bauordnung, und in Altona, wo er schon Grundstücks- und Stadterweiterungsfonds wie in viel größerem Umfang dann in Frankfurt bildete, bewährte sich seine erste Staffelbauordnung, deren Prinzip er in der Frankfurter Zonenbauordnung aufgriff. Während die Innenstadt mit der Altstadt, der er mit Durchbrüchen und Auskernungen Licht und Luft brachte, wegen der hohen Bodenpreise immer intensiv genutzt blieb, suchte er in den peripheren Bezirken eine Massierung der rasch anwachsenden Bevölkerung möglichst zu verhindern. Die Außenbezirke wurden in Zonen, d. h. in Wohn-, Fabrik- und gemischte Viertel, gegliedert, als solche ausgewiesen und so der Spekulation durch strenge Auflagen

---

18 Dieter Rebentisch, Ludwig Landmann, Frankfurter Oberbürgermeister der Weimarer Republik. (= Frankfurter Historische Abhandlungen 10) Frankfurt 1975. Landmanns Urteil über Adickes in der Einleitung zu: Adickes, Leben, Werk (vgl. Anm. 2).

19 Er wollte das Karmeliterkloster dem Durchbruch des Großen Hirschgrabens zum Main hin opfern.

hinsichtlich Gebäudehöhe und Raumausnutzung Riegel vorgeschoben. Eine hemmungslose Überbauung der Grundstücke, was in anderen Städten zu den gefürchteten Mietskasernen als dem Wohntyp mißlungener Großstadtplanung führte, hat Adickes zu verhindern gewußt, so daß in Frankfurt trotz ständigen Zuzugs minderbemittelter Schichten nirgends eigentliche Slums entstanden. Adickes hat die Bedeutung guter Wohnverhältnisse für die soziale Entwicklung und den sozialen Frieden früh erkannt und deswegen auch den familiengerechten Siedlungsbau gefördert[20]. Sport-, Spiel- und mit Denkmälern und Brunnen belebte Schmuckplätze und Volksparks nach Londoner Vorbild gerade in dichtbesiedelten Stadtteilen suchten die hygienischen wie die ästhetischen Ansprüche der Zeit zu befriedigen, radiale Verbindungsstraßen mit Pferdebahnen, später elektrischen Straßenbahnen, die Anfahrtszeiten zwischen Wohn- und Arbeitsstätte zu verkürzen. Und auf die Ringstraßen der Adickeszeit greift die heutige Verkehrsplanung zurück.

Eine Stadtplanung dieser Größenordnung und Effizienz war indes nur möglich durch eine spezifische Grundstückspolitik, die Adickes zu

---

[20] So z. B. in der gedruckten Rechtfertigung der Frankfurter Fluchtlinienpläne für das Ostend gegenüber dem hessen-nassauischen Provinzialrat vom 31. 5. 1895 (Stadtarch. Ffm. Magistratsakte T 969 II): „Aber nicht bloß der Überschuß der Geburten über die Sterbefälle, nicht nur der Zuwachs der arbeitenden Bevölkerung durch Einwanderung, nicht nur die Wirkungen der Industrie, der steigenden Handelstätigkeit und der verbesserten Verkehrsanstalten werden in Zukunft eine fortgesetzte Ausdehnung Frankfurts herbeiführen, – sondern es ist hier vor allem auch auf das Verschieben der Bevölkerung von innen nach außen Bedacht zu nehmen, welches auf dem Bedürfnis zahlreicher Einwohner beruht, das Gassengewirr der älteren gedrängten Stadtteile zu verlassen, um in der Außenstadt unter Trennung ihrer Wohnung von dem Geschäftslokal in freier, gesunder Lage zu wohnen." – Adickes hat wenig später auch in Zeitschriftenaufsätzen Stellung bezogen: Förderung des Baues kleiner Wohnungen durch private Tätigkeit auf streng wirtschaftlicher Grundlage. In: Schriften des Vereins für Socialpolitik 96 (1901), S. 273–286, und: Die kleinen Wohnungen in Städten, ihre Beschaffung und Verbesserung. In: Deutsche Vierteljahrsschrift für öffentliche Gesundheitspflege 33 (1901), S. 131 ff. Vgl. auch: Franz Adler, Wohnungsverhältnisse und Wohnungspolitik der Stadt Frankfurt a. M. zu Beginn des 20. Jahrhunderts. Frankfurt 1904; Henriette Kramer, Die Anfänge des sozialen Wohnungsbaus in Frankfurt a. M. 1860–1914. In: Archiv für Frankfurts Geschichte und Kunst 56 (1978), S. 123–190.

einem der ersten städtischen Bodenreformer machte. Aus der Erfahrung heraus, daß die widerstreitenden Interessen der Grundstückseigentümer und der Bauwilligen immer zum Nachteil der letzteren führten, es aber die Pflicht der Stadtverwaltung sein mußte, die Bodenspekulation zu bekämpfen und den Wohnungsbau zu fördern, hamsterte Adickes ohne Schonung des Finanzetats Grundbesitz für die Stadt, der meist zu Erbbaurecht an Bauinteressenten ausgegeben wurde. Dabei betrieb Frankfurt nicht wie Ulm oder Freiburg den Wohnungsbau in eigener Regie, sondern förderte als eine der ersten Städte gemeinnützige Baugesellschaften, die in kürzester Zeit die am meisten gefragten Kleinwohnungen erstellten.

Eine der bekanntesten Maßnahmen des tatkräftigen Frankfurter Oberbürgermeisters blieb dauernd mit seinem Namen verbunden: die Lex Adickes[21], das für Frankfurt mit Beharrlichkeit 1902 im Preußischen Landtag erkämpfte, später auch auf andere Gemeinden angewandte städtische Umlegungsgesetz. Es ermöglichte die Zusammenlegung von Grundstücken, oft regelrechter Schikanierzwickel, zu einer Zwangsgenossenschaft aller beteiligten Grundbesitzer auch gegen deren Willen, indem es gewisse, bei landwirtschftlichen Verkopplungen längst geübte Grundsätze auf städtische Verhältnisse übertrug. Zwar hat das Gesetz, nach Ausmerzung einiger Schönheitsfehler, erst seit 1907, und dann auch nur in bestimmten Fällen, Anwendung gefunden. Doch allein seine Existenz hat viele Grundstücksspekulanten, welche die Umwandlung von Bauerwartungsland in Baugelände hintanhalten wollten, zu gütlicher Vereinbarung gedrängt. Es bleibt das unumstößliche Verdienst von Adickes, den Gedanken der Landumlegung, die bisher nur zur Leistungssteigerung der bäuerlichen Wirtschaft angewandt worden war, auf den sozialpolitischen Zweck, in den Städten eine praktische und gesunde Bauweise zu ermöglichen, ausgedehnt zu haben. In unserer Zeit sind die Grundgedanken von Adickes nicht

---

[21] Bleicher, Adickes als Kommunalpolitiker. In: Adickes, Leben, Werk (vgl. Anm. 2), S. 190 ff.; Gedruckt in: Emil Klar, Die erste Baulanderschließung nach dem Frankfurter Umlegungsgesetze (lex Adickes), [um 1910], S. 50–72; Carl Rohleder, Kommentar Lex Adickes..., 2. Aufl. Frankfurt 1931. – Adickes hat sich auch literarisch dazu geäußert, z. B. in den Aufsätzen: Umlegung und Zonenenteignung als Mittel rationeller Stadterweiterung. In: Archiv für soziale Gesetzgebung 6 (1893), S. 429–457, und: Zusammenlegung städtischer Grundstücke und Zonenenteignung. In: Handwörterbuch der Staatswissenschaften, 3. Aufl., 8 (1911), S. 1133–1137. Vgl. auch Wolfgang Bangert, Baupolitik und Stadtgestaltung in Frankfurt a. M., Würzburg 1937, S. 53 ff.

mehr zu entbehren und modernisiert in die meisten Aufbaugesetze nach 1945 eingegangen.

Ihre eigentliche Krönung erfuhr sein stadtplanerisches System durch die stufenweise Eingemeindung von 15 Vororten zwischen 1895 und 1910, wodurch sich das Stadtgebiet verdoppelte, neue Wohn- und Gewerbegebiete erschlossen werden konnten[22]. Adickes hat mit seinen Eingemeindungen Frankfurt vor Abschnürung und städtebaulicher Erstickung bewahrt und erst im erweiterten Stadtgebiet die großzügigen Planungen verwirklichen können, wie sie solchen Ausmaßes seinerzeit und andernorts noch unbekannt waren. Alle Eingemeindungen betrieb Adickes in individuellen Verhandlungen, Zweckverbände lehnte er ab. Um das ihm vorschwebende Groß-Frankfurt zu verwirklichen, befürwortete er die allmähliche Ausdehnung der städtischen Institutionen, Verkehrs- und Versorgungseinrichtungen auf die Vororte, soweit die Kräfte der Stadt ausreichten, mit städtischen Mitteln. Aber Adickes war kein Fanatiker des seit der Jahrhundertwende propagierten städtischen Regiebetriebs und kein prinzipieller Gegner von Versorgung und Dienstleistung auf privatwirtschaftlicher Basis. Er wollte jeden Fall für sich beurteilt und entschieden wissen und stellte an die Spitze seiner Überlegungen einzig die Frage, ob das öffentliche Interesse die Kommunalisierung als zweckmäßig erscheinen lasse.

Aus sozialpolitischen Erwägungen plädierte er für Stadtsanierung und Stadterweiterung, schuf er Raum für gesundes Wohnen und günstige Verkehrsmöglichkeiten. Schon damals nahm er in städtische Verantwortung alle die sozialen Pflichten, die in unserer heutigen Kommunalverwaltung den breitesten Raum einnehmen[23]: Als dem Staat die

---

[22] Wolfgang Hofmann, Oberbürgermeister und Stadterweiterungen. In: Helmuth Croon u. a. (Hg.), Kommunale Selbstverwaltung im Zeitalter der Industrialisierung (= Schriftenreihe des Vereins für Kommunalwissenschaften 33) Stuttgart 1971, S. 59 ff.; Dieter Rebentisch, Politik und Raumplanung im Rhein-Main-Gebiet. Kontinuität und Wandel seit hundert Jahren. In: Archiv für Frankfurter Geschichte und Kunst 56 (1978), S. 191–210, bes. S. 195 ff.; ders., Industrialisierung, Bevölkerungswachstum und Eingemeindungen. Das Beispiel Frankfurt a. M. 1870–1914. In: Die deutsche Stadt im Industriezeitalter, hrsg. v. J. Reulecke. Wuppertal 1978, S. 90–113; Bangert, Baupolitik, S. 68 ff.

[23] Für das Folgende vgl. Bleicher, Adickes als Kommunalpolitiker. In: Adickes, Leben, Werk (vgl. Anm. 2), S. 299 ff. Adickes' stärkste Stütze auf dem Sozialsektor war der Rechtsanwalt Karl Flesch (1853–1915), der seit 1884 als Stadtrat das Armenwesen der Stadt Frankfurt betreute und zum Initiator und Förderer zahlreicher Einrichtungen auf

Wohnungsfürsorge noch fremd war, gründete er das Wohnungsamt[24]. Dazu erhielt die Stadt Frankfurt, die 1893 den vom Freien Deutschen Hochstift einberufenen Sozialen Kongreß[25] in ihren Mauern sah, eine Gemeinnützige Rechtsauskunftsstelle[26] und schließlich als Vorläufer der heutigen Arbeitsämter eine Arbeitsvermittlungsstelle[27]. Mit diesen drei Einrichtungen legte Adickes Grundsteine in der Sozialpolitik des Reiches. Auch in der Fürsorge für kommunale Bedienstete[28] ging Frankfurt mit sozialen Verbesserungen voran. Ich nenne den geregelten Erholungsurlaub, die Unterstützung im Krankheitsfall und die Mietbeihilfe, gestaffelt nach Kinderzahl. Für das Prinzip der Einkommensstufen nach dem Familienstand war Adickes ein ausgesprochener Vorkämpfer, und das preußische Kommunalbeamtengesetz von 1900 scheint unter seinem Einfluß zustandegekommen zu sein. Er nahm kräftigen Anteil an der Ausformung der Allgemeinen Arbeiterbestimmungen[29], durch die Frankfurt allen Städten voraneilte und der Entwicklung der Arbeitsverträge neue Wege wies. Auch die Pflege von Volksbildungseinrichtungen wie den in Frankfurt tief verwurzelten Ausschuß für Volksvorlesungen[30], einen Vorläufer der Volkshochschule, wollte Adickes im Spektrum gesellschaftspolitischer Entwicklungshilfe nicht missen. Für diese seine Tätigkeiten auf dem Gebiete der sozialen Wohlfahrt erhielt Adickes den 1896 gestifteten preußischen Wilhelmsorden[31].

Bezeichnenderweise bekämpften die Sozialdemokraten[32], die um die

---

den Gebieten der Fürsorge, Jugendpflege, Volksbildung und des Wohnungswesens wurde (Hugo Sinzheimer, Der Sozialpolitiker Karl Flesch, Frankfurt 1915; Karl Fleschs soziales Vermächtnis, Frankfurt 1922; Hans Kilian Weitensteiner, Karl Flesch. Kommunale Sozialpolitik in Frankfurt a. M., Frankfurt 1976). – Von Unternehmerseite stieß der Gründer der Metallgesellschaft Wilhelm Merton (1848–1916) mit vielen gemeinnützigen Anstalten hinzu (Hans Achinger, Wilhelm Merton in seiner Zeit. Frankfurt 1965).

24 Stadtarchiv Frankfurt a. M., Magistratsakten T 796 ff.

25 Ebd. S 1769 II.

26 Ebd. T 221.

27 Ebd. T 217.

28 Ebd. R 541 ff.

29 Ebd. T 126 ff.

30 Ebd. S 2725 ff.

31 Ebd. R 39 II.

32 Dieter Schneider, Zwischen Römer und Revolution. 1869–1969. Hundert Jahre Sozialdemokraten in Frankfurt a. M., Frankfurt 1969.

Jahrhundertwende in das Frankfurter Stadtparlament einzogen, weniger seine Pläne an sich; sondern mehr die Art, wie er sie durchsetzte, forderte ihre Kritik[33] heraus. Die sozialdemokratische Presse anerkannte seine Verdienste um die Stadt, die er aus einer Provinzialstadt mit schlimmstem Kastengeist zu einer kosmopolitischen Großstadt gemacht hatte. Obwohl treuer Paladin Bismarcks und weltanschaulich nationalliberal, war Adickes doch kein Parteigänger, auch nie bloßer kommunalpolitischer Technokrat, sondern er hatte, stets über den Dingen stehend, etwas vom überparteilichen Staatsmann, der die Dinge nicht im Schatten des Rathauses, sondern in der Weite des Landes und Volkes sah.

Reisen ins Ausland, nach Belgien, Frankreich, England, vermittelten Adickes wichtige Anregungen, wie er andererseits seine in Frankfurt gesammelten Erfahrungen den im Deutschen Städtetag versammelten, mit ähnlichen Problemen ringenden Kollegen weitergab. 1897 besuchte er mit dem Städtetag Antwerpen und Brüssel[34], 1908 auf Ein-

---

[33] Als Beispiel tendenziöser Kritik vgl. Otto Zielowski, Die Millionärs-Wirtschaft auf dem Frankfurter Rathause. Frankfurt 1904, S. 95: „Bei seiner Wohnungspolitik läßt sich Herr Adickes wesentlich von der Absicht leiten, das Proletariat möglichst in die Außenviertel, Nordend, Westend hinter der Galluswarte, Bockenheim und Bornheim zu drängen und die Innenstadt möglichst luxuriös auszugestalten, damit die Fremden, wenn sie vom Bahnhof her in die Altstadt kommen, von Frankfurt einen angenehmen Eindruck bekommen. Das ist auch der Zweck der Durchbrüche. Wo ehemals ein kleiner, fleißiger Gewerbestand wohnte und sich ehrlich und redlich ernährte, da werden jetzt Prachtbauten errichtet mit luxuriösen Läden, die natürlich ein kleiner Geschäftsmann nicht bezahlen kann. Diese werden mit den Arbeitern mehr und mehr in die Außenviertel gedrängt." Typisch für die teilweise unqualifizierten und widersprüchlichen Angriffe ist auch ein Flugblatt des Stadtverordneten Hettler (Handwerkerpartei) gegen die Universitätsneubauten an der Victoria-Allee (Senckenberganlage), das dieser mit Datum vom 10. 6. 1906 verbreitete: „Ich begreife, wenn der höchste Beamte der Stadt seinen Stolz darin sieht, im Wildwest einen Prachtring zu schaffen und diesen mit Prachtbauten zu umgeben und für deren Anlage Millionen stadtseitig zu verwenden. Das alte historische Frankfurt sollte man indessen nicht zum Vorteil der westlich gelegenen, von uns mit Opfern eingemeindeten Vororte versumpfen lassen" (Stadtarch. Ffm., Magistratsakte V 381).

[34] Stadtarch. Ffm., Magistratsakten T 241–242; Erich Adickes, F. Adickes. In: Adickes, Leben, Werk (vgl. Anm. 2), S. 211.

ladung der British Municipal Society mit den deutschen Oberbürgermeistern London[35], wo er als Wortführer der deutschen Delegation für die Annäherung der Völker zu wirken suchte.

Frankfurts internationale Bedeutung war damals längst gefestigt, nicht zuletzt durch eine Reihe großer Ausstellungen[36] für Musterschutz, Elektrotechnik, Automobile, Luftfahrt, die mehr als nur Ersatz der im 19. Jahrhundert abgegangenen Messe sein wollten. Seitdem eignet Frankfurt der Ruf der modernen Kongreßstadt und eines Wirtschaftsbarometers nicht nur bei Verbrauchsgütern, sondern vor allem auch technischen Innovationen. Überall gab Adickes Anstöße, umschiffte Finanzklippen und ebnete die Dschungelpfade der Organisation. Um von den üblichen ebenso kurzlebigen wie kostspieligen Ausstellungsprovisorien loszukommen, ließ er von Friedrich von Thiersch 1907 den damals größten Kuppelbau Europas, die heute noch funktionierende Festhalle[37], errichten. Nur einem Mann von seiner Tatkraft war es möglich, den Riesenbau in der unglaublich kurzen Zeit vom ersten Konzept 1905 bis zur Einweihung anläßlich des Deutschen Turnfestes 1908 auch als ein finanztechnisches Meisterwerk unter Dach und Fach zu bringen. Im nächsten Jahr, beim Wettstreit der deutschen Männergesangvereine im Mai 1909, durfte er in „seiner Halle" den Kaiser empfangen, der voll des Lobes war über Schönheit und Zweckmäßigkeit des Bauwerks.

Zwei andere Unternehmen aber blieben mit Adickes' Namen ganz besonders verbunden: der Bau des Osthafens[38] und die Gründung der Frankfurter Universität[39].

---

[35] Ebd. – Vgl. auch: Stadtarch. Ffm., Magistratsakte T 864.

[36] Stadtarch. Ffm., Magistratsakten S 2261 ff.

[37] Ebd. S 2332. – Friedrich Thiersch, Die Ausstellungs- und Festhalle der Stadt Frankfurt a. M. Denkschrift zur Feier der Einweihung im Mai 1909, Frankfurt 1909; Christoph Kaross, Die Frankfurter Festhalle, Frankfurt 1977; Bleicher, Adickes als Kommunalpolitiker. In: Adickes, Leben, Werk (vgl. Anm. 2), S. 339 ff.

[38] Ebd., S. 350 ff. – Stadtarch. Ffm., Magistratsakten T 431 ff. – Denkschrift über die Erbauung eines neuen Handels- und Industriehafens im Osten der Stadt Frankfurt a. M. Bearb. vom Städt. Tiefbauamt, 1907.

[39] Berthold Freudenthal und Ludwig Heilbrunn, Franz Adickes als Universitätsgründer. In: Adickes, Leben, Werk (vgl. Anm. 2), S. 403–453; Paul Kluke, Der Stiftungsuniversität Frankfurt a. M. 1914–1932. Frankfurt 1972; zuletzt hat sich mit der Entstehung der Frankfurter Universität auseinandergesetzt: Bernhard Kirchgässner, Nicht-staatliche Gründungen wirtschaftswissenschaftlicher Hochschulen an Rhein und Main.

Der in den 80er Jahren entstandene, viel früher konzipierte Westhafen konnte schon nach einem Jahrzehnt mit dem Wirtschaftswachstum der Stadt nicht mehr Schritt halten. Im noch unerschlossenen Frankfurter Osten, wo die Stadt viel Grundbesitz und Stiftungsgelände besaß, sah der im Altonaer Hafenbau erfahrene Adickes die Möglichkeit für all die Anlagen, die nicht nur Frankfurts Bedürfnisse zu befriedigen, sondern auch einen Teil des Umschlags der Rheinhäfen anzuziehen versprachen. Es war aber doch die kühnste Spekulation auf die Zukunft, 1907 in ein einziges Projekt die damals ungeheuerliche Summe von 57 Millionen M., drei Viertel eines Frankfurter Jahresetats, zu investieren. Aber Adickes durfte mit noch steigender Prosperität der damals reichsten Stadt Deutschlands rechnen. Daß zweimalige Kriegs- und Notzeiten Rückschläge brachten, war nicht vorauszusehen. Mittlerweile haben sich die Aufwendungen der Adickes-Ära längst bezahlt gemacht, und Frankfurt mit seinem 1912 eingeweihten Osthafen ist nicht nur zu einem der größten deutschen Binnenhäfen, sondern auch zu einem wichtigen Glied der Rhein-Main-Donau-Schiffahrtsstraße geworden.

In der Gründung der Universität gipfelten Adickes' Bemühungen, der Stadt Frankfurt auch auf kulturellem Sektor zu Rang und Ansehen zu verhelfen. Da er angesichts der festgeschriebenen deutschen Universitätslandschaft staatliche Initiative nicht erwarten durfte, faßte er vorhandene Stiftungs-Institute wie die senckenbergisch-naturwissenschaftlichen oder das für experimentelle Therapie Paul Ehrlichs oder das von Wilhelm Merton begründete Institut für Gemeinwohl, das 1901 zur Akademie für Sozial- und Handelswissenschaften avanciert war, zusammen, indem er konsequent das Modell einer bürgerlichen Stiftungs-Universität propagierte[40]. Denn er sah es als eine kommunale Aufgabe an, „im Wettbewerb mit dem Staate und zu dessen Entlastung die höchsten Anliegen der menschlichen Kultur zu pflegen und dadurch das Daseinsrecht der Großstädte zu beweisen“[41]. So hat Adickes ohne Rückgriff auf städtische und staatliche Gelder ein Kapital von etwa 40 Millionen M. zusammenbringen können, aus dessen Erträgen ab 1914 die mit den fünf klassischen Fakultäten aus-

---

In: Wissenschaft und Gesellschaft, hrsg. von Rudolf von Schmitz, 1978, S. 73–93.

[40] Besonders in drei Denkschriften von 1900, 1909 und 1911, vgl. Kluke, Stiftungsuniversität, S. 64 ff. Adickes: Persönliche Erinnerungen zur Vorgeschichte der Universität Frankfurt a. M., erschienen 1915 posthum.

[41] Foerster, Adickes (vgl. Anm. 2), S. 114.

gestattete Universität zu betreiben war. Er hatte gesiegt über die staatlichen Bedenken gegen das ungewöhnliche Experiment, über die städtischen Sorgen um Folgekosten, über die neidische Gegnerschaft anderer Hochschulen, über engstirnige Testamentskuratoren, die einige Millionen lieber für ein Altersheim verwendet wissen wollten[42]. Schon todkrank, suchte er in faustischem Ungenügen den weiteren Ausbau der Universität zu fördern, erwartete er die Errichtung eines rechtsvergleichenden Instituts und eine Reform des juristischen Lehrbetriebs, da rief ihn der Tod aus seinem ideen- und arbeitsreichen Leben ab.

Man hat sich oft gefragt, wie Adickes zu seinen Erfolgen gekommen ist. Sicher verdankte er vieles seiner Ausstrahlungskraft. Seine elastisch-elegante Gestalt von imponierender Größe, alle um Hauptes-länge überragend, sein prächtig modellierter Kopf mit dem ausdrucksvollen Gesicht, der kräftigen Nase, den leuchtend blauen Augen, sein starkes, früh ergrautes und schon in jüngeren Jahren ganz weißes Bart- und Haupthaar verfehlten ihren Eindruck nicht. Seine Art, sich zu geben, war ungezwungen, von instinktiver, aus freibäuerlichem Erbe überkommener Sicherheit und Bestimmtheit, doch liebenswürdig, stets ruhig und beherrscht. Dabei war er kein großer Redner, kein hinreißender Agitator, oft schien er nach dem Ausdruck zu ringen; aber es war ein ästhetischer Genuß, seine weiche, suggestiv einschmeichelnde Stimme zu hören, sich überzeugen zu lassen von der Tiefe seiner Auffassung, der Weite seiner Perspektiven, den feinen, geistvollen, geschliffenen, immer von großer Sachkenntnis geprägten

---

42 „Diese Stellungnahme hat ihm schwerste Angriffe, auch persönlicher Art, eingetragen. In Wahrheit war nicht, wie behauptet wurde, Pietät oder Pietätlosigkeit in der Durchführung letztwilliger Verfügungen, sondern Abhängigkeit oder Unabhängigkeit der aura popularis in Frage. Denn volkstümlicher war natürlich die Verwendung für soziale Zwecke. Richtig war auch, daß im Zeitpunkt der Errichtung des Codizills [betr. die Jügelsche Stiftung 1877] den Erblassern der soziale Zweck der erwünschtere schien. Aber das war rechtlich unerheblich. Denn dieser Zeitpunkt lag um 25 Jahre zurück, und sie selbst hatten ja ausdrücklich und nachdrücklich veränderten Zeitverhältnissen Rechnung zu tragen gebeten. Korrekt, d. h. den letztwilligen Bestimmungen entsprechend, war also Adickes' Auffassung zweifellos." So Freudenthal-Heilbrunn, Adickes als Universitätsgründer. In: Adickes, Leben, Werk, (vgl. Anm. 2), S. 423; vgl. auch Academicus (Ludwig Heilbrunn), Die Jügelsche Stiftung und die Gründung akademischer Lehranstalten in Frankfurt a. M., Frankfurt 1902.

Gedanken. So wirkte Adickes faszinierend auf alle, die mit ihm zusammentrafen, auch auf die Stifter unter den 150 Millionären der Stadt, die ihm bei der Verwirklichung seiner Pläne halfen. Mancher mag im nachhinein über die Höhe seiner Zeichnung erschrocken sein, wie man sich erzählte[43], ein Stifter habe zu Hause auf den Tisch geschlagen und gerufen: „Wenn ich diesen Oberbürgermeister aus meiner eigenen Tasche ganz pensionieren müßte, käme er mich billiger, als wenn er im Amte bleibt."

Erstaunlich, daß Adickes noch Zeit zu wissenschaftlicher Forschung und Darstellung fand. Doch er verstand es, Geschäfte zu delegieren, und er konnte sich auf seine Mitarbeiter verlassen. Er war und blieb vorzüglicher Jurist, verfaßte eine Fülle von Aufsätzen in Handbüchern und Zeitschriften und beschäftigte sich in seinen Büchern vor allem mit beachtenswerten Vorschlägen zur Justizreform, für die er in der englischen Praxis Vorbildliches fand. Vor allem wollte er die Persönlichkeit und Autorität des Richters, der in bürokratischen Belanglosigkeiten zu ersticken drohte, gestärkt und seine Arbeitskraft auf die eigentliche Aufgabe konzentriert wissen. Zum Schlafen blieb ihm wenig Zeit.

Solange er noch sonntags im Taunus querfeldein wandern und im Sommer auf Alpengipfel steigen konnte, ersetzte er, was ihm die Arbeit der Woche und die Mühen des Jahres an Kräften genommen hatten. Mit der zunehmenden Last der Geschäfte fehlte ihm der Antrieb zu solchem Ausspannen, so daß er sich rasch verbrauchte.

Viele haben ihn bewundert, wenige gehaßt, manchen war er unheimlich, wirklich geliebt haben ihn, der in Frankfurt zeitlebens der nordisch reservierte Fremdling blieb, nur wenige. Da er es nicht immer verstand, unterlegene Gegner zu versöhnen, konnte es dahin kommen, daß jene ihn für einen Despoten hielten[45]. Alle Zeitgenossen aber bescheinigten ihm gewiß das Ethos des pflichtbewußten, treuen, unbedingt zuverlässigen und unbestechlichen Beamten höchster Führungsqualität.

---

[43] Freudenthal, Adickes (vgl. Anm. 2), S. 17.

[44] Stadtarchiv Frankfurt a. M. S 2/649.

[45] Diese kritische Haltung findet sich auch in den jüngst erschienenen Memoiren zweier Frankfurter Stadträte der Adickes-Ära: Hermann Luppe, Mein Leben. (= Quellen zur Geschichte und Kultur der Stadt Nürnberg 10) Nürnberg 1977, besonders S. 19–25; Julius Ziehen, Erinnerungen 1864–1925, hrsg. von Hertha Ziehen. (Frankfurter Lebensbilder 18) Frankfurt a.M. 1980, besonders S. 295–300. Beide Quellen lagen mir zum Konzept dieses Aufsatzes noch nicht vor.

DR. GEORG RITTER VON SCHUH
OBERBÜRGERMEISTER VON NÜRNBERG 1892–1913

VON GERHARD HIRSCHMANN

Überraschend wurde in Nürnberg an der Wende des Jahres 1891 eine Neuwahl des ersten Bürgermeisters notwendig. Am 11. September war der bisherige Amtsinhaber Otto Freiherr von Stromer im Alter von 60 Jahren plötzlich verstorben. Der aus einem der ältesten ratsfähigen Geschlechter Nürnbergs stammende Baron hatte das Bürgermeisteramt seit 1867 innegehabt. In der zweiten Hälfte des 19. Jahrhunderts machte die wirtschaftliche und technische Entwicklung der Stadt erhebliche Fortschritte. 1881 überschritt Nürnberg die 100 000er Grenze der Einwohnerzahl und wurde damit formell Großstadt. Dieses Wachstum beschleunigte sich gegen Ende des Jahrhunderts immer stärker. Damit wuchsen die Anforderungen an die Stadtverwaltung außerordentlich. Die zu lösenden Probleme der jungen Großstadt waren ungemein schwierig. Sie zu bewältigen bedurfte es als Bürgermeister eines überdurchschnittlich begabten Mannes. In Dr. jur. Georg Schuh wurde er gefunden: Wer war dieser Mann? Sein Bildungs- und sein bisheriger Berufsweg ließen bereits erkennen, welche Fähigkeiten er besaß[1].

[1] Eine materialreiche Darstellung seiner Tätigkeit stammt aus der Feder von Stadtrat i. R. Weiß (1863–1943), der unter Schuh als Stadtschulrat dem Nürnberger Schulwesen vorstand und dem Oberbürgermeister auch politisch nahestand: Konrad Weiß, Johann Georg von Schuh, Oberbürgermeister von Nürnberg. In: Zeitschrift für bayerische Landesgeschichte 3 (1930), S. 407–480. Die Arbeit ist unter dem gleichen Titel auch als eigene Broschüre, Erlangen 1931, erschienen. – Weiß hat auch die Biographie Schuhs für die „Lebensläufe aus Franken" 5 (1936), S. 359–372, verfaßt. Er konnte für seine Arbeiten handschriftliche Notizen Schuhs verwenden, die bis zu seiner Rechtsratszeit in Nürnberg reichen. Diese Aufzeichnungen konnte ich nicht mehr benutzen. Sie sind 1945 in Wiesbaden verbrannt. – Eine Kurzbiographie Schuhs hat Martin Treu verfaßt für den Band „Nürnberger Gestalten aus neun Jahrhunderten", Nürnberg 1950, S. 212–217. In sie sind persönliche Erinnerungen Treus eingegangen.

Schuh wurde am 17. November 1846 in Nürnbergs Nachbarstadt Fürth geboren. Er stammte, wie man zu sagen pflegt, aus bescheidenen Verhältnissen. Sein Vater betrieb ein Weberei-Geschäft und gelangte damit im Alter zu einem gewissen Wohlstand. Frühzeitig erkannten die Eltern die Begabung des Sohnes und ließen ihm die Ausbildung zum Volksschullehrer zukommen. Nach dem Besuch des Lehrerseminars wurde Schuh als Schulgehilfe angestellt. Schon der Seminarist war jedoch vom künftigen Beruf nicht angetan und begann damit, sich durch Sprachstudien für das Abitur vorzubereiten, um ein Universitätsstudium beginnen zu können.

Mit außerordentlicher Energie und viel Fleiß gelang es ihm, in einem reinen Privatstudium – ganz auf sich gestellt – so erfolgreich zu lernen, daß er 1868 am Gymnasium in Erlangen das Abitur ablegen konnte. Damit war der Weg frei zum Jura-Studium in München. Unterbrochen wurde die Studienzeit vom einjährigen Militärdienst. Eine gewisse Neigung, den Offiziersberuf zu ergreifen, ließ sich wegen starker Kurzsichtigkeit nicht realisieren. 1875 schloß Schuh sein Studium und den juristischen Vorbereitungsdienst mit dem Staatsexamen ab, bei dem er unter 83 in ganz Bayern Geprüften die siebente Stelle erreichte. Zusätzlich promovierte er auch noch zum Dr. jur. Im Examensjahr schloß er auch die Ehe mit Maria Schmidt, der Tochter eines Zimmer- und Baumeisters in Fürth[2].

Nach dreijähriger Tätigkeit in einer Anwaltspraxis bewarb er sich 1878 um die freigewordene Stelle eines rechtskundigen Magistratsrates bei der Stadtverwaltung Nürnberg. Die einstimmige Wahl der Gemeindebevollmächtigten fiel auf den 31jährigen Rechtsconcipienten. Nach Ablauf des dreijährigen Dienstprovisoriums wurde Schuh am 1. Februar 1881 wiederum einstimmig gewählt und damit definitiv angestellt[3]. Während seiner Tätigkeit als Magistratsrat in Nürnberg war ihm vor allem das Baupolizeiwesen übertragen worden, daneben auch noch das Vereinswesen und die Gesundheitspolizei. Rasch wur-

---

[2] Aus der Ehe gingen drei Söhne und zwei Töchter hervor: Hanns von Schuh (* 1877), Dr. med., Facharzt; Paul von Schuh (* 1880), Dipl.-Ing., Obering. und Abt. Dir.; Caroline von Schuh (* 1885) ⚭ Dr. phil. Kurt Ebbinghaus, Fabrikbesitzer, Major d. Res. a. D.; Christian von Schuh (* 1889), Rittmeister, nach 1918 Dipl. Volkswirt, Schriftsteller; Elsa von Schuh (* 1890). Die vollständige Genealogie siehe: Genealogisches Handbuch des in Bayern immatrikulierten Adels 10 (1970), S. 472–475.

[3] Die beiden Wahlakten im Stadtarchiv Nürnberg, Hauptregistratur (künftig: HR) Nr. 2429 und 2436.

den die Fähigkeiten des jungen Beamten bei der Erledigung von Verwaltungsaufgaben sichtbar und über Nürnberg hinaus bekannt. Das führte dazu, daß er schon drei Monate nach seiner endgültigen Anstellung zum ersten Bürgermeister der Universitätsstadt Erlangen gewählt wurde. Man ließ Schuh ungern ziehen, und der Vorstand des Nürnberger Gemeindekollegiums Kommerzienrat Stief, mit dem ihn bereits eine enge Freundschaft verband, soll die weitschauenden Worte gesprochen haben: „Wir holen dich schon wieder“[4].
Ich muß es mir versagen, auf die erfolgreiche Tätigkeit Schuhs als Stadtoberhaupt von Erlangen einzugehen[5]. Jedenfalls hatte sich Schuh bereits ein so großes Ansehen erworben, daß er in der Tat zehn Jahre später, nach dem Tode Stromers, nach Nürnberg zurückgeholt wurde. In Anerkennung seiner Verdienste ernannten ihn die Erlanger Kollegien zum Ehrenbürger.
Zwar wurde die Nürnberger Stelle damals zur Besetzung ausgeschrieben, doch bedurfte es keiner schriftlichen Bewerbung Schuhs. Vermutlich mündlich einigte sich das Kollegium der Gemeindebevollmächtigten auf ihn als Kandidaten. Am 19. Januar 1892 wurde er einstimmig gewählt[6]. Schon 12 Tage später traf aus München die Bestätigung der Wahl durch den Innenminister Freiherr von Feilitzsch ein. Mitausschlaggebend für diese Wahlentscheidung dürfte gewesen sein, daß Schuh während seiner Erlanger Zeit auch politisch tätig geworden war und für die Freisinnige Partei als Abgeordneter in den Bayerischen Landtag eingezogen war. Anhänger dieser Partei besaßen die Mehrheit in Nürnbergs Kommunal-Kollegien. Hier sei gleich erwähnt, daß eine erneute Kandidatur Schuhs für den Landtag, von Nürnberg aus, 1893 erfolglos blieb. Er unterlag dem sozialdemokratischen Gegner.
1894 wurde Schuh zusammen mit dem Lehrer Konrad Weiß, Reichstagsabgeordneter und späterer Biograph des Oberbürgermeisters, als Vertreter der Stadt Nürnberg in den Landrat von Mittelfranken gewählt. Dieses Selbstverwaltungsorgan des Regierungsbezirkes, dem er als 2. Vorsitzender bis 1913 angehörte, besaß allerdings nur be-

---

[4] Weiß, v. Schuh, S. 417; im Sonderdruck S. 11.

[5] Über die Erlanger Zeit vgl. Ludwig Göhring, Erinnerungen an Bürgermeister Dr. v. Schuh, in: Erlanger Heimatblätter 7 (1924), Nr. 29–32, und ders., Die Bürgermeister und Rechtsräte Erlangens, VII. Dr. Georg v. Schuh (1846–1918), ebenda: 13 (1930), Nr. 9 und 10.

[6] Wahlakt im Stadtarchiv Nbg., HR 2468. – Der Akt des Wahlkommissars im Staatsarchiv Nbg., Regierung, Kammer des Innern, Abgabe 1968, Titel X, Nr. 956.

grenzte Kompetenzen. Im gleichen Jahr wurde Schuh, ebenfalls als Vertreter der Stadt, ex officio zum Mitglied des Verwaltungsausschusses des Germanischen Nationalmuseums ernannt, dem er bis zu seiner Pensionierung angehörte.
Mit welchen Institutionen und Personen hatte es Schuh in seinem neuen Amt als erster Bürgermeister von Nürnberg zu tun? Wir müssen uns dazu kurz vergegenwärtigen, wie die städtischen Verwaltungsgremien damals organisiert waren. Die Grundlage dafür bildete die Bayerische Gemeindeordnung von 1869[7]. Danach bestand der Magistrat in einer Stadt von der Größe Nürnbergs aus zwei Bürgermeistern, sieben rechtskundigen und 17 bürgerlichen Magistratsräten. Daneben gehörten dem Magistrat als Mitglieder ein Baurat und ein Schulrat an. Die rechtskundigen Bürgermeister und Magistratsräte wurden nach drei Jahren, wenn sie wiedergewählt wurden, definitiv angestellt. Die bürgerlichen Magistratsräte wurden auf sechs Jahre gewählt, alle drei Jahre hatte die Hälfte von ihnen auszuscheiden.
Neben dem Magistratskollegium stand das Kollegium von 51 Gemeindebevollmächtigten[8]; die Zahl seiner Mitglieder war dreimal so groß wie die der bürgerlichen Magistratsräte. Die Gemeindebevollmächtigten wurden von den Bürgern der Stadt auf neun Jahre gewählt, jeweils nach drei Jahren schied das älteste Drittel aus. Sie hatten die Gemeinde gegenüber dem Magistrat zu vertreten. In wichtigen Angelegenheiten, vor allem in Entscheidungen über Finanzfragen und über das Gemeindevermögen hatte dieser die Zustimmung der Gemeindebevollmächtigten einzuholen.
Politisch bestimmt wurden beide Gremien, als Schuh sein Bürgermeisteramt antrat, von der Freisinnigen Volkspartei und der Nationalliberalen Partei. Dadurch, daß man das Bürgerrecht nur unter schwierigen Voraussetzungen erlangen konnte – es war ein bestimmter Vermögensnachweis verlangt – gelang es, die Wählerzahl im Verhältnis zur Zahl der Einwohner sehr niedrig zu halten. Der stark wachsenden Arbeiterschaft blieb auf diese Weise das Kommunalwahlrecht versagt; damit waren die Sozialdemokraten aus dem Gemeindekollegium ausgeschlossen.

---

[7] Dokumente zur Geschichte von Staat und Gesellschaft in Bayern, hrsg. von Karl Bosl, Abt. III, 3: Regierungssystem und Finanzverfassung, München 1977, Quelle 73, S. 189 ff.

[8] Gerhard Pfeiffer, Das Nürnberger Gemeindebevollmächtigtenkolleg 1818–1919. In: Mitteilungen des Vereins für Geschichte der Stadt Nürnberg 65 (1978), S. 350–396.

Man kann einen Mann, der als Bürgermeister einer Großstadt eine führende Stellung innehat, nicht isoliert betrachten, gehört er doch einer Funktionselite an. Deshalb muß wenigstens knapp der Männer gedacht werden, die neben Schuh kommunale Spitzenämter innehatten. Nur ein Jahr lang noch wirkte neben ihm als zweiter Bürgermeister Christoph von Seiler, bis er 1893 aus Altersgründen in den Ruhestand trat. Erfahren und hochverdient hatte er dieses Amt über 30 Jahre lang innegehabt. An Seiler hatte Schuh eine gute Stütze beim Hineinwachsen in sein Amt. Dagegen gestaltete sich das Verhältnis zu dessen Nachfolger Friedrich Täubler ausgesprochen unerfreulich. Nach fünfjähriger Amtszeit kam es zum völligen Bruch[9]. In einem umfangreichen Schriftsatz, den der zweite Bürgermeister den beiden Gemeindekollegien zuleitete, beschwerte er sich über die stark autoritäre Amtsführung Schuhs. Die Vorfälle, die er ins Feld führte, scheinen geringfügiger Natur gewesen zu sein. Täubler hat sich offenbar in die Rolle eines zu Unrecht schlecht behandelten Mannes hineingesteigert. Der Magistrat und die Gemeindebevollmächtigten stellten sich einmütig hinter Schuh. Bald darauf kam es zu einer Entschuldigung Täublers; mit Jahresende 1898 trat er in den Staatsdienst zurück. Ihm folgte im Amte des zweiten Bürgermeisters Ferdinand Jäger, der bereits seit 1873 als Rechtsrat im Dienst der Stadt stand und Schuh seit dieser Zeit kannte. Beide verband ein freundschaftliches Band, das im Duzverhältnis[10] seinen Ausdruck fand. Mit ihm arbeitete Schuh in bester Form zusammen. Er erhielt mit dem Verdienstorden den persönlichen Adel und bei seiner Pensionierung 1910 das Ehrenbürgerrecht verliehen.

Der an seiner Stelle zum zweiten Bürgermeister gewählte Otto Bräutigam war Rechtsanwalt, seit 1899 Mitglied und seit 1905 erster Vorstand des Gemeindekollegiums; wieder ein Mann also, den Schuh schon kannte und mit dem ein gutes Einvernehmen bestand! Äußere Anerkennung brachte ihm 1913 der Hofratstitel. Den Fabrikbesitzer Kommerzienrat Julius Stief, seit 1894 auch Ehrenbürger der Stadt, der bis 1896 Vorstand des Gemeindekollegiums war, habe ich schon genannt. Er dürfte 1892 maßgeblich an der Wahl Schuhs beteiligt gewesen sein. Zwischen 1897 und 1905 hatte die Vorstandsstelle Kommerzienrat Georg Hesse inne. Alle Genannten waren ausgesprochene Repräsentanten der bürgerlichen Oberschicht und leisteten dem er-

[9] Personalakt Täubler im Stadtarchiv Nbg., HR Nr. 2472.
[10] Stadtarchiv Nbg., HR Nr. 11269, Bl. 224 a/b.

sten Bürgermeister bei kommunalpolitischen Entscheidungen ihre Unterstützung. Ähnlich lagen die Verhältnisse bei den rechtskundigen und – bis 1908 – bei den bürgerlichen Magistratsräten.
Die politischen Repräsentanten der Sozialdemokratie, die schon seit 1881 Nürnberg im Reichstag und seit 1893 im bayerischen Landtag vertraten, konnten, wie bereits erwähnt, in den Gemeindekollegien nicht zum Zuge kommen.
Was hat nun Dr. von Schuh für Nürnberg geleistet oder anders gesagt, was wurde unter ihm für die Stadt geleistet? Ich kann diese Leistungen hier nicht breit darstellen. Doch halte ich es für notwendig, wenigstens einen Überblick zu geben.
In den letzten beiden Jahrzehnten des 19. Jahrhunderts nahm die Wachstumsentwicklung Nürnbergs einen besonders stürmischen Verlauf, die Industrialisierung verstärkte sich immer rascher. Dadurch wuchsen die Anforderungen im Bereich der Versorgung und Entsorgung außergewöhnlich und verlangten eine großzügige Befriedigung. Dazu wurden geschaffen eine leistungsfähige, von der Pegnitzquelle ausgehende Wasserleitung (1900–1912), ein neues Gaswerk (1904) und ein Elektrizitätswerk (1896–1905). Der Ausbau der Kanalisation wurde umfassend in Angriff genommen, Straßenreinigung (1898) und Müllabfuhr (1899) wurden neu organisiert und in städtische Regie übernommen. Das noch vor Schuhs Amtsantritt geplante Krankenhaus wurde vollendet (1897); weiter wurden errichtet die Lungenheilstätte Engelthal (1900), das Sebastianspital (1914) und der Südfriedhof (1913).
Auf dem Verkehrssektor erfolgte ein umfassender Straßenausbau, der mit dem Bau großer neuer Wohnviertel im Süden der Stadt Schritt zu halten hatte. Die Straßenbahnlinien wurden verlängert, der Fahrbetrieb elektrifiziert (1896) und in städtische Regie übernommen (1903). Der bedeutsame Neubau des Hauptbahnhofs (1906) war eine Baumaßnahme des Staates, doch nahm Schuh auf ihre Verwirklichung starken Einfluß. Sein besonderes Anliegen war der Bau einer neuen, leistungsfähigeren Kanalverbindung zwischen Main und Donau. Der „Kanal-Verein“, der 1892 gegründet wurde, setzte sich die Verwirklichung dieses Planes als Ziel. Er wählte Schuh zu seinem Vorsitzenden[11].

---

[11] Johann Sebastian Geer, Die Verbindung des Rheins mit der Donau durch eine Wasserstraße über Nürnberg. In: Verkehrsentwicklung Nürnbergs im 19. und 20. Jahrhundert. (= Nürnberger Forschungen 17) Nürnberg 1972, S. 136–184.

Lange hatte der Magistrat gezögert, eine Vergrößerung des Stadtgebietes durch Eingemeindungen ins Auge zu fassen. Man befürchtete dadurch eine Erhöhung der Soziallasten, da in den vor der Stadt gelegenen Dörfern sich eine große Zahl von Arbeitern niedergelassen hatte. Schuh verfolgte die Eingemeindung jedoch zielstrebig. 1899 führten seine Bemühungen zum Erfolg. 13 Landgemeinden kamen zur Stadt, deren Grundfläche damit von 1298 ha auf 5443 ha anwuchs, während sich die Einwohnerzahl von 192 210 auf 240 640 erhöhte. Nach der Definition von Matzerath handelte es sich um eine „nachvollziehende" Eingemeindung, die als Konsequenz industriewirtschaftlicher und -gesellschaftlicher Entwicklungen zu betrachten ist[12].

Im Bereich des Schul- und Kulturwesens ist an erster Stelle der ungemein großzügige Bau zahlreicher Schulhäuser zu nennen. Als ein besonders repräsentatives Bauwerk entstand das Stadttheater (1905). Seine Kosten waren so hoch veranschlagt, daß Schuh in diesem Fall im eigenen bürgerlichen Lager auf Widerstand stieß, den er jedoch erfolgreich überwand. Bei weiteren Bauten für kulturelle Zwecke verstand er es mit viel Geschick, Mäzene aus der bürgerlichen Oberschicht zu gewinnen. Für großzügige Geldspenden winkte Fabrikanten der Kommerzienratstitel, für dessen Verleihung sich das Stadtoberhaupt bei den staatlichen Stellen in München erfolgreich einsetzte.

Zum Schmuck der Stadt, ebenso aber als sichtbares Zeichen des guten Verhältnisses zu den damals regierenden Herrschern in Bayern und im Reich dienten Denkmäler, für deren Errichtung Schuh sich stark machte: Das Prinzregent-Luitpold-Denkmal vor dem Hauptbahnhof (1901), das Denkmal für König Ludwig II. von Bayern im Stadtpark (1913) und endlich das Denkmal für Kaiser Wilhelm I. auf dem Egidienplatz, das in Gegenwart des Enkels, Kaiser Wilhelms II., 1905 mit großem Pomp eingeweiht wurde. Damit verschaffte sich Nürnberg eine Stellung innerhalb des damaligen Reiches, die der Vorstand des Gemeindekollegiums Rechtsanwalt Bräutigam 1906 bei einem Festessen zum Geburtstag des Prinzregenten treffend charakterisierte: „Wir alle durften erleben, daß Nürnberg das Schatzkästlein des Deutschen Reiches auch in *dem* Sinne geworden ist, daß hier sich die deutschen Bundesfürsten mit dem deutschen Kaiser an der Spitze

[12] Horst Matzerath, Städtewachstum und Eingemeindungen im 19. Jahrhundert. In: Die deutsche Stadt im Industriezeitalter, Wuppertal 1978, S. 67–89, hier S. 78.

zusammenfinden, wenn es gilt, bei festlichen Anlässen der Einheit des Reichsgedankens und der Einigkeit der Bundesfürsten markanten Ausdruck zu verleihen"[13]. Erwähnung verdienen noch die Erweiterung des Stadtparks, wo 1896 die zweite, und die Anlage des Luitpoldhains, wo 1906 die dritte Bayerische Landesausstellung abgehalten wurde.

Wenn man all das, was zwischen 1892 und 1913 in Nürnberg geschaffen wurde – ich konnte davon nur das Wichtigste kurz aufzählen – überblickt, stellt sich die Frage: Waren diese Unternehmungen nur Reaktionen auf Erfordernisse der Zeit, denen sich in ähnlicher Situation keine Stadtverwaltung entziehen konnte, oder war es eine Verwirklichung weit vorausschauender, selbst aufgegriffener Ideen? Eine umfassende Antwort auf diese Frage wäre erst bei einem Vergleich Nürnbergs mit anderen Städten möglich. Es wäre zu untersuchen, welche der genannten Einrichtungen in Nürnberg im Vergleich zu Städten gleicher Größenordnung erstmalig oder relativ frühzeitig geschaffen wurden.

Doch auch ohne entsprechendes Vergleichsmaterial heranzuziehen, wird man sicher sagen können, daß Oberbürgermeister v. Schuh in den meisten Fällen der anregende Geist gewesen ist, von dem die Initiative ausging, wie viele Referenten an den einzelnen Projekten auch mitgewirkt haben mögen. Davon zeugt das Urteil des Stadtjuristen Dr. Johannes Merkel, der zehn Jahre als Magistratsrat unter Schuh tätig war, wenn er in seinen Erinnerungen[14] schreibt: „Herr von Schuh führte ein strenges Regiment. Man mußte verfügbar sein, wenn er selbst oder jemand aus der Bevölkerung den Einzelnen benötigte, und die Arbeiten mußten rechtzeitig und vollständig erledigt werden. Für besondere Aufgaben pflegte er kurz bemessene Termine zu stellen und deren Einhaltung ohne Zulassung irgendeines Einwandes oder einer Entschuldigung rücksichtslos durchzusetzen; selbst eine außerordentliche Arbeitskraft und ungeheuer fleißig, hielt er die Zügel der gesamten Verwaltung straff in seiner Hand und ließ – in Gegensatz zu anderen Großstädten – eine Referentenwirtschaft nicht aufkommen."

---

[13] Stadtarchiv Nbg., Stadtchronik für das Jahr 1906, S. 895.

[14] Tätigkeitsbericht des berufsm. Stadtrates Dr. Johannes Merkel (1876–1960), anläßlich seiner Pensionierung 1933, Typoskript im Stadtarchiv Nbg., Handbücherei 3789.4°, S. 12.

Bild 1: Franz Adickes
Oberbürgermeister in Frankfurt 1891–1912
(Foto: Stadtarchiv Frankfurt a. M.).

Bild 2: Dr. Georg von Schuh
Oberbürgermeister in Nürnberg 1892–1913
(Foto: Stadtarchiv Nürnberg).

Nicht selten mußte Schuh seine Ziele zum Teil gegen Widerstände durchsetzen. Die großen Investitionen ließen die Verschuldung der Stadt gewaltig in die Höhe steigen. Das Haushaltsvolumen betrug vor dem Amtsantritt des neuen Bürgermeisters 1890: 7 676 704 Mark, die Schulden beliefen sich auf 14 283 000 Mark. Im Jahre 1905 waren das Haushaltsvolumen auf 27 000 000 Mark, die Schulden auf 82 418 000 Mark gestiegen[15]. Schuh rechtfertigte diese Steigerung damit, daß die Verschuldung unabwendbar gewesen sei, daß demgegenüber auch das Vermögen der Stadt außerordentlich gestiegen sei und daß die Tilgung sich über einen großen Zeitraum erstrecken würde. Neben den bereits erwähnten Einwendungen gegen den Theaterneubau erhob sich vor allem auch Widerspruch, als Schuh 1906 aus Anlaß der 100jährigen Zugehörigkeit der Stadt zum Königreich Bayern wieder eine Landesausstellung nach Nürnberg bringen wollte. Mit Geschick gewann Schuh den Prinzregenten für seinen Plan[16]. Er trug ihm vor, daß die Ausstellung in einem Gelände stattfinden würde, das „Luitpoldhain" benannt werden sollte. Luitpold entsprach der Bitte dieser Namensgebung, und Schuh hatte damit auch in Nürnberg gewonnenes Spiel.
Zweifellos sah der Sommer 1906 Schuh auf dem Höhepunkt seiner Laufbahn. Die Ausstellung wurde allen Bedenken zum Trotz ein großer Erfolg. Zur Eröffnung kam Prinz Ludwig, der Sohn des Prinzregenten und spätere König Ludwig III., nach Nürnberg. Schuh hat es verstanden, gerade zu diesem Vertreter des Hauses Wittelsbach ein sehr enges, ja fast schon freundschaftlich zu nennendes Verhältnis zu gewinnen. Ende Mai wohnte der Prinz zusammen mit seiner Frau sogar einige Tage ganz privat in der Wohnung des Stadtoberhauptes[17]. Diese enge Verbindung zum Königshaus wurde bei der 100-Jahrfeier am 16. September 1906 besonders deutlich sichtbar.

---

15 Die Stadt Nürnberg im Jubiläumsjahre 1906, S. 385 f.

16 Christian v. Schuh, Vor 60 Jahren erlebte die Stadt ihre III. und letzte Landesausstellung. In: „Nürnberger Nachrichten" vom 14./15. Mai 1966, S. 9/10.

17 Von diesem Besuch hat sich im Besitz von Dr. Eduard v. Schuh eine an Frau v. Schuh gerichtete Ansichtskarte erhalten. Ihr Text lautet: „Erlangen, 27. Mai 1906. Auch heute schicken wir unserer Bürgermeisterin unseren ergebenen, verehrungsvollen Gruß. Ludwig, Prinz von Bayern." Die Karte zeigt das Kanal-Denkmal in Erlangen zusammen mit den Porträts des Prinzen als Protektors und Dr. v. Schuhs als ersten Vorsitzenden des Kanalvereins.

Einem Festakt im Rathaussaal schloß sich am Abend eine Aufführung im Stadttheater an. Das Festspiel dazu hatte der zweite Bürgermeister Hofrat von Jäger verfaßt. Unter dem Titel „Aus tiefer Not zum Sonnenlicht" wurden „vier Bilder aus dem Ende der Reichsstadtzeit" gezeigt[18]. Für die städtischen Arbeiter wurde aus diesem Anlaß eine Jubiläumsstiftung von 100 000 Mark errichtet, ein Beschluß, der von den politischen Gegnern des Oberbürgermeisters und des Magistrats als einseitige Bevorzugung eines Teils der Arbeiterschaft verurteilt wurde.

Aus dem guten Verhältnis zur Münchner Staatsregierung zog die Stadtverwaltung manchen Vorteil; dem Bürgermeister brachte sie persönliche Ehrungen ein, für die er nicht unempfänglich war. Schon am Ende des ersten Jahres seiner Amtstätigkeit in Nürnberg wurde ihm der Verdienstorden der bayerischen Krone verliehen[19], womit der persönliche Adel verbunden war. Er erhielt den medizinischen Ehrendoktor der Universität Erlangen (1910), den Titel eines Oberbürgermeisters (1907) und den eines Geheimen Rates (1910). Damit war Schuh vom Mitglied einer Funktionselite[20] zu einem Angehörigen der Standeselite geworden. Das bei der Adelsverleihung angenommene Wappen zeigt im blauen Schild einen mit einem goldenen Schuh belegten silbernen Balken. Dieses redende Wappen schmückt bis heute verschiedene öffentliche Bauten der Stadt, die während der Amtszeit Schuhs fertiggestellt wurden. So hängt z. B. in der 1897 bis 1901 erbauten Peterskirche ein runder Wappenschild v. Schuhs, der auch seine Devise „fortiter et clementer" zeigt.

Doch nicht nur selbst nahm das Stadtoberhaupt gerne Ehrungen entgegen. Er verstand es auch, die damals verbreitete Sucht nach Orden und Titeln im Kreis der städtischen Oberschicht dank seiner Beziehungen zum Münchner Hof zu befriedigen. Schenkungen und Stiftungen, die der Kommune zugutekamen, wurden durch Ordens- und Titelverleihungen belohnt. Als Beispiel sei der jüdische Hopfenhändler Ludwig Gerngros genannt. Er stiftete 1902 — angeregt von dem eng mit ihm befreundeten Oberbürgermeister — einen Nachguß des Neptunbrunnens für den Nürnberger Hauptmarkt. Diese mäzenatische Tat, zu der weitere Stiftungen hinzukamen, brachten Gerngros den

[18] Verwaltungsbericht der Stadt Nürnberg für das Jahr 1906, S. 15.

[19] 28. Dezember 1892. Beleg siehe Anm. 2.

[20] Vgl. dazu die Diskussion über Eliten im Anschluß an den Vortrag von Prof. Dr. H. G. Schumann, Darmstadt, beim Büdinger Gespräch 1978: Deutsche Führungsschichten in der Neuzeit. Eine Zwischenbilanz. Boppard 1980, S. 203 ff.

Kommerzienratstitel und den persönlichen Adel ein. Dazu wurde ihm noch 1901 das Ehrenbürgerrecht verliehen. Von der Verleihung des Ehrenbürgerrechts wurde in diesen Jahren – auf Initiative des Stadtoberhauptes – reichlich Gebrauch gemacht[21]. Nicht weniger als achtmal wurde diese Würde vergeben, darunter auch dem bayerischen Staatsminister, Krafft Freiherrn von Crailsheim (1900).

Nicht unerwähnt darf bleiben, daß das gesellschaftliche Leben der Honoratiorenschaft eine bedeutende Rolle spielte. Gerne wurden Gelegenheiten zu festlichen Mahlzeiten und frohen Trinkgelagen im Ratskeller wahrgenommen. Im kleinen Kreise konnten hierbei kommunalpolitische Probleme unter Gleichgesinnten besprochen und vorentschieden werden.

Persönliche Beziehungen und damit mancherlei Einflußnahme vermittelte auch die Zugehörigkeit zu einer Studentenverbindung. Nun war Schuh selbst während seiner Studentenzeit zwar keinem Verband beigetreten. Doch bestanden enge Beziehungen zum angesehenen Erlanger Corps Onoldia, dem Schuhs Zuneigung bereits während seiner Erlanger Bürgermeisterzeit gehörte. 1896 wurde sein ältester Sohn Hanns als Medizinstudent in diesem Corps aktiv[22]. Seit 1860 trug Nürnbergs zweiter Bürgermeister Ferdinand Jäger das Onoldenband[22]. So ist es nicht verwunderlich, daß Schuh zur 100-Jahrfeier des Corps im Sommer 1898 Grüße und Wünsche der Stadt Nürnberg überbrachte[23]. Beim Festkommers konnte er als prominentesten Philister des Corps, Staatsminister Frhr. v. Crailsheim, den Vorsitzenden des Ministerrates, begrüßen. Sicher war es eine gute Gelegenheit, um die Stadt Nürnberg in Erinnerung zu bringen.

Bei der Selbstdarstellung des Bürgertums und seiner Spitzenvertreter, an erster Stelle des Bürgermeisters v. Schuh, spielten Feste und Feiern eine bedeutsame Rolle. Genannt werden müssen die Feier des 400. Geburtstages von Hans Sachs (1894), das zwölfte Deutsche Bundesschießen (1897), die 50-Jahrfeier des Germanischen Nationalmuseums (1902) mit Anwesenheit Kaiser Wilhelms II., das zehnte Deutsche Turnfest (1903) und das achte Deutsche Sängerfest (1912).

---

[21] Einzelangaben in dem Faltblatt zur Ausstellung des Stadtarchivs Nürnberg „Die Ehrenbürger der Stadt Nürnberg 1819–1976", Nr. 23, 1977.

[22] Ernst Meyer-Camberg, Matrikel des Corps Onoldia 1798–1898 (1978), Nr. 858 und 508.

[23] Erinnerungen an das 100jährige Bundes-Jubiläum des Korps Onoldia zu Erlangen, gefeiert vom 17. bis 21. Juli 1898, S. LXXXVII.

Als Mittel zur Repräsentation dienten der Stadtverwaltung aufwendige Festschriften, die zur Vollendung wichtiger Bauten, häufig mit einer historischen, vom Stadtarchivar Dr. Mummenhoff verfaßten Einleitung erschienen.

Die größte Festschrift schrieb Dr. v. Schuh jedoch weitgehend selbst. Unter dem Titel „Die Stadt Nürnberg im Jubiläumsjahre 1906" erschien der stattliche Band von 647 Seiten. Das ungemein reich ausgestattete „Jahrhundertwerk" widmete der Verfasser dem Staatsminister des Innern Graf von Feilitzsch, unter dessen Dienstaufsicht er bis dahin nahezu 25 Jahre lang gestanden hatte. Das Buch ist ein eindrucksvoller Leistungsbericht über das, was unter Schuh von 1892 bis 1906 in Nürnberg geschaffen worden ist.

Einige Stellen des sehr selbstbewußt klingenden Vorwortes erweckten Mißfallen im Kreise der bürgerlichen Parteien. Auch in der Lokalpresse wurde Kritik laut[24]. Vornehmlich ging es darum, daß der Autor an den städtischen Kollegien Kritik geübt hatte. So schrieb er[25]: „Es kommen eben auch die Beschlüsse in den städtischen Kollegien nicht immer aus rein sachlichen Erwägungen zu Stande, vielmehr spielen auch hier gar mancherlei Beweggründe, so persönliche Neigungen, die Eifersucht auf die Erfolge anderer, die Eitelkeit, das Bestreben, sich nach außen bemerkbar und beliebt zu machen, wohl auch Parteirücksichten, eine nicht zu unterschätzende Rolle. Diese menschlichen Schwächen müssen mit in den Kauf genommen werden." Wenig später heißt es dann, „daß nicht immer erreicht wurde, was hätte erreicht werden sollen, ist teilweise auch darauf zurückzuführen, daß vielfach in den Kreisen, von welchen man eine rückhaltlose Unterstützung der städtischen Verwaltung sollte erwarten dürfen, derselben keine Förderung zuteil wird."

Diese beiden Äußerungen riefen bei Magistrat und Gemeindebevollmächtigten eine starke Verstimmung hervor. Sie fand ihren Niederschlag in einer gleichlautenden Erklärung der beiden Kollegien, die in öffentlicher Sitzung verlesen und in der Nürnberger Presse[26] pu-

---

[24] Darüber hinaus berichtete in Nr. 401 vom 29. 8. 1906 sogar die führende Zeitung der Landeshauptstadt, die „Münchner Neuesten Nachrichten", über das Buch und beanstandete einzelne Passagen.

[25] S. X.

[26] Generalanzeiger für Nürnberg-Fürth vom 4. 9. 1906 Nr. 207, S. 3. Fränkischer Kurier v. 4. 9. 1960, 74. Jg., S. 3. Nordbayerische Zeitung vom 5. 9. 1906, 14. Jg., S. 3.

bliziert wurde. Sie stellten darin fest, daß die städtischen Einrichtungen und Veranstaltungen keineswegs „im Widerspruch zu dem Willen und zu den Absichten der Kollegien entstanden" seien. Sie seien „im Gegenteil ohne Ausnahme nach vorausgegangener sorgfältiger Prüfung unter Zustimmung der beiden gemeindlichen Kollegien und unter deren ständiger Mitwirkung, nicht selten auf deren besondere Anregung und Veranlassung entstanden und ausgeführt worden[27]. Die unsachlichen Beweggründe, die Schuh für das Fällen von Entscheidungen anführte, seien niemals „bestimmend und ausschlaggebend gewesen". Der Magistrat habe sich „ausschließlich von Rücksichten auf das dauernde Wohl und Gedeihen der Stadt Nürnberg leiten lassen".

Das Vorwort des Buches erweckte aber noch in anderer Richtung Anstoß, und zwar die Ausführungen über die Sozialdemokratische Partei. Der Bürgermeister hatte darauf hingewiesen, daß er bei seinem Amtsantritt dieser Partei die Zusammenarbeit angeboten hätte. Er sei damit aber auf Zurückweisung gestoßen, und stattdessen sei sein Wirken häufig angegriffen worden, obwohl die Sozialdemokraten in keiner anderen Stadt behördlich so nachsichtig behandelt worden seien wie in Nürnberg. In realistischer Einschätzung der damaligen politischen Lage sagte Schuh den baldigen Einzug der Linken in die Gemeindekollegien voraus und äußerte – wohl im Hinblick darauf –, er habe schon seit Jahren den Grundsatz vertreten, „daß man auch Vertreter der Arbeiter, und zwar ohne Rücksicht auf ihre Zugehörigkeit zur Sozialdemokratischen Partei in die städtischen Kollegien wählen sollte, und daß die Fernhaltung von Vertretern dieser Partei von der städtischen Verwaltung weder begründet noch zweckmäßig sei[28].

Gegenüber dieser Behauptung stellten die beiden Kollegien fest, daß der Verfasser während seiner bisherigen Amtsdauer „niemals Anträge gestellt oder Anregungen gegeben habe, die zur Wahl von sozialdemokratischen Mitgliedern der gemeindlichen Kollegien hätten führen können".

In der Tat standen die Sozialdemokraten damals trotz aller Verhinderungsversuche kurz vor dem Einzug ins Rathaus. Bei den Wahlen 1905 kamen sie mit 5 510 Stimmen der bürgerlichen Mehrheit von

[27] Eine abgewogene Beurteilung der Tätigkeit der Gemeindebevollmächtigten gibt Pfeiffer a.a.O. (siehe Anm. 8), S. 381 ff.

[28] S. IX.

8 127 Stimmen bereits bedenklich nahe[29]. „Die bedrohten Liberalen erkannten die Gefahr, die das bisherige Mehrheitswahlrecht im Falle eines weiteren Voranschreitens der Sozialdemokraten für sie bedeutet hätte". Um einem völligen Anfall der neu zu vergebenden Mandate an die Linken vorzubeugen, legte die Staatsregierung 1908 dem Landtag plötzlich einen Gesetzentwurf zur Einführung von Verhältniswahlen in Gemeinden über 4 000 Einwohnern vor, der auch die Zustimmung beider Kammern fand.

Am 23. November 1908 wurde in Nürnberg erstmals nach dem neuen Proporzsystem gewählt. Die Sozialdemokraten errangen einen großen Erfolg. Von 20 neu zu wählenden Gemeindebevollmächtigten konnten sie zehn Vertreter stellen. Dieser Wahlsieg wirkte sich auch auf das Magistratskollegium aus, in dem sie zwei Sitze einnehmen konnten. Eigenartig hat es sich gefügt, daß einer dieser beiden neuen Magistratsräte, Martin Treu, 42 Jahre später zum wohlwollenden Biographen Schuhs werden sollte. Drei Jahre danach, 1911, konnte die Sozialdemokratische Partei ihren Erfolg ausbauen. Sie eroberte weitere zehn Bevollmächtigtenmandate und gewann damit auch drei Sitze im Magistrat hinzu.

Bürgermeister Schuhs Verhältnis zu dem wichtigsten politischen Faktor dieser Zeit, zur Sozialdemokratie als Vertreterin der Arbeiterschaft, scheint mir der Punkt zu sein, an dem sichtbar wird, wie stark historisches Geschehen gleichmäßig von Persönlichkeiten und von Strukturen beeinflußt wird. Dabei bin ich mir bewußt, daß der Begriff Struktur sehr vielfältig sein kann. „Handlungsträger der Geschichte sind eben immer wieder einzelne Menschen ebenso wie leistungsfähige Gruppen", wie dies Theodor Schieder formuliert hat[30]. Auch in der Personengeschichte lassen sich strukturgeschichtliche Probleme sichtbar machen.

Wie stark sich der Unmut unter den Fabrikarbeitern damals angestaut hatte, ist gerade im Sommer 1906 sichtbar geworden, als in Nürnberg eine große Streikbewegung ausbrach. Am 1. Juni legten 270

---

[29] Dieter Rossmeissl, Arbeiterschaft und Sozialdemokratie in Nürnberg 1890–1914 (= Nürnberger Werkstücke zur Stadt- und Landesgeschichte 22) Nürnberg 1977, S. 184. Der Verfasser bietet auf S. 174–192 eine gute Darstellung des politischen Kampfes der SPD mit den Liberalen 1904–1914.

[30] Theodor Schieder in seinem noch immer grundlegenden Aufsatz: Strukturen und Persönlichkeiten in der Geschichte. In: Historische Zeitschrift 195 (1962), S. 265–296, hier S. 293.

Arbeiter der „Motorfahrzeugfabrik Union" die Arbeit nieder. In der Folge kam es immer wieder zu Zusammenrottungen von Streikenden und Sympathisanten, die im August ihren Höhepunkt erreichten. Damals wurde die Polizei der erregten Menge nicht mehr Herr, so daß zu ihrer Zerstreuung Militär eingesetzt werden mußte[31]. Es war ein für die politische Zukunft nichts Gutes verheißendes Zusammentreffen, daß zeitweilig festlich gestimmte, bürgerliche Besucher der Jubiläumsausstellung bei der Fahrt durch den unruhigen Stadtteil gefährdet waren. Die starken sozialen Gegensätze in der wachsenden Großstadt wurden hier schlaglichtartig sichtbar.

Der Eintritt der Sozialdemokraten in die politischen Vertretungen der Stadt übte einen mäßigenden Einfluß auf das politische Klima aus, zumal Schuh es offenbar verstand, sich rasch auf die neuen Verhältnisse einzustellen. So „traten nun wiederholt Fälle ein, wo die Bürgermeister und Rechtsräte mit den Sozialdemokraten gegen die bürgerliche Seite des Hauses votierten. In den fünf Jahren, in denen die Sozialdemokraten noch mit Schuh zusammenarbeiten konnten, hat sich gezeigt, daß sich auch die schärfsten Gegner zu gemeinsamer Arbeit zusammenfinden können, wenn beiderseits der gute Wille vorhanden ist"[32].

Von seiner nüchternen Einschätzung der Realitäten und seiner liberalen Gesinnung zeugt Schuhs Verhalten im sogenannten Nürnberger Kirchenstreit 1912/13[33]. Dieser Streit hatte sich an der Besetzung der ersten Pfarrstelle an der Nürnberger Lorenzkirche entzündet. Den städtischen Kollegien stand in Nürnberg das Präsentationsrecht bei der Besetzung der evangelischen Pfarrstellen zu. Als der Magistrat 1912 in Ausübung dieses Rechtes für die genannte Stelle der Münchner Kirchenleitung Pfarrer Friedrich Rittelmeyer, einen hervorragenden Vertreter der liberalen Theologie, präsentierte, empfahl das Oberkonsistorium diesen Mann dem Kultusministerium nicht zur Bestätigung. An dieser Weigerung entzündete sich ein heftiger Streit, der vornehmlich durch Erklärungen in der Nürnberger Presse ausgetragen wurde. Das liberale Stadtoberhaupt stellte sich auf die Seite der Vertreter eines „freien Protestantismus" und damit gegen den orthodoxen

---

31 Verwaltungsbericht der Stadt Nürnberg für das Jahr 1906, S. 11, und Stadtarchiv Nbg., Stadtchronik für das Jahr 1906, S. 842–846.

32 Treu, Dr. Georg v. Schuh (siehe Anm. 1) S. 215.

33 Der Nürnberger Kirchenstreit 1912/13. Eine Sammlung der Akten und Zeitungsartikel mit Schlußbetrachtung von Julius Herbst und Adolf Meixner, Ulm 1913.

Präsidenten des Oberkonsistoriums Hermann von Bezzel. Gleichzeitig benutzte Schuh die Gelegenheit in sehr geschickter Weise, um – erstmals seit der Reformation – die Errichtung eines Klosters in Nürnberg zu fördern. Dem Bamberger Erzbischof Jakobus Ritter von Hauck, mit dem er sich gut verstand, sicherte er seine Unterstützung dieses Planes zu und gewann den Reichsrat Theodor Freiherr von Cramer-Klett, einen bedeutenden Förderer katholischer Einrichtungen in Bayern, als Helfer. Dem evangelischen Oberkonsistorialpräsidenten jedoch legte er ein Einlenken in der Auseinandersetzung um Rittelmeyer nahe, sonst ginge in Nürnberg eine Bombe hoch.

Nachdem das Stadtoberhaupt noch seinen Gönner Prinz Ludwig als Patron für die nach ihm zu benennende neue Kirche gewonnen hatte, wurde eine Zeitungsmeldung über eine geplante Niederlassung des Franziskaner-Ordens in Nürnberg lanciert. Das führte zu einem erregten Telefongespräch zwischen Bezzel und Schuh, das der Sohn des Oberbürgermeisters in einem Erinnerungsbericht[34] zwar sicher anekdotisch gefärbt, inhaltlich aber doch wohl zutreffend anschaulich wiedergegeben hat. Danach habe Schuh das Gespräch mit folgender Äußerung beendet: „Herr v. Bezzel, ich habe Ihnen gesagt, ich lasse mir in Nürnberg den Frieden nicht stören. Die Franziskaner stören ihn nicht. Finden sie sich damit ab, sie halten die Entwicklung doch nicht auf." Das Kloster wurde gebaut und 1913 eingeweiht.

Am 12. Dezember 1912 starb Prinzregent Luitpold im Alter von 91 Jahren. Ihm folgte sein Sohn Ludwig in der Regentschaft[35]. Im Sommer des folgenden Jahres stattete der neue Regent vom 28. bis zum 30. Juli den beiden Städten Nürnberg und Fürth seinen offiziellen Besuch ab. Für Schuh wurde diese Wittelsbacher „Hofhaltung in Nürnberg" nochmals zu einem äußeren Höhepunkt seiner stolzen Karriere; brachte sie ihm doch die Erfüllung des höchsten Wunsches, den damals ein prominenter Bürger hegen konnte, die Würde des erblichen Adels.

Anläßlich des Nürnberg-Besuchs schlug der Ministerrat unter vier verschiedenen Möglichkeiten einer Ehrung des Stadtoberhauptes die geringste, nämlich die „Widmung eines allerhöchsten Bildnisses" vor.

---

[34] Christian v. Schuh, Der Nürnberger Kirchenstreit 1906 bis 1916. 1969, Typoskript im Stadtarchiv Nbg. (= Quellen zur Nürnberger Geschichte Nr. 289).

[35] Beendet wurde diese erst im November 1913, kurz bevor v. Schuh in den Ruhestand trat. (Max Spindler, Handbuch der bayerischen Geschichte 4, 1. München 1974, S. 363).

Demgegenüber entschied sich Ludwig zwei Tage vor seiner Abreise nach Nürnberg in einem handschriftlichen Reskript für die Erhebung Dr. von Schuhs in den erblichen Adel[36]. Damit setzte der Regent ein deutliches Zeichen, wie hoch er den Oberbürgermeister schätzte.
Doch hatte für das Schicksal dieses Mannes zur gleichen Zeit bereits die Peripetie eingesetzt. In München war schon im Februar 1912 die Tradition mehr oder weniger liberaler Beamtenministerien, mit denen Schuh während seiner ganzen Amtszeit so gut und eng zusammengearbeitet hatte, zu Ende gegangen[37]. Im Wechsel des Ministeriums mag wohl auch der bescheidene Ehrungsvorschlag des Ministerrates seine Ursache gehabt haben.
Viel schwerwiegender war aber, was sich wenige Tage vor dem Besuch des Prinzregenten in Nürnberg ereignete. Der dem „Freisinn" nahestehende „Fränkische Kurier" brachte am 20. Juli die Nachricht: „Wie die Bürgerschaft Nürnbergs zu ihrem aufrichtigen Bedauern vernehmen wird, soll Herr Oberbürgermeister Dr. v. Schuh beabsichtigen, zum 1. Oktober in den Ruhestand zu treten"[38]. Martin Treu, damals sozialdemokratischer Magistratsrat, erinnerte sich noch Jahrzehnte später daran, daß Schuh, bei dem er sich im Auftrag seiner Fraktion nach der Richtigkeit der Meldung erkundigte, mit bewegter Stimme gesagt habe: „Herr Kollege, ich weiß so wenig wie Sie"[39]. In der Magistratssitzung vom 22. Juli gab Schuh die Erklärung ab, „daß er dieser Meldung vollständig fern stehe und sich auch noch nicht entschlossen habe, wann er in den Ruhestand treten"[40] wolle. In ähnlich lautenden Erklärungen rückten auch die im Magistrat vertretenen Parteien von der Zeitungsmeldung ab.
Doch Schuh hatte den Wink verstanden. Am 27. August ersuchte er die beiden städtischen Kollegien im Hinblick auf seine gesundheitlichen Verhältnisse, seine Pensionierung zum Ende des Jahres 1913 zu genehmigen[41].

---

[36] Hauptstaatsarchiv München, Abt. Geheimes Hausarchiv, Kabinettsakten Nr. 44. Das Original des vom 18. August 1913 datierten Adelsbriefes befindet sich im Besitz von Dr. Eduard von Schuh, Nürnberg.

[37] Spindler, Handbuch 4, 1, S. 359; Karl Möckl, Die Prinzregentenzeit. Gesellschaft und Politik während der Ära des Prinzregenten Luitpold in Bayern. München 1972.

[38] „Fränkischer Kurier" Nr. 366 vom 20. 7. 1913, S. 3.

[39] Treu, v. Schuh, S. 215.

[40] „Fränkischer Kurier", Nr. 370 vom 22. Juli 1913, S. 3.

[41] Das Original des Rücktrittschreibens befindet sich im Akt HR Nr. 2491 des Stadtarchivs Nbg.

Wie sind die merkwürdigen Umstände beim Rücktritt des Oberbürgermeisters zu bewerten? Vermutlich trifft in etwa das zu, was der sozialdemokratische „Vorwärts“ in Berlin dazu äußerte[42]: Die bürgerlichen Parteien befürchteten bei den für 1914 in Nürnberg anstehenden Gemeindewahlen einen weiteren starken Linksruck und wollten deshalb vorher noch rechtzeitig wieder einen Mann ihres Vertrauens auf den Oberbürgermeister-Stuhl befördern. Daß es mit dem Gesundheitszustand Schuhs nicht zum besten stand, war bekannt, ebenso sein Alter von nahezu 67 Jahren, so daß es an sich nahe lag, eine Pensionierung ins Auge zu fassen. Eine unschöne Handlungsweise war es jedoch, daß man Schuh aus den Kreisen derjenigen Partei, der er politisch nahestand, durch eine gezielte Indiskretion unter Druck setzte. Er sollte offenbar seinen Entschluß rechtzeitig fassen. Seine „selbständige, eigenwillige, ja unter Umständen autokratischem Handeln nicht abgeneigte Amtsführung“[43] und seine veränderte Einstellung gegenüber den Sozialdemokraten hatten seine Parteifreunde wohl verstimmt und ihr taktloses Vorgehen veranlaßt.

Nach außen gesehen schied Schuh dann mit allen Ehren aus seinem Amt, ausgezeichnet mit der Ehrenbürgerwürde und der Goldenen Bürgermedaille. Freunde hatten ihm als Anerkennung seines Wirkens 100 000 Mark zur Verfügung gestellt. Damit begründete er die Dr. Georg und Marie von Schuh-Stiftung[44], deren Zinsen Studierenden aus den Städten Nürnberg, Erlangen und Fürth zugute kommen sollten.

Am 2. Juli 1918 starb Dr. von Schuh in seinem Besitztum am Starnberger See, wohin er sich zurückgezogen hatte. Gut charakterisiert hat ihn schon 1930 der Erlanger Journalist und Schriftsteller Ludwig Göhring, der Schuh seit seiner Erlanger Zeit kannte. Er schrieb[45]: „Schuh war ein Stadtoberhaupt großen Formats. Rasch im Erfassen und rasch zugreifend, ein Feind bürokratischen Zauderns und Formalwesens, der Kleinigkeiten und Kleinlichkeiten übersah und abwies, weil er Größe-

---

[42] Abgedruckt im „Fränkischen Kurier“ Nr. 453 vom 5. 9. 1913. – Der Akt „Wahl des I. rechtskundigen Bürgermeisters der Stadt Nürnberg am 9. XII. 1913“ im Staatsarchiv Nbg. (Regierung, Kammer des Innern, Abgabe 1968, Titel X, Nr. 959) enthält eine umfangreiche Sammlung der Pressestimmen zum Rücktritt Dr. v. Schuhs.

[43] Weiß, v. Schuh, S. 470; im Sonderdruck: S. 64.

[44] Ebd., S. 478; im Sonderdruck: S. 72.

[45] Ludwig Göhring, Die Bürgermeister und Rechtsräte Erlangens. In: Erlanger Heimatblätter 13,9 (5. 3. 1930), S. 38.

res erreichen wollte, mit außergewöhnlich scharfem, praktischem Blick begabt, ein Mann von unverwüstlicher Arbeitskraft, der alles sah und von kurzer Hand erledigte; durchgreifend, ja rücksichtslos in Verfolgung seiner Ziele, jovial und freundlich im Umgang, wo er guten Willen sah, hart und mißachtend gegen Nörgler und Besserwisser, ein Mann, der sich nicht auf der Nase tanzen ließ." Schuh war eine Kraftnatur. Natürlicher Verstand und grenzenlose Energie verbanden sich bei ihm mit einem hohen Maß an Selbstvertrauen. Diese Veranlagung führte zum totalen Engagement in der Kommunalpolitik.

Vor fünf Jahren hat Wolfgang Hofmann in seinem Buch über „Die Oberbürgermeister in der Kommunal- und Staatspolitik des Deutschen Reiches von 1890 bis 1933"[46] die „Elemente" dieses Amtes in der Endzeit der Monarchie zwischen 1890 und 1914 eigens herausgearbeitet. Hofmann sieht im Oberbürgermeister der damaligen Zeit den berufsmäßigen, fachlich geschulten Leiter einer Großstadtverwaltung, der in dieser Funktion eine sehr starke Stellung einnimmt, da die Initiative und Koordination bei Verwaltungsvorhaben in seiner Hand lagen. Weiterhin war der Oberbürgermeister ein gewählter Repräsentant der bürgerlichen Gesellschaft, der ihre Interessen mit Nachdruck vertrat. Darüberhinaus war er aber ein bestätigter Repräsentant des Staates, der in der Monarchie mit Erweisen königlichen Wohlwollens ausgezeichnet wurde.

Hofmann hat seine Erkenntnisse durch eine Untersuchung preußischer Oberbürgermeister gewonnen. In das von ihm vorzüglich gezeichnete Bild fügt sich meines Erachtens die Gestalt des Oberbürgermeisters v. Schuh als sehr gutes Beispiel für Bayern ein. Vereinigte er doch in seiner Person die von Hofmann herausgestellten Elemente und Kriterien in typischer Weise.

[46] So lautet der Untertitel seines Buches: Zwischen Rathaus und Reichskanzlei (= Schriften des Deutschen Instituts für Urbanistik 46) Stuttgart 1974. – Die folgenden Sätze siehe S. 51.

KONRAD ADENAUER
OBERBÜRGERMEISTER VON KÖLN 1917–1933

VON RUDOLF MORSEY

ZUR EINFÜHRUNG UND ZUR QUELLENLAGE

Die kommunalpolitische Wirksamkeit Adenauers hat erst erstaunlich spät, dann aber um so intensiver die Aufmerksamkeit nicht nur der Geschichtswissenschaft gefunden. Inwieweit dabei ein in den letzten Jahren spürbar verstärktes, von verschiedenen Disziplinen ausgehendes Interesse an der „modernen Stadtgeschichte" insgesamt eine Rolle spielte, braucht hier nicht eigens erörtert zu werden.

Eine gezielte Beschäftigung mit Persönlichkeit und Werk des Kölner Oberbürgermeisters von 1917–1933 erfolgte erst zu einer Zeit, in der bereits der Bundeskanzler Adenauer und die nach ihm benannte Ära zum Gegenstand historischer Forschung geworden waren. Damit verstärkte sich das naheliegende Bestreben, Adenauers Werdegang und beruflichen Aufstieg, Führungsstil und Personalpolitik, seine Zielsetzungen und Methoden sowie Ergebnisse – kurz: Erreichtes und nicht Erreichtes – vor und bis 1933 möglichst lückenlos zu erforschen. Das geschah häufig genug (und durchaus verständlich) unter einer Fragestellung, die sich im Rückblick übermächtig aufdrängte und die ich 1976 einmal folgendermaßen thematisiert habe: „Der Staatsmann im Kölner Oberbürgermeister"[1].

Bis zu diesem Zeitpunkt – des Gedenkens an den 100. Geburtstag Adenauers, der Anlaß zur Veröffentlichung zahlloser einschlägiger Titel bildete[2], – hatte fast ausschließlich die überregionale Tätigkeit

---

[1] Rudolf Morsey, Der Staatsmann im Kölner Oberbürgermeister Konrad Adenauer. In: Rheinische Vierteljahrsblätter 40 (1976), S. 199 ff.

[2] Daraus sind für unser Thema in erster Linie zu nennen: Konrad Adenauer, Oberbürgermeister von Köln. Festgabe der Stadt Köln zum 100. Geburtstag ihres Ehrenbürgers am 5. Januar 1976, hrsg. von Hugo Stehkämper. Köln 1976. Die insgesamt 17 Beiträge dieses Sammelbands

des Oberbürgermeisters das Interesse der Forschung auf sich gezogen. Das betrifft in erster Linie seine Rolle in der „Rheinlandbewegung“[3] und seine wiederholte Einbeziehung in den Kreis von Reichskanzler-Kandidaten[4].

Unter dem Gesichtspunkt „Elite-Forschung“ ist der Kölner Oberbürgermeister bisher nicht gewürdigt worden, wie überhaupt die Vielzahl der inzwischen vorliegenden Titel nicht über noch vorhandene Forschungslücken hinwegtäuschen darf[5]. So sind wir auch heute noch für die Kenntnis mancher Fakten und Zusammenhänge aus der Oberbür-

---

bedeuteten einen – in diesem Ausmaß – seltenen qualitativen Sprung der Forschung. Ferner: Konrad Adenauer, seine Zeit, sein Werk. [Katalog einer] Ausstellung aus Anlaß des 100. Geburtstages am 5. Januar 1976. Historisches Archiv der Stadt Köln. Köln 1976. Vgl. auch den Abschnitt „Konrad Adenauer und die kommunale Gruppengasversorgung“, bei: Dieter Rebentisch, Städte und Monopol. Privatwirtschaftliches Ferngas oder kommunale Verbundwirtschaft in der Weimarer Republik. In: Zeitschrift für Stadtgeschichte, Stadtsoziologie und Denkmalpflege 3 (1976), S. 59 ff. Ferner: Hugo Stehkämper, Der Kölner Oberbürgermeister Konrad Adenauer und die Kanalpläne für den linken Niederrhein 1919–1926. In: Zeitschrift des Aachener Geschichtsvereins 84/85 (1977/78), S. 327 ff. Erwähnt sei auch die frühere, auf Aktenstudium basierende höchst informative Artikelfolge von Ekkhard Häussermann, Als Adenauer Köln regierte. In: „Kölnische Rundschau“, 30. April bis 4. Juni 1973.

[3] Rudolf Morsey, Die Rheinlande, Preußen und das Reich 1914 bis 1945. In: Rheinische Vierteljahrsblätter 30 (1965), S. 176 ff.; Karl Dietrich Erdmann, Adenauer in der Rheinlandpolitik nach dem Ersten Weltkrieg. Stuttgart 1966; Hans Georg Lehmann, Adenauer und der rheinische Separatismus 1918/19. (= Adenauer-Studien 3, hrsg. von Rudolf Morsey und Konrad Repgen) Mainz 1974, S. 213 ff.

[4] Hugo Stehkämper, Konrad Adenauer und Reichskanzleramt während der Weimarer Zeit. In: Aus kölnischer und rheinischer Geschichte, hrsg. von Hans Blum. Köln 1969, S. 215 ff. (in überarbeiteter Fassung abgedruckt in dem in Anm. 2 genannten Sammelwerk, S. 405 ff., 773 ff.).

[5] Einige Desiderata sind aufgeführt in der Einleitung von H. Stehkämper zu dem in Anm. 2 genannten Sammelwerk, S. 9. Zum Forschungsstand insgesamt: Helmut Grieser, Konrad Adenauer im Urteil der Forschung. In: Geschichte in Wissenschaft und Unterricht 27 (1976), S. 25 ff.; Rudolf Morsey, Zum Verlauf und Stand der Adenauer-Forschung. In: Konrad Adenauer 1876/1976, hrsg. von Helmut Kohl. Stuttgart 1976, S. 121 ff. (2. erw. Auflage. 1976, S. 139 ff.); Hans-Peter Schwarz, Der unbekannte Adenauer. In: Konrad Adenauer und seine Zeit, hrsg. von Dieter Blumenwitz u. a. 2. Stuttgart 1976, S. 589 ff.

germeister-Zeit Adenauers auf dessen „autorisierte Biographie" von Paul Weymar aus dem Jahre 1955 angewiesen[6].

Andrerseits wurde und wird einschlägig interessierten Historikern die Erforschung des Kommunalpolitikers Adenauer durch zwei Glücksfälle erleichtert: Zum einen war die Amtsführung des Oberbürgermeisters weithin auf Schriftlichkeit angelegt und durch gleichmäßig dichte und pedantisch genaue Aktenführung gekennzeichnet. Zum andern ist der entsprechende (sehr umfangreiche und gut geordnete) Kölner Aktenbestand nahezu komplett erhalten[7]. Er kann inzwischen auch durch Materialien aus dem Nachlaß Adenauer in Rhöndorf ergänzt werden[8].

Demgegenüber spielen mündliche Auskünfte über Einzelprobleme seiner kommunalpolitischen Tätigkeit, die Adenauer während und nach seiner Amtszeit als Bundeskanzler auf entsprechende Fragen hin verschiedentlich erteilt hat, eine untergeordnete Rolle. Seine vierbändigen „Erinnerungen" (1965–1968) behandeln die Zeit ab 1945; ein ursprünglich vorgesehener Band auch über seine „Erfahrungen und Beobachtungen" in den voraufgehenden Jahren[9] ist nicht mehr konzipiert worden.

---

[6] München 1955. Dazu vgl. die in meinem Aufsatz „Zum Verlauf und Stand der Adenauer-Forschung" (s. die vorige Anm.) getroffenen Feststellungen (S. 122). Ergänzend ist heranzuziehen ein Artikel „Wie die Kanzler-Biographie entstand" von Roswitha Theile-Schlüter (in: Deutsches Monatsblatt 6, 1956, Nr. 1, S. 5), unter deren „Mitwirkung" Weymars Biographie entstanden ist, wie es auf dem Vorsatzblatt des Buches heißt. Danach hätte Adenauer jeden Abschnitt des Manuskriptes mit einer „geradezu pedantischen Genauigkeit" wiederholt „auf seine Richtigkeit" geprüft. Nach dem Klappentext des Buches zu urteilen, hat Adenauer dessen Manuskript nicht nur wiederholt gelesen, sondern auch mit „ergänzenden Erzählungen, Anregungen und Verbesserungsvorschlägen" versehen. Der Bundeskanzler hat die Arbeit Weymars auch dadurch unterstützt, daß er zu deren Anfertigung von einzelnen politischen Mitstreitern Materialien erbeten hat, so vom Vorsitzenden der CDU Westfalens, Lambert Lensing, im Februar 1953 Unterlagen über das erste Treffen der CDU-Politiker der britischen Zone, am 22./23. Januar 1946 in Herford. Hauptstaatsarchiv Düsseldorf RWN 106/6.

[7] Im Historischen Archiv der Stadt Köln. Durch Kriegseinwirkung vernichtet sind die einschlägigen (Gegen-)Akten der Bezirksregierung in Köln.

[8] In der Stiftung Bundeskanzler-Adenauer-Haus.

[9] Vgl. Konrad Adenauer, Erinnerungen 1945–1953. Stuttgart 1965, S. 51.

Bereits 1957 hatte der Bundeskanzler den deutsch-amerikanischen Publizisten Edgar Alexander gebeten, ihn von seiner Zusage zu entbinden, für die in Vorbereitung befindliche amerikanische Ausgabe des 1956 in Recklinghausen erschienenen Buches „Adenauer und das neue Deutschland" einen „kurzen Epilog" zu schreiben. Adenauers Begründung lautete: „Einen Epilog zur eigenen Biographie zu schreiben, ist sehr schwer. Einen solchen Epilog zu schreiben, wenn man die Biographie nicht kennt, ist noch schwerer. Ich habe mich daran versucht, aber ich bin gescheitert"[10].

Der wiederholte Hinweis auf den späteren Bundeskanzler erfordert folgende Feststellung: Der Kölner Oberbürgermeister von 1917–1933 hat sich nicht etwa für kommende größere Aufgaben aufgespart, sondern seine ganze Kraft und Sorge ungeteilt der Verwaltung seiner Vaterstadt gewidmet, unbeschadet anderer Ämter und Funktionen auch außerhalb Kölns.

Adenauer zählte schon früh zu den „großen Oberbürgermeistern" seiner Zeit und zwar nicht vornehmlich deswegen, weil das Oberhaupt der zweitgrößten Stadt in Preußen und der drittgrößten im Reich allgemeiner Aufmerksamkeit (und entsprechender Kritik) sicher sein konnte. Denn seine Vorgänger im Amt, Max Wallraf und Hermann Becker, gehörten nicht zu der jeweils kleinen Gruppe überregional bekannter Stadtoberhäupter, die sich sichtbar aus der insgesamt großen Zahl ihrer Berufskollegen herausgehoben hatten und deswegen der Nachwelt in Erinnerung geblieben sind.

Noch eine letzte Vorbemerkung: Wenn im folgenden, vom Thema her vorgegeben, ein Zusammenhang zwischen Adenauer und den Eliten seiner Zeit hergestellt und begründet wird, so geschieht das auf verschiedenen Ebenen. Daß ein so herausragendes Kölner Stadtoberhaupt auch zur zentralen Elite des Reiches zählte, ist unstrittig; daß Adenauer zu einer Leistungs- und/oder politischen Funktionselite gehörte, wohl ebenfalls.

Dabei ist weniger wichtig, ob man letztere als republikanisches oder politisches „Establishment" bezeichnet, wie das Wolfgang Hofmann getan hat. Hingegen rechne ich auch einen so ministrablen Oberbürgermeister wie Adenauer nicht zur „Herrschaftsgruppe" des Weimarer Staates,

[10] Adenauer empfahl als geeigneten Autor für diesen Epilog George Shuster. Schreiben vom 7. März 1957 an Edgar Alexander. Kopie im Besitz des Verfassers.

Bild 3: Konrad Adenauer
Oberbürgermeister in Köln 1917–1933
mit Reichspräsident Friedrich Ebert (Foto: W. Matthäus, Köln).

Bild 4: Gustav Böß
Oberbürgermeister in Berlin 1921–1930
(Foto: Landesarchiv Berlin).

zur „nationalen Machtelite“[11], da – jenseits der reinen Funktionsausübung – fraglich ist, wer damals überhaupt Herrschaft und Macht besessen bzw. ausgeübt hat. Klaus Pabst hat 1976 den Oberbürgermeister Adenauer als eine „überwiegend bürokratische Führerpersönlichkeit“ (im Sinne Max Webers) bezeichnet, Dieter Rebentisch, kurz zuvor, als „Typ des modernen Parteipolitikers auf dem Amtssessel des Oberbürgermeisters“[12].

SOZIALER UND REGIONALER HINTERGRUND FÜR DEN AUFSTIEG ZUM OBERBÜRGERMEISTER

Wie bei kaum einem anderen Oberbürgermeister verbindet sich Adenauers Name mit dem regionalen Hintergrund seiner Herkunft. Er gilt gemeinhin als „typischer Rheinländer und Kölner“[13], als – wie 1948 ein Journalist einmal formulierte – „Kölner nicht nur von Geburt, sondern von Beruf“[14]. Diese Eigenschaft reizte Kritiker des späteren Bundeskanzlers dazu, dessen Denkweise und Regierungsstil mit dem „Schatten des Kölner Doms“ in Verbindung zu bringen oder gar darin begrenzt zu sehen.

---

[11] Wolfgang Hofmann, Zwischen Rathaus und Reichskanzlei. Die Oberbürgermeister in der Kommunal- und Staatspolitik des Deutschen Reiches von 1890 bis 1933. (= Schriften des Deutschen Instituts für Urbanistik 46) Stuttgart 1974, S. 218, 224, 232, 240 f.

[12] Klaus Pabst, Konrad Adenauers Personalpolitik und Führungsstil; in dem in Anm. 2 genannten Sammelwerk, S. 294; Dieter Rebentisch, Ludwig Landmann, Frankfurter Oberbürgermeister der Weimarer Republik. (= Frankfurter Historische Abhandlungen 10) Wiesbaden 1975, S. 306.

[13] So Joachim Deeters, Die Vorfahren Konrad Adenauers; in dem in Anm. 2 genannten Sammelwerk, S. 21. Dazu ferner: Herbert Weffer, Die Vorfahren von Konrad Adenauer. In: Mitteilungen der westdeutschen Gesellschaft für Familienkunde 27 (1976), S. 113 ff. – „Er war Rheinländer von Geburt, Sprache und Geist“. So 1967 der damalige Ministerpräsident von Nordrhein-Westfalen, Franz Meyers, bei der Einweihung des Hauses der Rheinischen CDU in Köln auf den Namen Adenauer. Vgl. Franz Meyers, Konrad Adenauer und die Rheinische CDU. Köln (1967), S. 3.

[14] Heinz Medefind, in: „Die Neue Zeitung“ (München) vom 4. September 1948 (nach Adenauers Wahl zum Präsidenten des Parlamentarischen Rats).

Adenauers Vorfahren väterlicherseits waren durchschnittliche Bauern aus der Gegend um Rheinbach und Meckenheim. Erst sein Vater, Johann Konrad (1833–1906), Sohn eines Bäckermeisters aus Bonn, begründete einen für damalige Verhältnisse steilen sozialen Aufstieg seiner Familie: Zunächst in der Unteroffizierslaufbahn in der preußischen Armee, wurde er 1866 auf dem Schlachtfeld von Königgrätz verwundet und wegen Tapferkeit zum Leutnant befördert. Trotz dieser höchst ungewöhnlichen Auszeichnung[15] gab er dann jedoch den Militärdienst auf, da die Eltern seiner Braut nicht in der Lage waren, die für eine „standesgemäße" Offiziersheirat erforderliche finanzielle Bürgschaft zu stellen.

Der Leutnant a. D. wurde in das zivile Beamtenverhältnis übernommen. Zunächst Gerichtssekretär in Kleve, kam er wenig später an das Appellationsgericht in Köln, wo er bis zum obersten Verwaltungsbeamten (Kanzleirat) aufstieg. Adenauers Vorfahren mütterlicherseits stammten zur Hälfte aus Nordthüringen, zur anderen Hälfte waren sie ebenfalls über Bonn nach Köln gezogen, wo auch seine Mutter Helena, geb. Scharfenberg (1849–1919), geboren wurde. Dorthin war ihr Vater, übrigens evangelischer Herkunft, als Militärmusiker gekommen und später als Bankbeamter geblieben.

Konrad Adenauer, geboren am 5. Januar 1876 als drittes Kind von fünf Geschwistern (von denen eines früh gestorben ist), wuchs in beengten Verhältnissen eines kleinbürgerlichen Beamtenhaushalts auf[16]. Er durchlief das Apostel-Gymnasium in Köln mit guten Zeugnissen, konnte aber nach seinem Abitur (1894) nicht sofort sein Studium beginnen, sondern mußte – allerdings nur für einige Wochen – eine Lehrstelle als Bankkaufmann übernehmen.

Erst mit Hilfe eines Kölner Bürgerstipendiums (400 M. für ein Studienjahr) gelang es dann seinen Eltern, auch dem dritten Sohn eine

---

[15] Sie wird von Gerd Bucerius zu Unrecht als „Legende" angezweifelt (Der Adenauer. Hamburg 1976, S. 15). In der Geburtsurkunde Adenauers ist sein Vater als „Appellationsgerichtssekretär und Leutnant außer Dienst" bezeichnet. Faksimile-Abbildung in dem in Anm. 2 genannten Sammelwerk, hinter S. 24.

[16] Möglicherweise sind einschlägige Passagen über die kargen Wohn- und Lebensverhältnisse (P. Weymar, Adenauer, S. 13 ff.; Anneliese Poppinga, Meine Erinnerungen an Konrad Adenauer. Stuttgart 1970, S. 181 ff.) allzu sehr „nach unten" abgerundet. Andrerseits kann nicht ausgeschlossen werden, daß Adenauer vornehmlich entsprechende Entbehrungen im Gedächtnis bewahrt oder aber (auch als Familienpatriarch) die Härte seiner Jugend- und Schulzeit betont herausgestrichen hat.

Universitätsausbildung zu ermöglichen[17] und damit die Voraussetzungen für eine berufliche Karriere zu schaffen.
Adenauer absolvierte ein Studium der Rechtswissenschaft und Volkswirtschaft in Freiburg, München und Bonn, und zwar in der kürzestmöglichen Frist von drei Jahren. 1897 bestand er sein erstes juristisches Staatsexamen in Bonn mit „gut" und wurde daraufhin zum Referendar ernannt. Aus Gesundheitsgründen blieb er vom Militärdienst befreit. In festen Wertvorstellungen christlich-humanistischer Prägung erzogen, wuchs Adenauer in die Tradition der 1870 gegründeten rheinischen und speziell Kölner Zentrumspartei hinein. Ihre Kennzeichen waren ein demokratisch-föderalistischer Grundzug, verbunden mit bemerkenswerter Distanz zur Hohenzollern-Dynastie, zu Borussianismus, Militarismus und Junkertum.
Nach vierjähriger (größtenteils unbesoldeter) Referendarzeit und dem zweiten Staatsexamen – 1901 in Berlin, nur mit „ausreichend" – erhielt Adenauer eine (immer noch unentgeltliche) Anstellung als Gerichtsassessor bei der Staatsanwaltschaft in Köln. 1903 wechselte er in das Büro des angesehenen Kölner Rechtsanwalts und Justizrats Hermann Kausen über, den er fast zwei Jahre lang selbständig beim Oberlandesgericht vertrat. Kausen besaß als Vorsitzender der Zentrumsfraktion in der Kölner Stadtverordnetenversammlung, der nur Abgeordnete der Liberalen und des Zentrums angehörten, erheblichen Einfluß[18].
Das sollte Adenauer zugute kommen, der Ende 1905 eine Stelle als Hilfsrichter beim Landgericht in Köln antrat, vermutlich deswegen, weil es von dort aus leichter war, ein freiwerdendes Notariat auf dem Lande, „in einer schönen Gegend, mit nicht allzuviel Arbeit", übernehmen zu können[19].
Als rheinischer Katholik nichtadliger Herkunft, der keinem feudalen Studentenkorps angehörte und nicht einmal das Reserveoffiziers-Pa-

---

17 Katalog der Adenauer-Ausstellung (s. Anm. 2), S. 8.

18 Über die Ausstrahlung von Kausens Persönlichkeit und seine rhetorische Begabung vgl. Hermann Cardauns, Aus dem Leben eines deutschen Redakteurs. Köln 1912, S. 171 ff.

19 So – offensichtlich erstmals – in einem Interview (mit Rudolf Augstein), das im „Spiegel" Nr. 42 am 16. Oktober 1948 erschien und wesentliche Aussagen zur Biographie Adenauers enthält. Dazu vgl. Rudolf Augstein, Begegnungen mit Konrad Adenauer, in dem in Anm. 5 genannten Sammelwerk, 2. Aufl., S. 37. Ferner Poppinga, Erinnerungen, S. 191, 250.

tent besaß, bestand für Adenauer so gut wie keine Chance für einen Eintritt in den preußischen Verwaltungsdienst, geschweige denn für eine entsprechende Karriere. Ein Jurist seiner Herkunft und Prägung konnte die Richterlaufbahn ins Auge fassen – falls er sich nicht als Rechtsanwalt niederlassen wollte – oder aber einen Einstieg in die städtische Verwaltung. Letztere Möglichkeit ergriff Adenauer, als in Köln 1906 eine Beigeordnetenstelle neu besetzt werden mußte. Darum hat sich Adenauer aus eigenem Antrieb beworben, während er seine Wahl durch die Stadtverordnetenversammlung, noch dazu einstimmig, wesentlich der Vermittlung von Kausen verdankte.
Hier wird erstmals ein Phänomen sichtbar, das sich in Adenauers späterer Laufbahn wiederholen sollte: Er war stets bei der Besetzung desjenigen Amtes, das er jeweils für erstrebenswert hielt – und, das sei gleich hinzugefügt, für das ihm kein anderer Kandidat besser geeignet erschien – selbst und rechtzeitig zur Stelle. Dann erst suchte er die erforderliche Unterstützung einer Mehrheit, die notwendig war, weil Adenauer in seine sämtlichen beruflichen und politischen Ämter gewählt bzw. darin wiedergewählt worden ist.
Mit dem Hinweis auf die 1906 erfolgte Unterstützung seiner Bewerbung durch den Kölner Zentrumspolitiker Kausen ist ein Kriterium genannt, das auch für Adenauers raschen Aufstieg innerhalb der städtischen Verwaltung eine Rolle spielen sollte: seine Zugehörigkeit zum Zentrum – das die Mehrheit im Stadtparlament besaß –, ohne daß sich Adenauer parteipolitisch betätigt hat. Insofern kann man 1906 – zumal es sich um die Wahl eines fachlich entsprechend qualifizierten Bewerbers handelte – nicht von einer parteipolitischen Ämterpatronage (jedenfalls nicht in der später üblichen Bedeutung dieses Begriffs) sprechen.
Adenauer war damals bereits in die tonangebende Kölner Gesellschaft – auch „Klüngel" genannt – eingestiegen, wobei seine Mitgliedschaft in einer nichtfarbentragenden katholischen Studentenverbindung gewiß keinen Nachteil bedeutet hatte. Die Zugehörigkeit zur lokalen Elite hatte der inzwischen erreichte familiäre und gesellschaftliche Hintergrund begründet: Seit 1904 war Adenauer mit Emma Weyer, der Tochter einer angesehenen und begüterten Kölner Familie, verheiratet. Ihr verstorbener Vater war Direktor der Kölner Rückversicherungsgesellschaft gewesen, ihre Mutter Emilia eine geborene Wallraf.
Damit bestanden für den juristisch vorgebildeten Akademiker Adenauer, abgesehen von der offensichtlich nicht unbeträchtlichen finanziellen Mitgift seiner Frau, nunmehr verwandtschaftliche Beziehungen

zum städtischen Patriziat. 1904 allerdings konnte Adenauer noch nicht absehen, daß er mit dem drei Jahre später gewählten neuen Kölner Oberbürgermeister Max Wallraf einen Onkel seiner Frau, den Bruder seiner Schwiegermutter, zum Vorgesetzten erhielt. (Noch als Assessor war Adenauer nicht von allen Familien in Köln eingeladen worden, was er übrigens – im späteren Rückblick – „ganz natürlich" gefunden hat[20]).

Zum familiären Hintergrund des jungen Beigeordneten gehörte auch – bisher kaum beachtet – die Karriere seiner Geschwister: Die beiden älteren Brüder Adenauers waren inzwischen beruflich in der Vaterstadt bzw. in deren Nähe tätig: Einer als Rechtsanwalt (später Honorarprofessor der Universität), der andere als Geistlicher der Erzdiözese (später Domkapitular in Köln). Adenauers jüngere Schwester Lilli heiratete „standesgemäß" den aus Köln gebürtigen Verwaltungsjuristen und späteren Kölner Beigeordneten und Stadtkämmerer Willi Suth: Alles in allem also ein eindrucksvolles Familienbeispiel für beruflichen Aufstieg aus der „Bildungsreserve" des großstädtischen Katholizismus. Ungewöhnlich daran war höchstens, daß sämtliche Geschwister beruflich in ihrer Heimatstadt verankert blieben, aus der Konrad Adenauer dann 1933 und 1945 verbannt werden sollte.

Für die kommunalpolitische Laufbahn Adenauers wurde zweierlei kennzeichnend: Erstens erfolgte seine Karriere innerhalb Kölns, also ohne die damals üblichen Zwischenstationen im Verwaltungsdienst anderer Städte; zweitens wurde er bereits 1909, und zwar aufgrund seiner Leistungen und Fähigkeiten, zum ersten Beigeordneten und Stellvertreter des Oberbürgermeisters gewählt, obwohl er mit seinen 33 Jahren das nach Lebens- und Dienstalter jüngste Mitglied des Kollegiums war. (Wallraf, der übrigens nicht dem Zentrum angehörte, hatte wegen seiner verwandtschaftlichen Beziehungen zu Adenauer an der Abstimmung über dessen Wahl nicht teilgenommen.)

Der erste Beigeordnete konnte seitdem darauf rechnen, auch die leitende Stelle zu erreichen, sei es innerhalb oder außerhalb seiner Vaterstadt. Sein Einkommen hatte sich zwischen 1906 und 1912, also innerhalb von nur sechs Jahren, verdreifacht (von 6 000 M. auf 18 000 M.).

Die anerkannten Leistungen Adenauers und das „Format seiner Persönlichkeit"[21] führten im Frühjahr 1916 zu dem Angebot der Stadt Aachen,

---

[20] Poppinga, Erinnerungen, S. 247.

[21] So Everhard Kleinertz, Konrad Adenauer als Beigeordneter der Stadt Köln (1906 bis 1917); in dem in Anm. 2 genannten Sammelwerk, S. 97.

den dort vakanten Posten des Oberbürgermeisters zu übernehmen. Da Wallraf aber inzwischen zu erkennen gegeben hatte, daß er nach Ablauf seiner zwölfjährigen Amtszeit (1919) nicht wieder kandidieren wolle, konnte sich Adenauer – dessen Frau im gleichen Jahre starb – gute Chancen ausrechnen, Stadtoberhaupt in Köln zu werden: trotz traditioneller Bedenken gegen eine derartige „Beförderung" am Ort[22]. Schon der Verzicht der Stadtverordnetenversammlung auf eine Ausschreibung der im Sommer 1917 freigewordenen Spitzenstelle signalisierte die für Adenauer günstige Konstellation.

Wie er sie strategisch und taktisch zu nützen verstand, obwohl er damals einen wochenlangen Urlaub im Schwarzwald verbrachte, um sich von den Folgen eines schweren Dienstunfalls aus dem März 1917 in Köln zu erholen, ist seit 1976 bekannt[23], auch die Tatsache, daß er die Stadtverordnetenversammlung aus der Ferne dazu hatte bewegen können, die Bezüge des Oberbürgermeisters zu erhöhen. Im September 1917 erfolgte seine Wahl – wiederum wie 1906 und 1909 einstimmig – zum Oberbürgermeister von Köln (oder genauer: zum Bürgermeister, da der Titel „Oberbürgermeister" erst anschließend vom König von Preußen verliehen wurde). Mit 41 Jahren war Adenauer das jüngste Stadtoberhaupt in Preußen.

Zwei Jahre später heiratete Adenauer zum zweiten Mal – der ersten Ehe entstammten drei Kinder –, und zwar Gussi Zinsser, die Tochter eines ihm benachbarten Dermatologen (und späteren Ordinarius in Tübingen), die zum Katholizismus konvertiert war.

DAS VERHÄLTNIS DES OBERBÜRGERMEISTERS ZU DEN ÜBRIGEN STÄDTISCHEN ELITEN

In den 16 Jahren seiner kommunalpolitischen Tätigkeit gab es für Adenauer keinen Konkurrenten innerhalb oder außerhalb der städtischen Eliten in Köln. Seine Position stand dort nur einmal, dann allerdings ernsthaft, in Frage: Im Dezember 1929 bei seiner Wiederwahl nach Ablauf seiner 12jährigen Amtsperiode. Dabei fällt es allerdings schwer, das Wahlgremium, die 95 Mitglieder der Stadtverordneten-

---

[22] Dazu vgl. Klaus Pabst, Die Aachener Oberbürgermeisterwahl von 1916. In: Zeitschrift des Aachener Geschichtsvereins 84/85 (1977/78), S. 745 ff.

[23] Gertrud Wegener, Die Wahl Konrad Adenauers zum Oberbürgermeister von Köln im Jahre 1917; in dem in Anm. 2 genannten Sammelwerk, S. 79 ff.

versammlung, bei näherem Betrachten insgesamt als „städtische Elite" zu verstehen.

Im Zusammenhang unseres Themas können die Gründe für die Opposition gegen Adenauers Wiederwahl, die mit der Mehrheit von nur einer Stimme erfolgte, weitgehend außer Betracht bleiben. Sie lagen vor allem in der vielkritisierten „selbstherrlichen Amtsführung" des Oberbürgermeisters, einem „Adenauer-Überdruß"[24], als dessen Folge das Stadtoberhaupt zunehmend isoliert worden war.

Dennoch fehlte der Opposition von 1929 jegliche Gemeinsamkeit sowohl in der sachlichen Zielsetzung als auch in der personellen Alternative. Sie bildete in erster Linie das kommunale Spiegelbild der allgemeinen Parteienzersplitterung und Volkszerklüftung am Ausgang der Weimarer Republik. In die insgesamt 95 Sitze der Stadtverordnetenversammlung teilten sich Abgeordnete von acht Parteien, darunter 13 Kommunisten und vier Nationalsozialisten. Die Wiederwahl des Oberbürgermeisters erfolgte, mit eindeutiger parteipolitischer Formierung, durch eine Koalition der bürgerlichen Mitte, d. h. mit den Stimmen des Zentrums als der stärksten Fraktion (35), der Deutschen Volkspartei (10) und der Deutschen Demokratischen Partei (3)[25].

Zum Verständnis der Kölner Opposition gegen Adenauer vom Dezember 1929 ist allerdings ein Hinweis auf dessen Wiederwahl zum Präsidenten des Preußischen Staatsrats notwendig, die angesichts der nur einjährigen Amtsdauer ihres Vorsitzenden jeweils zu Jahresanfang erfolgte. Das geschah 1930 im Februar und erbrachte das übliche Ergebnis: In Berlin erhielt der Kölner Oberbürgermeister, wie seit Bestehen des Staatsrats 1921 Jahr für Jahr, auch diesesmal die Stimmen der SPD-Vertreter, während hier die Abgeordneten der DVP zur Opposition gegen die Mehrheit der Weimarer Koalition gehörten[26].

Soeben war die Rede davon, daß Adenauer keinen ernsthaften Konkurrenten innerhalb der verschiedenen städtischen Eliten in Köln besessen hat, eingeschlossen den kleinen Kreis der teilweise hochqualifizierten Beigeordneten. Das galt auch für die ihm politisch nahe-

---

[24] So im Katalog der Adenauer-Ausstellung (s. Anm. 2), S. 86.

[25] Vgl. Protokolle der Stadtverordnetenversammlung vom 17. Dezember 1929, S. 563 f. Eine Darstellung über die Vorgeschichte dieser Wahl ist ein Desiderat.

[26] Vgl. Konrad Adenauer [Enkel], Konrad Adenauer als Präsident des Preußischen Staatsrats; in dem in Anm. 2 genannten Sammelwerk, S. 369.

stehenden Vertreter des Zentrums im Stadtparlament, zu denen der Oberbürgermeister betonte Distanz hielt. Der Vorsitzende des Rheinischen Zentrums, der angesehene Rechtsanwalt und Kölner Stadtverordnete Hugo Mönnig, mit Ämtern überhäuft, war seinerseits daran interessiert, die guten persönlichen Beziehungen zum Oberbürgermeister nicht zu belasten.

Adenauers Verhältnis zu den Regierungspräsidenten in Köln – mit dem schon räumlich ferneren Oberpräsidenten in Koblenz hatte er dienstlich kaum zu tun – war nicht immer frei von Spannungen. Sie resultierten aus den Befugnissen wie aus der Handhabung der staatlichen Aufsichtsrechte. Darauf komme ich noch einmal zurück.

Nur soviel sei bereits hier angedeutet: Zum Verständnis von Adenauers Verhältnis zu den regionalen Vertretern der preußischen Regierung wie zum Landeshauptmann in Düsseldorf – der seinerseits vom Kölner Oberbürgermeister in dessen Eigenschaft als Vorsitzender des Provinzialausschusses der Rheinprovinz abhängig war – muß auf die Ämterfülle des Stadtoberhauptes verwiesen werden. Das galt vor allem für seine Stellung als Präsident des Preußischen Staatsrats. Sie trug entscheidend dazu bei, daß die „Großzügigkeit" der Kölner kommunalpolitischen und wirtschaftlichen Unternehmungen trotz „gelegentlicher Einwände von der Zentrale" gefördert worden ist[27]. Umgekehrt nutzte der Oberbürgermeister die ihm als Vorsitzenden des rheinischen Provinzialausschusses zustehende (und von der preußischen Regierung praktizierte) Mitsprache bei der Besetzung der Spitzenstellen des Oberpräsidenten in Koblenz und des Regierungspräsidenten in Köln.

Ausgesprochen gut war Adenauers Verhältnis zu Kölner Industrie- und Handelskreisen, geradezu freundschaftlich zu einigen ihrer führenden Vertreter wie Louis Hagen, Robert Pferdmenges und Paul Silverberg. Bis zur Verschärfung der Wirtschaftskrise wird man auch die Beziehungen Adenauers, der dem Aufsichtsrat der Deutschen Bank in Berlin angehörte, zur „Großfinanz" in Köln als ungetrübt bezeichnen können.

Durch seinen engen Kontakt mit dem Direktor der Filiale der Deutschen Bank in Köln, Augustinus Brüning – nicht mit Reichskanzler Brüning verwandt – geriet Adenauer 1934 in Schwierigkeiten. Der

[27] So Horst Romeyk, Adenauers Beziehungen zum Rheinischen Provinzialverband und zu staatlichen Behörden; in dem in Anm. 2 genannten Sammelwerk, S. 328.

inzwischen wegen Veruntreuung verhaftete Bankier versuchte (allerdings ohne Erfolg), den inzwischen aus dem Amt entfernten früheren Oberbürgermeister durch den Vorwurf der passiven Bestechung zu belasten[28].
Das Verhältnis des Oberbürgermeisters zu kirchlichen Amts- und Würdenträgern am Ort, die ja zumindest partiell als „städtische Eliten" gelten können, war unkompliziert, in erster Linie zur Hierarchie der katholischen Kirche in Gestalt des Kölner Erzbischofs und Kardinals. Zum Domkapitel besaß Adenauer durch seinen Bruder Hans, der 1922 dessen Mitglied wurde, unmittelbare Beziehungen[29]. Mit der evangelischen Kirche gab es keinerlei Reibungen, ebensowenig mit den Repräsentanten und Angehörigen des jüdischen Glaubens, die Adenauer wiederholt vor nationalsozialistischen Anpöbelungen in Schutz genommen hat.
Zu einer ganz anderen „städtischen Elite" hingegen gewann der ansonsten so weitsichtige und geschickt operierende Oberbürgermeister keinerlei Verhältnis. Das waren die Zeitungsverleger und Journalisten in Köln, wo immerhin mit der „Kölnischen Volkszeitung" und der „Kölnischen Zeitung" zwei Blätter von nationalem Format erschienen. Die Bedeutung der Presse, eingeschlossen der des Zentrums, deren Verleger er gut kannte, blieb Adenauer – zum Nachteil seiner Stellung – verschlossen.
Er vermochte selbstbewußt gewordene und auf unabhängig-kritische bis sensationelle Berichterstattung bedachte, zudem häufig in abhängiger Stellung tätige Journalisten nicht als Partner anzuerkennen und unterschätzte deren Einfluß in erstaunlichem Maße. Dazu trug auch der langjährige Pressereferent des Oberbürgermeisters bei, eine für seine Stellung offensichtlich ungeeignete Persönlichkeit[30].

---

[28] Vgl. Weymar, Adenauer, S. 177 ff.; Rudolf Morsey, Konrad Adenauer und der Nationalsozialismus; in dem in Anm. 2 genannten Sammelwerk, S. 488, 802.

[29] Sie wurden von Adenauer 1929/30 eingesetzt, um zu erreichen, den neugewählten Zentrumsvorsitzenden, Prälat Kaas, Domkapitular in Trier, als Dompropst für Köln zu gewinnen (was nicht gelang), um ihm auf diese Weise die Ausübung seiner politischen Funktionen in Berlin zu erleichtern. Vgl. Rudolf Morsey, Adenauer und Ludwig Kaas (1929–1931). In: Adenauer-Studien 3, S. 226 ff.

[30] Dazu vgl. Ekkhard Häussermann, Konrad Adenauer und die Presse vor 1933; in dem in Anm. 2 genannten Sammelwerk, S. 207 ff.

Für Adenauers Lernfähigkeit noch im hohen Alter spricht (dies nur nebenbei), daß eine der wenigen Eigenschaften, die erst der spätere Parteipolitiker und Bundeskanzler neu entwickelte – während sie dem Oberbürgermeister gefehlt hatte – eine von Grund auf gewandelte Einstellung gegenüber der Presse gewesen ist. Eine andere betraf seine Massenwirksamkeit, von der bis 1933 keine Rede sein konnte.

DAS SELBSTVERSTÄNDNIS DES OBERBÜRGERMEISTERS ALS ANGEHÖRIGER EINER ELITE

Da Adenauer seine Fähigkeiten zu keiner Zeit gering einschätzte – andrerseits aber sehr wohl deren Grenzen kannte und beachtete – darf man davon ausgehen, daß er sich zur Elite gezählt hat. Als unerläßliche Voraussetzung für die Wahrung seiner Stellung wie seiner Autorität betrachtete er Unabhängigkeit nach allen Seiten. Bezeichnend dafür ist eine Äußerung vom 26. Februar 1931 in der Kölner Stadtverordnetenversammlung: „Ich bin weder finanziell, noch sonst von irgend jemandem abhängig"[31].

Daß vom Oberbürgermeister starke Autorität ausging, ist vielfach eindrucksvoll bezeugt. Adenauer nutzte die institutionell-technischen Möglichkeiten wie den Amtsbonus seiner Stellung genau so, wie er den von ihm geforderten und den ihm entgegengebrachten Respekt in sein Kalkül einbezog. Er war frei von Minderwertigkeitsgefühl. Oft wurde sein ungezwungener Umgang mit den Großen seiner Zeit aus allen Bereichen des öffentlichen Lebens, zu denen er nicht kraft Geburt oder Erbfolge gehörte, bewundernd oder neidvoll registriert. Diese Eigenschaft oder Fähigkeit verdeutlicht besser als theoretische Erörterungen, daß sich Adenauer ganz selbstverständlich der politischen Prominenz zugehörig empfand. Auch er hielt es mit Bismarcks Devise: „Wo ich sitze, ist oben". Dabei allerdings blieb Adenauer, gerade weil er überzeugter Republikaner war – der von allen äußeren Auszeichnungen nur die Ehrendoktorate der Kölner Universität trug – auf Wahrung protokollarischer Formen ebenso bedacht wie er darauf achtete, daß Farben und Symbole der Republik respektiert wurden.

[31] Verhandlungen der Stadtverordnetenversammlung, S. 43.

ADENAUERS EINFLUSS AUF DIE STAATS- UND REICHSREGIERUNG BZW. DIE ZENTRALEN PARLAMENTE

Im Unterschied zu anderen Bürgermeistern hat Adenauer weder ein Mandat im Reichstag noch im Reichsrat noch im Preußischen Landtag angestrebt. Seine Mitgliedschaft im neugeschaffenen Preußischen Staatsrat (seit 1921) und vor allem der Dauervorsitz in diesem Gremium bis 1933 hin bildeten die wichtigste institutionelle Abstützung des Kölner Kommunalpolitikers in der Reichshauptstadt. Sie verschaffte ihm gleichzeitig auch eine gesellschaftlich geachtete Stellung sowie Dienstwohnung in Berlin, in der er auch repräsentative Empfänge veranstalten konnte. Durch seine regelmäßige und häufige Anwesenheit in der Reichshauptstadt konnte sich Adenauer nicht nur im Mittelpunkt der preußischen Politik, sondern auch „am Rande der Reichspolitik" bewegen[32].

Dabei gelang es ihm in zahlreichen (inzwischen großenteils bekannten) Einzelfällen, Mitglieder der Parlamente sowie der Regierungen des Reiches und Preußens für eine Förderung von Belangen der Stadt Köln zu interessieren und mancherlei (Sonder-)Wünschen Gehör zu verschaffen. Sorgfältig pflegte Adenauer persönliche Beziehungen zur hohen Ministerialbürokratie, vor allem der preußischen Ressorts, wie seine guten Kontakte zum Chef der Reichskanzlei (1926–1932) Hermann Pünder, seinem rheinischen Landsmann[33].

Die sozialdemokratisch geführte preußische Regierung, speziell deren sozialdemokratische Innenminister, haben sich, wie schon erwähnt, mit Adenauer (in seiner Eigenschaft als Vorsitzender des Rheinischen Provinzialausschusses) über alle personalpolitischen Entscheidungen im Rheinland ins Benehmen gesetzt. Der Vorsitz im Staatsrat in Berlin und im Provinzialausschuß (seit 1920) in Düsseldorf boten hand-

[32] Konrad Adenauer, Adenauer als Präsident des Preußischen Staatsrats; in dem in Anm. 2 genannten Sammelwerk, S. 355.

[33] Zahlreiche Belege in dem in Anm. 2 genannten Sammelwerk, im Register S. 845 s. v. Pünder; vor allem in dem Kapitel „Beziehungen zur Berliner Zentrale" bei Romeyk, Adenauers Beziehungen zum Rheinischen Provinzialverband und zu staatlichen Behörden; ebd., S. 316 ff. Ferner Hermann Pünder, Konrad Adenauer, Meister der Selbstverwaltung. In: Der Städtetag 6 (1967) (Sonderdruck, Stuttgart 1967, S. 4): „So machte der Kölner Oberbürgermeister gerne von meiner Bereitschaft zur Mithilfe bei kleineren oder auch größeren kommunalpolitischen Kölner und rheinischen Sorgen Gebrauch."

fest genutzte Möglichkeiten, auch die eigenen staatlichen Aufsichtsorgane zu beeinflussen. Sein Respekt vor ihnen war nur begrenzt ausgeprägt[34].

Die bereits mehrfach erwähnte Vielzahl und Vielfalt seiner Ämter, die er gewissenhaft wahrnahm, gestatteten es Adenauer, einmal mehr als Sprecher der Stadt Köln, dann der Belange des Rheinlandes aufzutreten. Bei anderer Gelegenheit artikulierte er vornehmlich die Sorgen des Rheinischen, Preußischen und/oder Deutschen Städtetags, deren engeren Vorständen er angehörte. Seit dem Winter 1918/19 galt der Kölner Oberbürgermeister als führender Repräsentant des besetzten linksrheinischen Gebiets („Kanzler des Westens").

Wiederholt meldete sich Adenauer zugunsten einer gleichsam vornehmlich oder gar allein von Köln verwalteten abendländisch-rheinischen Kulturtradition zu Wort. Schließlich agierte er als prominenter Zentrumspolitiker im deutschen Westen, ohne den Berliner Führungsgremien seiner Partei anzugehören oder überhaupt als Parteipolitiker in Erscheinung zu treten.

Diese Zurückhaltung hat er nur einmal, und dann weithin sichtbar, aufgegeben: als Präsident des Münchner Katholikentags von 1922. Dabei machte er sich zum Anwalt der zunehmend bedrohten politischen Einheit der katholischen Volksminderheit und trat Kardinal Faulhaber, der betont die monarchische Vergangenheit beschwor, scharf entgegen. Adenauer forderte Mitarbeit in der Republik sowie politische Zusammenarbeit aller christlichen Kräfte auf interkonfessioneller Grundlage[35].

Für seinen Kontakt mit der Zentrumsspitze erwies es sich als günstig, daß die Parteivorsitzenden von 1921–1928, Karl Trimborn und Wilhelm Marx, beide aus Köln stammten. Ebenso kannte Adenauer deren Nachfolger, den Trierer Prälaten Ludwig Kaas, dessen politische Begabung er allerdings offensichtlich überschätzte.

Erst mit der Übernahme der Reichskanzlerschaft durch Heinrich Brüning veränderten sich die im allgemeinen guten Beziehungen Adenauers auch zur Spitze der Reichsregierung. Die unterschiedlichen Ansichten über notwendige und geeignete Maßnahmen zur Überwindung der Staats- und Wirtschaftskrise führten zu Spannungen zwi-

---

[34] Pünder, Adenauer, S. 14 f.

[35] Dazu vgl. Hugo Stehkämper, Konrad Adenauer als Katholikentagspräsident 1922. In: Adenauer-Studien 4, hrsg. von Rudolf Morsey und Konrad Repgen. Mainz 1977.

schen beiden Zentrumspolitikern und zu einer Entfremdung. Sie hielt auch nach 1945 an und führte zu bitteren Urteilen des westfälischen Exkanzlers über die frühere kommunalpolitische Rolle seines rheinischen Parteifreundes[36].

DER POLITISCHE UND GESELLSCHAFTLICHE STATUS DES OBERBÜRGERMEISTERS ALS „SPRUNGBRETT" FÜR DEN „AUFSTIEG ZUR ZENTRALEN ELITE"

Wenn man zur „zentralen Elite" vornehmlich die Mitglieder der Regierungen des Reiches oder die Inhaber anderer Ämter der Exekutive in Berlin zählt, so hat Adenauer ihr nicht angehört. Andrerseits galt er wiederholt als ernsthafter Kanzlerkandidat, sicher nicht allein aufgrund seiner kommunalpolitischen Erfolge und deren Echo, sondern auch wegen seines Hervortretens in der „Rheinlandbewegung", durch die er zu einem Politiker mit „nationalem Bekanntheitsgrad" geworden war[37].

Bezeichnend für die Einschätzung der politischen Qualifikation des Oberbürgermeisters – Hugo Stehkämper spricht von der „Gesamtpersönlichkeit", die für die Regierungsspitze „dringend gefragt" gewesen sei[38] – ist die Tatsache, daß Adenauer zwar wiederholt (und stets ohne sein Zutun) als Kandidat für das Amt des Reichskanzlers im Gespräch gewesen ist, nicht aber für das eines einzelnen Reichsministers oder gar eines Ressortchefs in Preußen. Er selbst betrachtete die Stellung des Oberbürgermeisters der rheinischen Metropole als optimal wegen der damit verbundenen Gestaltungsmöglichkeiten und ihrer relativen Unabhängigkeit. Hinzu kam die beträchtliche Höhe seines Gehalts, die Adenauer als Äquivalent für seinen engagierten Einsatz zugunsten seiner Vaterstadt und dessen sichtbare (wenn auch nicht vergleichbar unstrittige) Erfolge als durchaus angemessen empfand.

---

36 Rudolf Morsey, Brüning und Adenauer. Düsseldorf 1972, S. 23 ff., 38 ff.; ders., Zur Problematik einer zeitgeschichtlichen Briefedition [Brünings]. In: Historische Zeitschrift 221 (1975), S. 79, 84.

37 Wolfgang Hofmann, Konrad Adenauer und die Krise der kommunalen Selbstverwaltung; in dem in Anm. 2 genannten Sammelwerk, S. 336.

38 Konrad Adenauer und das Reichskanzleramt während der Weimarer Zeit; in dem in Anm. 2 genannten Sammelwerk, S. 405.

Der vor allem auf den Kölner Kommunalpolitiker gemünzte Stoßseufzer Stresemanns von 1925, die Oberbürgermeister seien neben den Großindustriellen die „Könige der Gegenwart . . ., mächtiger als die Minister"[39], entsprang neidvoller Bewunderung, nachdem der Reichsaußenminister mit richtigem Instinkt Adenauer als ernsthaften Rivalen erkannt hatte, dessen Kanzlerkandidatur er im folgenden Jahr verhinderte[40].

Da den Oberbürgermeister seine Kölner Tätigkeit nicht nur ausfüllte, sondern auch innerlich befriedigte[41], besaß er keinen Grund, sich in den Kreis der zentralen Berliner Elite zu drängen oder drängen zu lassen. Er hätte seine angesehene und mächtige Stellung an der Peripherie des Reiches nur mit einem Schleudersitz in der Zentrale – gegen die er ohnehin aus ganz anderen Gründen Vorbehalte besaß – eingetauscht. Ein Wechsel vom Rhein an die Spree bedeutete insofern für Adenauer keinen „Aufstieg". Offensichtlich hat ihn auch der Gedanke, in die Privatwirtschaft überzuwechseln, vor 1933 nicht ernsthaft beschäftigt[42].

ERGEBNISSE

Konrad Adenauer, der „arrivierte Kölner Kleinbürgersohn"[43], erreichte in seiner Vaterstadt nach raschem sozialen Aufstieg den ersten Gipfel

---

[39] Gustav Stresemann, Vermächtnis, hrsg. von Henry Bernhard, 2. Berlin 1932, S. 299 f.

[40] Nach einer späteren mündlichen Äußerung des Journalisten Edgar Stern-Rubarth (eines engen Mitarbeiters von Stresemann), soll er im Auftrag des Außenministers im August 1928 Adenauer die Reichskanzlerschaft angeboten haben. Adenauer habe mit der (von 1926 bekannten) Begründung abgelehnt, dazu sei er höchstens bereit, wenn eine sichere Majorität im Reichstag zur Verfügung stände. Mitteilung Stern-Rubarths gegenüber dem Kölner Verleger Reinhold Heinen im Oktober 1955. Abschrift von Heinens Aufzeichnungen im Besitz des Verf.

[41] Vgl. K. Adenauer, Erinnerungen 1945–1953, S. 51; A. Poppinga, Meine Erinnerungen an Konrad Adenauer, S. 247, 250; Golo Mann, Begegnung mit Konrad Adenauer; in dem in Anm. 5 genannten Sammelwerk, 2. Aufl., S. 115.

[42] Dazu vgl. allerdings Robert Görlinger (Vorsitzender der SPD-Stadtratsfraktion): „Wir wußten, daß Adenauer in der Industrie mehr verdienen konnte. Man hatte ihm eine Stellung mit 200 000 Mark Gehalt angeboten." Weymar, Adenauer, S. 114.

[43] So J. R. von Salis, Geschichte und Politik. Zürich 1971, S. 218.

seiner Karriere. 1917 hatte er mit der Wahl zum Oberbürgermeister von Köln die von ihm zielbewußt erstrebte und – davon war er überzeugt – seinen Fähigkeiten angemessene Stellung erlangt. Damit gehörte er zur politischen Elite auch des Reiches, war er eine Persönlichkeit des öffentlichen Lebens. Relativ früh, im Winter 1918/19, erreichte er einen nationalen Bekanntheitsgrad, der ihm allerdings, soweit er aus seiner Rolle innerhalb der „Rheinlandbewegung" resultierte, damals wie später – auch nach 1945/49 – mehr Kritik als Zustimmung eingebracht hat[44]. Festzuhalten bleibt, daß der unbestritten erfolgreiche, wenn auch deswegen keineswegs besonders populäre Oberbürgermeister, ein überzeugter Republikaner, seine zahlreichen Ämter nicht zur weiteren Förderung seiner eigenen Karriere genutzt hat, sondern zugunsten der Interessen seiner Vaterstadt, oder genauer: zur leichteren oder rascheren Durchsetzung der zunächst und vor allem von ihm selbst definierten Kölner Interessen.

Am 13. März 1933 wurde Adenauer gestürzt, gedemütigt und entrechtet. Eine selbsternannte, auf eine Massenbewegung gestützte neue Elite bestimmte über das künftige Schicksal Adenauers. Bis zu diesem Zeitpunkt hatte er die Möglichkeiten der rheinischen Bürgermeisterverfassung souverän ausgeschöpft und keinen ernstzunehmenden Konkurrenten zu fürchten gehabt. Die aus politischen Gründen erfolgte

---

[44] Die Verunglimpfung als „Separatist" hat in der Agitation der parteipolitischen Gegner des späteren Unionspolitikers und Bundeskanzlers eine Rolle gespielt, die einer eigenen Untersuchung wert wäre. Hier sei nur folgende Beobachtung festgehalten: In der SED-parteilichen Darstellung von Joachim Peck, Dr. Konrad Adenauer 1917–1952 (Berlin-Ost 1952), dient mehr als die Hälfte des Umfangs dazu, Adenauer als „Separatisten" zu verleumden. Die einschlägigen Ausführungen beruhen auf ebenso ausgiebig wie verfälschend zitierten „Kölner Akten" Adenauers, ohne daß Peck mitteilt, wo sich diese Akten befinden und ob (und wo) er sie benutzt hat. Des Rätsels Lösung – bisher nicht beachtet – lautet: Peck hat das NSDAP-parteiliche Pamphlet von F. Walther Ilges und Hermann Schmid, Hochverrat des Zentrums am Rhein (Berlin-Charlottenburg 1934), einfach ausgeschrieben, ohne es zu zitieren! Ilges und Schmid waren im Winter 1933/34 von der NS-Stadtverwaltung in Köln Adenauers „Akten betreffend Rheinland-Bewegung" (7 Bände) zugänglich gemacht worden, um daraus belastendes Material für eine Anklage gegen den Ex-Oberbürgermeister (im Zusammenhang des gegen ihn laufenden Dienststrafverfahrens) zu gewinnen. Diese Absicht mißlang auf der ganzen Linie (vgl. meine in Anm. 28 zitierte Darstellung: Konrad Adenauer und der Nationalsozialismus, S. 477).

zwangsweise Entlassung aus seinem Amt mußte ihn um so tiefer treffen (und hat dieses Ziel auch, wie von ihren Urhebern beabsichtigt, erreicht), als es dem Oberbürgermeister a. D. ausdrücklich untersagt worden ist, sich gegen die ihm zur Last gelegten Delikte zur Wehr zu setzen.

Die Frage, welche Bedeutung der erzwungenen Untätigkeit nach 1933 für Adenauers weitere Laufbahn beizumessen ist, gehört nicht mehr zu unserem Thema. Dem ehemaligen Kommunalpolitiker war es jedenfalls nach 1945 vergönnt, sichtbarer als andere seiner früheren Kollegen aus der ersten deutschen Republik unter Beweis zu stellen, daß und wie sehr er zur Spitze auch der „zentralen Elite" gehörte.

Bild 5: Ludwig Landmann
Oberbürgermeister in Frankfurt 1924–1933
(Foto: Stadtarchiv Frankfurt a. M.).

Bild 6: Hermann Beims
Oberbürgermeister in Magdeburg 1919–1931
(Foto: Friedrich-Ebert-Stiftung).

ROBERT LEHR, OBERBÜRGERMEISTER VON DÜSSELDORF – KONTRASTBILD ZU ADENAUER (KORREFERAT)

VON WALTER FÖRST

Anschließend an ein Referat über Konrad Adenauer einige Anmerkungen über seinen Oberbürgermeister-Kollegen Robert Lehr zu machen, liegt nahe und hat seinen Reiz[1]. Adenauer und Lehr waren wie ihre beiden Städte Köln und Düsseldorf Konkurrenten, manchmal Gegner, allerdings mit dem größeren Schwergewicht auf der Kölner, also der Adenauer-Seite. Für Lehr war Adenauer, wenn auch wohl nicht Vorbild, so doch Ansporn. Sicherlich wollte auch Lehr wie Adenauer ein „großer" Oberbürgermeister werden, was er im Vergleich mit Adenauer sicherlich nicht war. Aber Elite war Lehr ganz entschieden, nicht nur weil er sich selbst so gesehen haben dürfte, sondern auch deshalb, weil er sich dazu hat entwickeln können; er hat schon frühzeitig und sehr deutlich seine Chance gesehen und wahrgenommen und die Herrschaftsmittel, die ihm zur Verfügung standen, zu gebrauchen gewußt. Das galt freilich, auch ein Unterschied zu Adenauer, im wesentlichen nur für seinen eigentlichen Wirkungskreis, das Oberbürgermeister-Amt in Düsseldorf, und nur wenig und selten darüber hinaus. Für seine Stadt war Lehr ohne Zweifel ein großer Oberbürgermeister. Will man dieses Adjektiv nur dann anwenden, wenn ein Oberbürgermeister für die höhere, die staatliche Ebene, gefragt war oder auf sie berufen worden ist, dann gehört Lehr, jedenfalls für die Weimarer Zeit, nicht zu dieser Gruppe. Adenauer galt vor 1933 als ministrabel, Lehr nicht. Adenauer überragte alle anderen Kollegen, mindestens im Westen. Im übrigen waren beide, Adenauer und Lehr, aus recht unterschiedlichem Holz.

[1] Vgl. Walter Först, Robert Lehr als Oberbürgermeister. Düsseldorf 1962; ders., Robert Lehr, 1883–1956. In: Rheinische Lebensbilder, hrsg. von Bernhard Poll, 3. Düsseldorf 1968; und: Walter Först (Hg.), Rheinisch-westfälische Politiker-Porträts. Köln 1979; ferner: Hans-Peter Görgen, Düsseldorf und der Nationalsozialismus. Düsseldorf 1969, und: Walther Hensel, Dreimal Kommunalpolitik. Köln 1970.

Robert Lehr, geboren am 20. August 1883 in Celle, Jurist wie Adenauer, stammte nicht wie dieser aus bescheidenen Verhältnissen, und er hatte, als er Ende 1914 in Düsseldorf Beigeordneter wurde, auch keinen örtlichen oder regionalen Hintergrund. Daß sein Vater preußischer Generalmajor war, hat lange zu falschen Schlußfolgerungen geführt. Von Walther Hensel, der mit den Eingemeindungen 1929 Stadtsyndikus wurde, stammt die etwas schiefe Formulierung: „Es war ... nicht so einfach, aus dem .... Sohn eines preußischen Generals einen rheinischen Demokraten zu machen". In Wirklichkeit hatte Lehr rheinisch-nassauisch-hessische Vorfahren. Vater und Großvater stammten aus Wiesbaden, und die Familie Lehr ist bis ins 16. Jahrhundert zurück in Nidda nachzuweisen, während die Familie seiner Mutter aus dem Hessischen stammte. Vater Oskar Lehr war Hofmarschall der letzten Herzogin von Nassau, bis er 1866 in preußische Dienste übernommen wurde, und Hauptmann beim Infanterieregiment 77, als Robert Lehr geboren wurde. Auch der Sohn wollte, wie manche seiner Vorfahren, Offizier werden, bekam aber als Primaner ein schweres Nierenleiden, das eine Reihe von Jahren anhielt. Er studierte Jura in Marburg, Berlin und Bonn, promovierte in Heidelberg und war einige Jahre Referendar und Assessor in Kassel. Aber die Aussichten einer Karriere beim Gericht erschienen ihm nicht verlockend. Also ging er in den Kommunaldienst und begann als unbesoldeter juristischer Hilfsarbeiter in Rheydt. Von dort fuhr er eines Tages, das war irgendwann im Jahre 1912, nach Düsseldorf, um sich bei Oberbürgermeister Oehler zu bewerben. Düsseldorf übernahm ihn Anfang 1913, und als wenige Wochen nach Kriegsbeginn der Polizeidezernent Paehler gefallen war, wurde Lehr sein Nachfolger, also Beigeordneter, und zwar mit noch nicht ganz 32 Jahren.
An diesem Einstieg ist zweierlei bemerkenswert: Zum einen der eigene Entschluß des knapp Dreißigjährigen, nicht die juristische Ochsentour zu gehen, sondern in die Kommunalverwaltung. Anders als Adenauer hätte Lehr als Offizierssohn sehr wohl in den preußischen Staatsdienst eintreten können, auch weil er evangelisch war. An der Kommunalverwaltung reizten ihn nach eigenem späteren Bekenntnis Unabhängigkeit, Selbständigkeit, die größeren Chancen und die vielfältigen Gestaltungsmöglichkeiten. Bemerkenswert auch der Weg von Rheydt nach Düsseldorf, in die größere Stadt, die ihn lockte und in der er dann den Krieg hindurch und in der ersten Nachkriegszeit so bruchlos in das Spitzenamt hineinwuchs, daß seine Wahl zum Oberbürgermeister im Sommer 1924 trotz einiger politischer Widerstände, hauptsächlich auf der Linken, beinahe selbstverständlich war. Es wa-

ren also persönliche und die Zeitumstände, nicht seine Herkunft und auch keine Protektion, was ihn begünstigte. Er brauchte wegen seiner Krankheit keinen Militärdienst zu leisten und wurde bei Kriegsausbruch von der Stadtverwaltung reklamiert. Beigeordneter wurde er, wie gesagt, weil der Vorgänger kurz nach Kriegsbeginn fiel. Schon 1919 brauchte die Stadt einen neuen Oberbürgermeister. Aber Erich Koch aus Kassel, kaum gewählt, wurde Reichsinnenminister und Emil Koettgen, der dann an seine Stelle trat, Anfang 1923 von den Franzosen ausgewiesen. Lehr übernahm 1919 das Finanzressort und führte mehrfach die Geschäfte des Oberbürgermeisters, vor allem nach der Ausweisung Koettgens, der ein Jahr später zurückkehrte, sich aber pensionieren ließ.

Nicht von außen berufen, sondern in das Amt hineingewachsen zu sein, ist gerade für viele rheinische Oberbürgermeister charakteristisch. Denn für sie gilt die sich auf Hans Luther stützende Theorie von Wolfgang Hofmann, die deutschen Oberbürgermeister seien meist von außen berufen worden, am wenigsten[2]. Wie Lehr in das Amt hineingewachsen ist, läßt sich an manchen Einzelheiten ablesen. Ganz entschieden gehörte für ihn dazu das Knüpfen politischer wie gesellschaftlicher Kontakte. Für einen konservativen Mann wie ihn lagen da in Düsseldorf die Industrie und die Banken nahe. Auch Beziehungen zu hohen Militärs hat er immer gepflegt. Mit der örtlichen Wirtschaft tat er sich dagegen meist schwer, manchmal auch diese mit ihm. Der „Wirtschaftsbund", eine lokale Partei des Einzelhandels und der Hausbesitzer, hat ihn 1924 nicht mitgewählt und oft bekämpft. Daß er mit den Stimmen der bürgerlichen Parteien, also gegen Sozialdemokraten, Kommunisten und eben diesen „Wirtschaftsbund", Oberbürgermeister wurde, geschah zu einer Zeit, da seine kommunalpolitische und seine gesellschaftliche Position in Düsseldorf längst gefestigt war. Er fühlte sich spätestens, als er Oberbürgermeister geworden war, zur örtlichen Elite gehörend und wurde als solcher anerkannt. Er entwickelte ein Selbstverständnis seines Amtes, das er nicht eigentlich politisch, auf jeden Fall nicht parteipolitisch definierte, sondern das in dem Sinn der in Kommunalparlamenten zu allen Zeiten gern beschworenen Stadtfraktionen über die Grenzen der realen Fraktionen der Parteien hinausreichte.

---

[2] Wolfgang Hofmann, Zwischen Rathaus und Reichskanzlei. Die Oberbürgermeister in der Kommunal- und Staatspolitik des Deutschen Reiches von 1890–1933. (= Schriften des Deutschen Instituts für Urbanistik 46) Stuttgart 1974, S. 46.

Sein Programm entwickelte Lehr schon früh, noch bevor er Oberbürgermeister wurde, und es ist ihm gelungen, nicht wenig davon zu realisieren. Wirtschaftsbelebung durch Werbung hieß eines der Schlagworte. Auf dieser Linie lag die Gesolei von 1926, die große Ausstellung für Gesundheitspflege, soziale Fürsorge und Leibesübungen, die das in den ersten Nachkriegsjahren heruntergekommene Düsseldorf tatsächlich wieder auf die Landkarte gebracht hat. Charakteristisch ist für Lehr, daß er jahrelang ohne parteipolitische Bindung amtierte und als Vorsitzender der Stadtverordnetenversammlung, der der Oberbürgermeister von damals ja war, sozusagen über den Parteien thronte. Aber dann kam 1928 das Tauziehen um die Eingemeindungen, und Lehr entschloß sich, eben der Eingemeindungen wegen einer Partei beizutreten, und zwar der Deutschnationalen Volkspartei. Dieser Entschluß war eine Torheit, oder es war, anders gesehen, seine Tragik, daß er eben dieser Partei beitrat, obwohl eine andere für ihn wohl kaum in Frage gekommen wäre. Aber gerade die DNVP mit ihrem großagrarisch-ostelbischen Schwergewicht war anti-großstädtisch eingestellt, und es mußte eine Illusion sein, zu erwarten, daß Lehr durch seine DNVP-Mitgliedschaft im preußischen Landtag in Berlin von dieser Seite her Unterstützung finden würde. Dabei ist er, soweit sich das feststellen läßt, kein Hugenberg-Mann gewesen, sondern stand eher dem Grafen Westarp nahe, der aber um diese Zeit in der DNVP allmählich an Bedeutung verlor. Dieser Versuch Lehrs, auf der höheren preußischen Ebene Freunde für sich und damit für Düsseldorf zu finden, ist natürlich auch auf das Konto der Konkurrenz mit den Nachbarstädten zu buchen. Im Kampf um die Eingemeindungen gab es gerade für Düsseldorf heftige Gegnerschaft im Rheinischen Zentrum, bei Adenauer im Preußischen Staatsrat, wo man sich die Gesetzentwürfe sehr genau ansah, und bei Zentrums-Landräten am Niederrhein, die Großstädten wie Düsseldorf und Duisburg jede Vergrößerung streitig zu machen versuchten. Wenn Lehr im übrigen im Deutschen und Preußischen Städtetag als Vorstandsmitglied engere politische Kontakte gesucht und auch gefunden hat – beispielsweise gibt es Material über Austausch mit Carl Goerdeler (Leipzig) – so blieb das in der Wirkung doch peripher. Im Februar 1933 soll Lehr, als er um seine Stellung fürchten mußte, versucht haben, in Berlin zu Göring vorzudringen. Und es gibt Andeutungen dafür, daß er dabei nun aus einer anderen Perspektive mit seiner DNVP-Mitgliedschaft zu operieren versucht hat, indem er darauf hinwies, er sei der einzige DNVP-Oberbürgermeister im Westen; die Deutschnationalen waren um diese Zeit ja noch Koalitionsgenossen in Hitlers Reichsregierung.

Der Vergleich Lehr-Adenauer bringt uns bei unserem Thema sicherlich nur ein Stückchen weiter. Beide Männer sind realiter erst nach dem Zweiten Weltkrieg auf die Spitzenebene gelangt, aber schon mit dem Unterschied, daß Adenauer es nach Kriegsende zunächst nur für selbstverständlich hielt, wieder Kölner Oberbürgermeister zu werden – nicht mehr, während Lehr höheren Ehrgeiz entwickelte. Im Spätherbst 1945 machten ihn die Engländer zum Oberpräsidenten der Nord-Rheinprovinz, die kaum ein Jahr später im neugebildeten Land Nordrhein-Westfalen aufging. Begrenzte Zeit nach dem Kriege hat Lehr auch politisch als entwicklungsfähig gegolten. Selbst Kommunisten und linke Christen traten für ihn ein, weil sie ihn im Widerstand während des „Dritten Reiches" schätzen gelernt hatten, in dem auch er, wenn auch wohl am Rande, tätig gewesen war. Aber das hielt nicht vor. Lehrs Konservatismus wurde mit zunehmendem Alter deutlicher, und er verstand es nicht, in den Fraktionen und Gruppen seiner Partei, der CDU, Stützen zu finden. Als Adenauer 1949 seine erste Regierung bildete, zog er unter den prominenten evangelischen Parteifreunden Heinemann vor, obwohl auch Lehr als Kandidat für das Amt des Bundesinnenministers im Gespräch war. Dabei hatte Lehr als eines der von Nordrhein-Westfalen entsandten Unionsmitgliedern im Winterhalbjahr 1948/49 im Parlamentarischen Rat keinen geringen Anteil an der Ausarbeitung des Grundgesetzes gehabt; Carlo Schmid nennt ihn in diesem Zusammenhang neuerdings in seinen „Erinnerungen" einen „kluge(n) Juristen und erfahrene(n) Praktiker der Verwaltung"[3]. Die drei Jahre als Bundesinnenminister nach Gustav Heinemann von 1950 bis 1953 können erst nach Freigabe der Quellen näher bewertet werden. Für die frühe Nachkriegszeit muß man Lehr auch die Rolle eines Staatsmannes mindestens regionalen Zuschnitts zuerkennen. Als Düsseldorfer Oberpräsident hat er in den Monaten vor dem britischen Beschluß, das Land Nordrhein-Westfalen zu bilden, ähnlich wie Karl Zuhorn und Hermann Pünder der Militärregierung nachdrücklich die Zusammenfassung der anderthalb ehemaligen preußischen Provinzen mitsamt dem Ruhrgebiet empfohlen. Dabei berief er sich auf die Erfahrungen in den ersten Jahren nach dem Ersten Weltkrieg, die für ihn besagten, daß ein rheinischer Pufferstaat längs der Westgrenze gefährdet sei, die Ausdehnung eines neuen Landes bis an die Weser dieses aber um so stabiler machen würde.

[3] Carlo Schmid, Erinnerungen. (= Gesammelte Werke 3) Bern 1979, S. 407.

Als das neue Land gebildet war, machten die Engländer freilich nicht ihn, sondern Rudolf Amelunxen, den Kollegen Oberpräsidenten in Münster, zum ersten Ministerpräsidenten. Daß Lehr sich selbst Hoffnung darauf gemacht hat, der erste Mann im neuen Land zu werden, belegt ein für seine Persönlichkeitsstruktur überaus typisches Wort. Jahre später schrieb er in einem Brief an Karl Zuhorn, bevor die Engländer Amelunxen zum ersten Ministerpräsidenten ernannten, hätten sie ihm das Kultusministerium angeboten, mit dem Zusatz, Kultusminister sei in England etwas sehr Vornehmes. Lehr dazu wörtlich: „Nach dem Grundsatz aut Caesar aut nihil habe ich höflich gedankt."

DREI OBERBÜRGERMEISTER DER WEIMARER ZEIT: BÖSS/BERLIN, LANDMANN/FRANKFURT, LUPPE/NÜRNBERG (KORREFERAT)

VON CHRISTIAN ENGELI

Zu verallgemeinernden Aussagen über die Oberbürgermeister kann nur die Kenntnis einer Vielzahl entsprechender Biographien führen. Die im nachstehenden Diskussionsbeitrag versuchte Präsentation von Daten und Merkmalen zu drei prominenten Stadtoberhäuptern zielt in diese Richtung. Die mit Gustav Böß/Berlin, Ludwig Landmann/Frankfurt und Hermann Luppe/Nürnberg getroffene Auswahl ist dabei keine rein zufällige; neben dem Umstand, daß für alle drei Oberbürgermeister Biographien neueren Datums vorliegen[1], war maßgebend, daß die drei eine ganze Reihe von Gemeinsamkeiten verbindet, aufgrund derer sich Typisches und Individuelles in der Persönlichkeitsstruktur bereits deutlich unterscheiden lassen. Alle drei waren sie Oberbürgermeister bedeutender Großstädte; sie waren es zur selben Zeit – in der Weimarer Republik; es verband sie eine angenäherte politische Grundeinstellung, die durch ihre Mitgliedschaft in der Deutschen Demokratischen Partei (DDP) zum Ausdruck kam, einer der staatstragenden Gruppierungen der Republik; schließlich verband sie negativ, daß sie alle drei nicht über ihr Oberbürgermeisteramt hinaus und in ein „höheres", etwa ein Ministeramt hineingewachsen sind – eine Feststellung, die natürlich keine negative Wertung beinhaltet.

Gustav Böß, geboren 1873, wächst auf in Gießen. Sein Elternhaus vermittelt ihm traditionelle bürgerliche Werte. In der Familie dominiert ein pflichtbewußter Vater, der in lebenslanger Stellung in einem

[1] Christian Engeli, Gustav Böß. Oberbürgermeister von Berlin 1921–1930. (= Schriftenreihe des Vereins für Kommunalwissenschaften 31) Stuttgart 1971; Hermann Hanschel, Oberbürgermeister Hermann Luppe. Nürnberger Kommunalpolitik in der Weimarer Republik. (= Nürnberger Forschungen 21) Nürnberg 1977; Dieter Rebentisch, Ludwig Landmann. Frankfurter Oberbürgermeister der Weimarer Republik. (= Frankfurter Historische Abhandlungen 10) Wiesbaden 1975.

der führenden Gießener Unternehmen dort zuletzt die Vertrauensstellung eines Prokuristen bekleidet. Böß studiert an der Universität am Orte – nicht Jura, sondern Kameralistik, einen auf die Bedürfnisse der großherzoglichen Finanzverwaltung zugeschnittenen Studiengang. Schon bald nach dem Studium flieht er aus der Enge des hessischen Staatsdienstes und wird Mitglied der Berliner Eisenbahndirektion in der Preußisch-Hessischen Eisenbahnverwaltung. Da er als Nichtpreuße weitere Aufstiegschancen in dieser Behörde nicht hat, wechselt er später als Experte über in den Kommunaldienst und wird Verkehrsstadtrat in Berlin-Schöneberg. Der Großberliner Raum ist im Umbruch, Persönlichkeiten mit Energie und Phantasie sind gefragt. Seine Kritik an der Berliner Kommunalpolitik qualifiziert ihn für ein Amt in eben dieser Stadt; 1912 wird er Kämmerer in Berlin. Versorgungsaufgaben unter den Bedingungen des Krieges, umsichtige Finanzpolitik in den Notjahren 1918–20, Vorbereitung des Großberliner Zusammenschlusses schlagen für ihn positiv zu Buche. Im Magistrat wird er Exponent der bürgerlichen Opposition gegen Oberbürgermeister Wermuth, der sich auf die USPD stützt. Als Wermuth zurücktritt, ist Böß Kandidat der Weimarer Koalitionsparteien – die SPD, obwohl stärkste Fraktion, verzichtet auf einen eigenen Kandidaten. So wird Böß, mit 48 Jahren, Oberbürgermeister der Reichshauptstadt.

Ludwig Landmann, geboren 1868, aus kleinbürgerlichem Elternhaus in Mannheim, außerdem – für seinen Lebensweg vielfach von Bedeutung – jüdischer Abstammung, studiert Jura. Auch er sieht kein Fortkommen im Staatsdienst – in seinem Falle im Großherzogtum Baden; er geht zur Stadtverwaltung Mannheim und wird dort verläßliche Stütze des tatkräftigen Oberbürgermeisters. Bald selbst einer der Motoren der Mannheimer Kommunalpolitik, kommt er doch laufbahnmäßig nicht recht voran, da der Widerstand im bürgerlichen Lager gegen seine reformerischen Neigungen noch zu groß ist. So greift er zu, als ihm von der Frankfurter Fortschrittspartei 1916 eine Stadtratsstelle angeboten wird. In der Verwaltung der dynamischen Rhein-Main-Metropole stellt er schnell seine großen Fähigkeiten unter Beweis. Daß er 1920 trotz erfolgreicher Dezernatspolitik bei der Neuwahl des Zweiten Bürgermeisters unterliegt, braucht ihn nicht zu entmutigen, da die Gründe hierfür in parteipolitischer Koalitionsarithmetik zu suchen sind. Die große Chance bietet sich ihm endlich 1924 bei der Neubesetzung der freigewordenen Oberbürgermeisterstelle. Im relativ fortgeschrittenen Alter von 56 Jahren gelingt ihm nun der Sprung an die Spitze der Stadtverwaltung. Wie Böß kommt er aus den Reihen des eigenen Magistrats und wird mit Unterstützung der stärksten Partei, der SPD, gewählt. Und noch eine weitere Parallele zu Böß ist festzuhalten: In Berlin wie in Frankfurt werden erst sogenannte größere Lösungen ventiliert. Absagen prominenterer Persönlichkeiten für das Oberbürgermeisteramt stempeln insbesondere Gustav Böß in den Augen vieler zu „zweiter Wahl".

Das Milieu, aus dem *Hermann Luppe* stammt, ist von dem der beiden erstgenannten grundverschieden. Luppe, geboren 1874, wächst auf in Kiel, in einem gebildeten, weltoffenen und politisch nationalliberalen Elternhaus. Sein Jurastudium führt ihn über mehrere Stationen auch ins Ausland und schließlich für längere Zeit nach Berlin. Hier prägen ihn entscheidend Kontakte zur Sozialdemokratie. Nach Abschluß des Studiums sieht er verschiedene Möglichkeiten der Berufswahl: Akademische Laufbahn, Journalistik oder – seine Entscheidung – Verwaltungsdienst. Da er in der Kieler Stadtverwaltung nicht unterkommt, geht er nach Frankfurt. Anfangs im Banne und unter dem Schutz von Oberbürgermeister Adickes, profiliert er sich rasch und distanziert sich von diesem konservativen Stadtfürsten, dem Luppes offen und entschieden vertretenes sozialpolitisches Engagement, nicht zuletzt auch dessen Mitarbeit in der Fortschrittlichen Volkspartei nicht schmecken. Gegen den Widerstand von Adickes schafft Luppe die Wahl in den Stadtrat, und 1913 wird er, jünger als alle seine Stadtratskollegen, zum Zweiten Bürgermeister gewählt. Das anders als bei Böß und Landmann zur Entfaltung drängende parteipolitische Engagement führt ihn nach der Staatsumwälzung 1918/19 für kurze Zeit in die große Politik, d. h. über den Spitzenplatz der DDP-Liste Hessen-Nassau in die Nationalversammlung. Kurz ist er im Gespräch für Preußische oder Reichsministerien, wendet sich aber wieder der Kommunalpolitik zu, als ihm 1920 – von Kiel und von Nürnberg gleichzeitig – das Oberbürgermeisteramt angeboten wird. Zum dritten Mal vollzieht sich in Nürnberg die Wahl eines DDP-Mannes durch die Parteien der Weimarer Koalition. Im Gegensatz zu Böß und Landmann ist Luppe in Nürnberg jedoch „erste Wahl".

Die nachstehende, in 5 Punkte gegliederte Charakterisierung bzw. Beurteilung der drei Oberbürgermeister folgt einem Leitfaden, der von der Tagungsleitung den Referenten zur Berücksichtigung empfohlen wurde. An ihn hält sich auch der vorangegangene Beitrag von Rudolf Morsey (vgl. die dortigen Untertitel), dem dieses Kurzreferat zugeordnet war.

1. Die Bedeutung des sozialen Hintergrundes für eine politische Profilierung scheint erkennbar und evident. Luppes gesellschaftspolitisches Engagement ist in seiner Biographie angelegt und entwickelt sich

gradlinig. Landmann wird immerhin durch Studium in Berlin und München und dann als langjährige „rechte Hand" einer starken Persönlichkeit an die Politik herangeführt. Böß' Lebenslauf vermeldet keinerlei weltanschaulich begründeten Triebkräfte; entsprechend fehlen bei ihm Belege für politisches Engagement während seines beruflichen Aufstieges. Das relativ unpolitische Amt des Kämmerers scheint ihm auf den Leib geschneidert. Erst als Oberbürgermeister „lernt" er – notgedrungen – das politische Handwerk. Der berufliche Werdegang befähigt alle drei Oberbürgermeister zu einer Mittlerrolle im parteipolitischen Spektrum – eine wichtige Voraussetzung für den jeweiligen Wahlerfolg. Doch in erster Linie werden sie in Berücksichtigung ihrer Verwaltungsleistungen berufen. Familiärer und sozialer Hintergrund, Protektion und persönliche Verbindungen spielen für ihren Aufstieg in die kommunalpolitische Elite eine vergleichsweise geringe Rolle.

2. In ihrem Amt als Oberbürgermeister sehen sich Böß, Landmann und Luppe unangefochten. Obwohl alle drei nicht am Ort ihres Wirkens aufgewachsen sind, ja sogar nicht einmal landsmannschaftliche Verwandtschaft aufweisen können, stellt sich für sie das Problem der Zugehörigkeit zur städtischen Elite nicht. Reste einer gesellschaftlich geschlossenen Führungsschicht im Sinne der städtischen Honoratiorengesellschaft des 19. Jahrhunderts gibt es zum Teil noch in Klein- und Mittelstädten, kaum mehr jedoch in Frankfurt, nicht mehr in Nürnberg und schon gar nicht mehr in Berlin. Das Oberbürgermeisteramt ist außerdem in einer Großstadt in seinem gesellschaftlichen Stellenwert so hoch angesiedelt, daß – in realistischer Einschätzung der mit dem Amt verbundenen Macht- und Einflußsphäre – alle Kreise mit dem jeweiligen Amtsinhaber Kontakt halten wollen. Die Stellung im Magistrat bzw. im Stadtrat ist nicht nur von der persönlichen Autorität des Oberbürgermeisters abhängig, sondern oft genug auch von parteipolitischen Konstellationen. Böß z. B. beklagt sich, daß er sich auch bei wichtigsten personalpolitischen Entscheidungen nicht durchzusetzen vermag. Dennoch ist eine Ausschaltung oder eine nach außen hin sichtbare Zurücksetzung des gewählten Stadtoberhauptes nicht möglich. Zu den Parteien, die in Nachfolge der früheren städtischen Honoratiorenschicht jetzt die kommunalpolitischen Entscheidungen ausbalancieren, halten zumindest Böß und Landmann Distanz. In allen drei Fällen aber ist charakteristisch, daß die politische Absicherung über die eigene Partei, die DDP, die ja im Laufe der Weimarer Zeit zunehmend an Boden verliert, nicht funktionieren kann. Böß und Landmann sehen darin mehr eine Tugend als eine Not. Sie sind

– nach ihrem Selbstverständnis – nicht Partei- d. h. Teilinteressen verpflichtet, sondern dem Gemeinwohl.

3. Diese Einschätzung ihres Amtes bildet gleichzeitig Grundlage ihres Selbstverständnisses als Elite. Luppe schreibt von sich selbst, daß er der geborene Verwaltungsfachmann sei, sich aber sicher auch in jedem anderen Beruf bewährt hätte. In der Tat, der Aufstieg zum Oberbürgermeisteramt vermittelt das Gefühl herausragender Leistungsfähigkeit. Keines der drei Stadtoberhäupter ist aufgrund einer Parteikarriere in das Amt gekommen, sondern aufgrund außerordentlicher fachlicher Befähigung. Das stärkt, verbunden mit der relativ langen Amtsperiode, während der sie faktisch nicht absetzbar sind, ihre Autorität und Unabhängigkeit. Das Amt selbst perpetuiert die herausgehobene Stellung innerhalb einer Funktionselite leitender Verwaltungsbeamter und versieht sie nach außen hin mit erheblichem Prestige: an der Spitze der Stadtverwaltung stehen, heißt auch, an der Spitze der Stadt stehen und sie repräsentieren – wozu sich reichlich Anlässe nicht nur in der Reichshauptstadt bieten.

4. Der unmittelbare Einfluß dieser drei Oberbürgermeister als Vertreter besonderer lokaler Interessen gegenüber zentralen Stellen ist dagegen gering. An den von Reich und Ländern gesetzten Rahmenbedingungen für ihre Städte können sie nichts ändern. Luppes Einsatz für den dezentralisierten Einheitsstaat, Böß' Kampf gegen den preußischen Finanzausgleich bleiben ohne Erfolg. Wesentliche Veränderungen können nur über die parlamentarische Ebene erfolgen und müßten demzufolge über parteipolitische Kanäle vorangetrieben werden. Allenfalls ist der Bereich der Exekutive, der Ministerien, gezielter Einflußnahme zugänglich. Zumindest können sich aus Vorsprachen oder auch nur durch vorsorgliche allgemeine Kontaktpflege mancherlei Vorteile für die Verwaltungspraxis der eigenen Stadt ergeben. Böß geht in den Ministerien ein und aus – selbstverständlich unter Umgehung der Aufsichtsinstanzen. Das ist für den Oberbürgermeister einer Großstadt kein Problem. Landmann unterhält in Berlin ein Frankfurter Büro, um hinsichtlich wirtschaftspolitischer Entscheidungen und Entwicklungen immer auf Draht zu sein. Doch trotz all dieser direkten Kontakte gilt: Einfluß im Sinne von Machtmitteln, um Wünsche gegenüber zentralen Instanzen nicht nur vorzutragen, sondern auch durchzusetzen, verleiht das Oberbürgermeisteramt nicht.

5. Es gibt keinerlei Hinweise dafür, daß Böß und Landmann während ihrer Oberbürgermeisterzeit einen Wechsel von der lokalen zur zentralen Elite anstreben. Auch Luppe macht als Oberbürgermeister keinen Versuch mehr, seine parteipolitische Karriere zu aktivieren, um

etwa doch noch zu einem Ministeramt zu kommen. Alle drei sehen für sich in der Stellung als Stadtoberhaupt einer Großstadt ausreichend Entfaltungsmöglichkeiten. Vergleicht man die in dem Amt trotz aller rechtlichen und politischen Bindungen vereinigte Fülle an Gestaltungsräumen und -mitteln mit dem Wirkungsbereich eines auf ein bestimmtes Ressort beschränkten Staats- oder Reichsministers, so kommt man unweigerlich zum Schluß, daß das nach landläufiger Etikettenvorstellung als „höher" eingestufte Ministeramt seinem Inhaber weit mehr Fesseln anlegt, als das Spitzenamt in der Stadtverwaltung. Zu den Fesseln, denen sich ein Oberbürgermeister eher entziehen kann, als der Minister irgendeiner Regierungskoalition, gehört insbesondere die Einbindung in die Politik einer Partei. Fehlendes oder – bei Luppe – reduziertes parteipolitisches Engagement ist dabei nicht nur als taktisches Moment zu betrachten; es entspricht vielmehr einem bestimmten Verständnis vom Oberbürgermeisteramt, das, in der Nuancierung unterschiedlich, insgesamt doch als über den Parteien stehend begriffen wird.

6. Mittelbar agieren Böß, Landmann und Luppe aber auch als Oberbürgermeister in zentralen Funktionen. Durch die Verlagerung der sozio-ökonomischen Schwerpunkte vom ländlichen in den städtischen Bereich wächst den Stadtoberhäuptern als den Repräsentanten dieses neuen Kräftefeldes, das nun die Substanz des Reiches ausmacht, faktisch Einfluß zu. Die Führungsgremien des Deutschen Städtetages spiegeln einen Teil dieser übergreifenden Funktion der Städtevertreter wider. Böß als Vorsitzender des Deutschen und Preußischen Städtetages und als Mitglied des Preußischen Staatsrates, Luppe als kommunalpolitischer Sprecher der DDP und als Zweiter Vorsitzender des Vereins für öffentliche und private Fürsorge, Landmann mit seinen guten Kontakten zu führenden Politikern in Preußen und im Reich, sie alle führen und erleben ihr Amt vielfach verbunden mit der „großen" Politik. Insbesondere bei der Verteidigung des Weimarer Staates gegen dessen innere Feinde spielen sie als entschiedene Republikaner eine wichtige Rolle. Zu beachten ist jedoch auch Folgendes: Die Großstädte sind als Kristallisationspunkte weit über ihre administrativen Grenzen hinaus für ihr Umland von Bedeutung. Sei es der Berlin-Brandenburgische Wirtschaftsraum, die ökonomische Ballungszone des Frankfurter Rhein-Main-Gebietes oder Franken als besondere politische Landschaft innerhalb Bayerns – der beherrschende Einfluß der drei Metropolen auf die Entwicklung der zugehörigen Region ist unverkennbar. Entsprechend ist das Wirken der drei Oberbürgermeister auch im regionalen Bereich zu verfolgen.

SOZIALDEMOKRATISCHE OBERBÜRGERMEISTER IN DER WEIMARER REPUBLIK

VON SUSANNE MILLER

Erlauben Sie mir, zunächst kurz zu erläutern, warum ich den ursprünglichen Vorschlag, *einen* sozialdemokratischen Oberbürgermeister der Weimarer Republik zu behandeln, abgeändert habe und versuchen möchte, eine Übersicht über *mehrere* sozialdemokratische Oberbürgermeister jener Zeit zu geben. Sie wird notgedrungen sehr lückenhaft sein und manche für die Fragestellungen dieser Tagung relevanten Aspekte ausklammern müssen oder nur streifen können, da der Forschungsstand – außer im Falle von Ernst Reuter – denkbar ungünstig ist. Dennoch hoffe ich, zeigen zu können, daß das Thema „Oberbürgermeister als politische Elite" bei einer Untersuchung der sozialdemokratischen Oberbürgermeister der Weimarer Zeit besondere Probleme aufwirft.

Die Sozialdemokraten, die nach 1918 das Amt eines Oberbürgermeisters ausübten, waren in dieser Position homines novi. Gerade die bekanntesten unter ihnen unterschieden sich in ihrem sozialen Herkommen, ihrer fachlichen Ausbildung, ihrem beruflichen Werdegang, ihrer gesellschaftlichen Stellung grundlegend von ihren Amtskollegen. Diese Tatsache läßt sich nur erkennen, wenn man einen Überblick über verschiedene Personen im Amt gewinnt; faßt man einen einzelnen Amtsträger ins Auge, könnte er als ein Sonderfall betrachtet werden. Zum anderen ist in Hinblick auf die allgemeine Thematik der Büdinger Gespräche die Frage zu stellen, ob und inwiefern der Zugang zu einem politischen Amt, das Angehörigen bestimmter sozialer Schichten und politischer Richtungen bis dahin verschlossen blieb, tatsächlich mit gesellschaftlicher Integration und gesellschaftlichem Aufstieg verbunden war. Ein Versuch, sie zu beantworten, setzt voraus, eine möglichst repräsentative Gruppe zu untersuchen.

Das Phänomen, das bei einer Beschäftigung mit sozialdemokratischen Oberbürgermeistern der ersten deutschen Republik vielleicht am meisten auffällt, ist die geringe Zahl derer, die dieses Amt während eines längeren Zeitraums ausübten. Soweit ich feststellen konnte, nahmen Sozialdemokraten von 1918 bis 1933 die Position eines Oberbürgermeisters in folgenden Städten ein: Altona, Brandenburg, Braunschweig, Burg, Esslingen, Freital, Geislingen, Hannover, Harburg, Kassel, Kiel, Magdeburg, Mannheim, Offenbach, Oppeln, Rüstringen, Solingen, Waldenburg, Wattenscheid. In den meisten Fällen erfolgte ihre Wahl erst in den letzten Jahren der Weimarer Republik. In Bremen, Hamburg und Lübeck hatte zeitweise ein Sozialdemokrat den Vorsitz im Senat inne. Gegenstand meines Referats ist die Laufbahn folgender sechs Männer, deren Namen ich die Stadt, in der sie als Oberbürgermeister tätig waren, und die Daten ihrer Amtszeit hinzufüge: Robert Leinert, Hannover, November 1918 bis Dezember 1924; Hermann Beims, Magdeburg, Frühjahr 1919 bis Mai 1931; Philipp Scheidemann, Kassel, November 1919 bis Mitte 1924; Max Brauer, Altona, Mitte 1924 bis Anfang 1933; Walter Dudek, Harburg, 1925 bis 1933; Ernst Reuter, Magdeburg, Mai 1931 bis Anfang 1933.

Vom Herbst 1918 bis Oktober 1919 fand in 9 von 24 Städten mit über 200 000 Einwohnern ein Wechsel im Amt des Oberbürgermeisters statt. Nur in drei Städten wurde es mit einem Sozialdemokraten besetzt: in Hannover, Magdeburg und Bremen[1]. Die Amtszeit des Bremer Bürgermeisters Karl Deichmann währte nur einige Monate und hat weder auf seinen Wirkungskreis noch auf seine eigene Laufbahn einen nachweisbaren Einfluß ausgeübt, so daß sie hier außer Betracht bleiben kann.

Wie läßt es sich erklären, daß die SPD nach Ende des Ersten Weltkrieges, also in einer Zeit, als sie zunächst sowohl in der Reichsregierung als auch in den Regierungen Preußens und vieler anderer Länder des Reichs die Führung innehatte, nur in so vereinzelten Fällen ihren Mann an die Spitze des Rathauses brachte? Die Unterrepräsentation der SPD in kommunalen Führungspositionen hängt vor allem mit den Bedingungen der Entwicklung dieser Partei im Kaiserreich zusammen: Faktisch waren ihre Mitglieder und Anhänger von allen öffentlichen Ämtern ausgeschlossen. Dieses ungeschriebene Gesetz, das in der Regel lediglich durch administrative Maßnahmen wirksam wurde, fand allerdings in den süddeutschen Staaten nicht die gleiche strikte Durchführung wie in Preußen. Aber erst während des Ersten Weltkrieges wurde generell die Weisung aufgehoben, einem

[1] Wolfgang Hofmann, Zwischen Rathaus und Reichskanzlei. (= Schriften des Deutschen Instituts für Urbanistik 46) Stuttgart-Berlin 1974, S. 65–67.

Sozialdemokraten die behördliche Bestätigung seiner Ernennung zum Stadtrat zu versagen. Als Konsequenz dieser Lockerung, so berichtete der sozialdemokratische Parteivorstand, amtierten 1917 in über 100 Städten sozialdemokratische Stadträte[2]. Wahrscheinlich hat der Parteivorstand die tatsächliche Zahl stark nach oben abgerundet, um einen gewissen Erfolg seiner Burgfriedenspolitik zu zeigen. Aber selbst wenn sie stimmte, könnte nicht die Rede davon sein, daß der SPD nach Kriegsende ein Reservoir von in der Kommunalverwaltung erfahrenen und bewährten Männern zur Verfügung stand. Es gibt aber noch weitere Erklärungen zur Beantwortung unserer Frage. Die stichhaltigste ist, daß bei den zur Regierung gelangten Sozialdemokraten generell die Tendenz vorherrschte, in der Verwaltung möglichst wenig Änderungen vorzunehmen, um die administrative Effizienz nicht zu gefährden. Hinzukommt, daß die neuen Machtträger die bisherigen Oberbürgermeister meist nicht als ausgesprochene Gegner der neuen Ordnung empfanden; während die Klagen von Funktionären und Mitgliedern der SPD über die Anmaßungen zahlreicher Landräte nicht abrissen[3], finden sich in ihrer Einschätzung der Oberbürgermeister nur selten Parallelen dazu. Schließlich sei noch ein wichtiger Hinderungsgrund für die Einsetzung oder Wahl eines Sozialdemokraten zum Oberbürgermeister erwähnt. Gerade in den alten Hochburgen der sozialistischen Arbeiterbewegung, also in den sächsischen und thüringischen Mittel- und Großstädten, hat während des Krieges und noch mehr während der Weimarer Republik eine starke Abwanderung von der SPD zur USPD, dann zur KPD, stattgefunden. Die Gegensätze zwischen diesen Parteien waren so stark, daß eine Einigung auf einen gemeinsamen Kandidaten nur in seltenen Fällen zu erreichen war. In einem sehr wichtigen wäre sie freilich möglich gewesen: Der allgemein geschätzte und auch kommunalpolitisch versierte USPD-Mann Emanuel Wurm galt eine Weile als künftiger Oberbürgermeister von Berlin; seine Krankheit, die zu seinem Tode im Mai 1920 führte, ließ eine Kandidatur aber nicht mehr zu[4]. Um welch einen Sonderfall es sich bei Wurm handelte, zeigt die Tatsache, daß in Sachsen, dem roten Sachsen, zum ersten Mal im Sommer 1927 ein Sozialdemokrat

[2] Protokoll über die Verhandlungen des Parteitages der Sozialdemokratischen Partei Deutschlands 1917, S. 20.

[3] Vgl. Susanne Miller, Die Bürde der Macht. Düsseldorf 1978, S. 165 f., 301 f., 369 ff.

[4] Vgl. Adolf Wermuth, Ein Beamtenleben. Berlin 1922, S. 418.

zum Oberbürgermeister gewählt wurde, und zwar nicht in einem der traditionellen bekannten Zentren der Arbeiterbewegung, sondern in der kleinen Industriestadt Freital.
Die Ursachen, die es den Sozialdemokraten in der Anfangsphase der Weimarer Republik mindestens sehr erschwerten, Oberbürgermeisterposten zu besetzen, wirkten in der Folgezeit nach. Die Überlegenheit der aus dem Bürgertum stammenden und den bürgerlichen Parteien nahestehenden Oberbürgermeister gegenüber ihren potentiellen Konkurrenten aus der Arbeiterbewegung hat Wolfgang Hofmann treffend gekennzeichnet: „Als Gruppe und zum guten Teil auch als Personen behaupteten . . . die führenden bürgerlichen Kommunalpolitiker der Monarchie ihre Stellung durch eine Mischung von administrativem Widerstand und ideologischer Anpassung. . . . Diese weitgehende Durchsetzung der Gruppe der bürgerlichen Laufbahnbeamten an den Spitzen der Städteverwaltungen erhöhte ihren Stellenwert in der Republik gegenüber den Zeiten der Monarchie. . . . Da sich die Oberbürgermeister meist auch weiterhin auf gleich starke institutionelle Positionen mit langjährigen Wahlperioden stützen konnten, wuchs ihr politisches Gewicht gegenüber den von kurzfristigen demokratischen Mandaten abhängigen Stadtverordneten und Parlamentariern“[5].

Das augenfälligste Unterscheidungsmerkmal zwischen den Sozialdemokraten, die in der ersten deutschen Republik als Oberbürgermeister amtierten, und ihren Kollegen aus anderen politischen Lagern bildete die Tatsache, daß es sich bei Sozialdemokraten häufig nicht um Laufbahnbeamte handelte. Das änderte sich allerdings in den letzten Jahren von Weimar, als in verschiedenen Städten Sozialdemokraten mit einer akademischen Ausbildung aus der Kommunalverwaltung zum Oberbürgermeister gewählt wurden. Aber auch damals konnte bei entsprechenden politischen Umständen ein Sozialdemokrat ohne diesen Bildungs- und Berufsweg an die Spitze des Rathauses gelangen, so in Solingen (Joseph Brisch) und in Brandenburg (Paul Szillat). Vier der sechs sozialdemokratischen Oberbürgermeister, auf die hier im einzelnen eingegangen werden soll, hatten einen Handwerksberuf gelernt: Leinert war Maler, Beims Tischler, Scheidemann Buchdrucker, Brauer Glasbläser; allerdings haben sie diese Berufe meist nicht lange ausgeübt, wurden jedoch auch in keinem anderen systematisch ausgebildet. Ein akademisches Studium hatten Reuter und Dudek abge-

[5] Hofmann, Zwischen Rathaus und Reichskanzlei, S. 97.

schlossen: Reuter hatte das Staatsexamen in den Fächern Geschichte, Germanistik und Geographie abgelegt; Dudek war promovierter Jurist und hatte auch Volkswirtschaft studiert. Dudek war von den eben Genannten der einzige, der auf Grund seiner Ausbildung beruflich sofort in der Kommunalverwaltung tätig wurde: 1917, im gleichen Jahr, in dem er der SPD beitrat, erhielt er eine Anstellung als Referent und stellvertretender Landrat des Landkreises Fürstenwalde, dann als Dezernent für das Wohlfahrtswesen in Dortmund, 1925 erfolgte seine Wahl zum Oberbürgermeister von Harburg. Mit dieser traditionellen Laufbahn eines Oberbürgermeisters der alten Schule bildete Dudek in seiner Partei zunächst eine Ausnahme. Ehe auf den beruflichen und politischen Werdegang der sozialdemokratischen Oberbürgermeister näher eingegangen wird, sei ihr sozialer Hintergrund beleuchtet. Bei seiner Amtseinführung als Oberbürgermeister von Altona erklärte Max Brauer: „Als Arbeiterkind bin ich hier groß geworden; durch die Volksschule bin ich gegangen, um selbst Arbeiter zu werden. Die widrigen sozialen Verhältnisse der unteren Volksschichten habe ich am eigenen Leibe kennengelernt. Arbeitslosigkeit, Wohnungselend, alles, was die breiten Schichten unserer Bevölkerung bedrückt, ist mir bekannt. Ich habe, wie viele junge Arbeiter, gehungert und gedürstet nach Bildung und Wissen“[6]. So ziemlich das Gleiche hätten Beims, Leinert, Scheidemann über ihre Jugend sagen können. Den „unteren Volksschichten“, um Brauers Worte zu gebrauchen, ist ursprünglich auch Dudek als Sohn eines kleinen Postbeamten zuzurechnen, wenn er auch durch den Besuch eines Gymnasiums und der Universität ihnen bildungsmäßig schon früh entwachsen war. Aus einem Elternhaus des gebildeten Bürgertums, freilich von bescheidenem materiellen Zuschnitt, kam lediglich Ernst Reuter, dessen Vater, ein ehemaliger Kapitän der Handelsmarine, Lehrer an der Navigationsschule in Apenrade war und dessen Mutter aus einer niedersächsischen Honoratiorenfamilie stammte. Reuter hatte auch – so weit bekannt, als einziger der sozialdemokratischen Oberbürgermeister der Weimarer Republik – in seiner Studentenzeit einer Verbindung angehört, der nicht-schlagenden Frankonia. Es scheint jedoch, daß die dort gefundenen Kontakte für seinen weiteren Lebensweg nicht von Belang waren. Auch hat weder bei ihm noch bei seinen anderen sozialdemokratischen Amtskollegen die Heirat zu einer Besserung der be-

---

[6] Max Brauer, Nüchternen Sinnes und heißen Herzens. Hamburg 1956², S. 19.

ruflichen Chancen oder zu einem Aufrücken in höhere gesellschaftliche Schichten beigetragen. So fehlten selbst bei einem aus dem Bürgertum stammenden Sozialdemokraten Faktoren, die bei anderen den Weg zum Oberbürgermeisteramt mindestens ebnen halfen.

Da in den Anfangsjahren der Republik außer Dudek kein sozialdemokratischer Oberbürgermeister jener Zeit die für diesen Posten übliche Ausbildung besaß, mußte die Möglichkeit, ihn zu erlangen, auf anderen Voraussetzungen beruhen. Ihnen sei auf Grund biographischer Daten nachgegangen. In allen Fällen war die Grundbedingung, daß die SPD dank der politischen Konstellation in der Lage sein mußte, ihren Kandidaten durchzubringen. Denn die Besetzung des Oberbürgermeisteramts mit einem Sozialdemokraten war offensichtlicher, als es der Tradition und auch der in der Weimarer Zeit beibehaltenen Praxis entsprach, eine parteipolitische Entscheidung. Zweifellos waren sozialdemokratische Oberbürgermeister dadurch stärker als ihre Amtskollegen der öffentlichen Kritik ausgesetzt. Unmittelbar im Zuge der revolutionären Ereignisse vom November 1918, die Sozialdemokraten an die Spitze des Reiches und der meisten deutschen Länder trugen, ist nur ein einziger Sozialdemokrat auf den Sessel des Oberbürgermeisters gelangt: Robert Leinert in Hannover. In dieser Stadt mit einer stark sozialdemokratisch orientierten Arbeiterschaft, die sich bei der Parteispaltung im Kriege nur spät und in geringem Maße den Unabhängigen und den Spartakisten anschloß, trat der langjährige Stadtdirektor Heinrich Tramm unter dem Druck des örtlichen Arbeiter- und Soldatenrats am 8. November 1918 zurück. Wenige Tage später wurde Leinert zum Stadtoberhaupt gewählt[7].

Robert Leinert hatte damals die geradezu klassische Laufbahn eines sozialdemokratischen Funktionärs hinter sich. Mit 27 Jahren wurde er 1900 Arbeitersekretär in Hannover, blieb aber in diesem Amt, das ihn in enge Berührung mit den Nöten und Problemen der Bevölkerung brachte, nicht lange. Ab 1903 arbeitete er als Redakteur an der sozialdemokratischen Parteizeitung in Hannover, drei Jahre später wurde er Parteisekretär für die Provinz Hannover. Als 1908 Vertre-

---

[7] Hofmann, Zwischen Rathaus und Reichskanzlei, S. 62.
Eine Darstellung aus der Sicht eines politischen Gegners der SPD findet sich in der Broschüre: Das System Leinert. Sechs Jahre sozialistische Herrschaft im Rathause Hannovers. Vortrag des Architekten und Bürgervorstehers E. Demmig, Hannover. Gehalten am 29. Dezember 1924 im Konzerthaus zu Hannover, [Hannover] o. J., S. 5 ff.

ter seiner Partei zum ersten Mal erfolgreich für das preußische Abgeordnetenhaus kandidierten, gehörte Leinert zu den sieben Sozialdemokraten, die trotz des Dreiklassenwahlrechts einen Sitz gewannen. Das verschaffte ihm bei seinen Parteigenossen ein hohes Prestige. Seit dieser Zeit gehörte er bis 1933 ohne Unterbrechung dem preußischen Parlament an. Mit der Schaffung der Institution des Parteiausschusses der SPD im Jahre 1912 wurde er in ein zentrales Gremium seiner Partei delegiert, das aus Vertretern der regionalen Parteiorganisationen bestand und während des Krieges, als die jährlichen Parteitage ausfielen, eine erhebliche Bedeutung gewann. In den heftigen Auseinandersetzungen, die zur Spaltung der sozialdemokratischen Arbeiterbewegung führten, bezog Leinert auf dem äußersten rechten Flügel seiner Partei Stellung[8]. In die Ende Oktober/Anfang November 1918 spontan sich bildende Rätebewegung schaltete sich Leinert sogleich ein. Ein wesentliches Motiv dürfte für ihn dabei gewesen sein, seiner Parteirichtung die Führung dieser Bewegung zu sichern und sie nicht radikalen Kräften zu überlassen. Auf dem Rätekongreß, der Mitte Dezember 1918 mit rund 500 Delegierten aus dem ganzen Reich in Berlin tagte und die Entscheidung traf, daß die verfassunggebende Nationalversammlung zum frühest möglichen Termin einzuberufen sei, führte Leinert den Vorsitz. Noch fünfzig Jahre später bewunderte Ernst Lemmer in seinen Memoiren „die eisernen Nerven", mit denen Leinert die oft turbulenten Verhandlungen leitete[9]. Leinert wurde einer der Vorsitzenden des auf diesem Kongreß gewählten Zentralrats, des noch einige Monate amtierenden obersten Gremiums der Rätebewegung. In dieser Eigenschaft gehörte er auch der deutschen Delegation bei den Versailler Friedensverhandlungen an. Der erste Sozialdemokrat, der in Deutschland das Amt eines Oberbürgermeisters bekleidete, war also ein Mann, der in einer politisch bewegten Zeit zu exponierten Führungsstellen aufgestiegen war. Er war ein durchaus politischer Mensch mit langjähriger Erfahrung und hatte sich als regionaler Parteisekretär mit administrativen Aufgaben vertraut gemacht — eine spezifische Qualifikation für die Führung der Verwaltung einer großen Stadt läßt sich bei seinem Amtsantritt freilich nicht nachweisen.

Der Werdegang des Magdeburger Oberbürgermeisters Hermann Beims ähnelte in vielem dem Leinerts. Auch er wurde 1906, nach vierjäh-

---

[8] Vgl. Susanne Miller, Burgfrieden und Klassenkampf. Düsseldorf 1974, passim.

[9] Ernst Lemmer, Manches war doch anders. Frankfurt/M. 1968, S. 47.

riger Tätigkeit als Arbeitersekretär in Magdeburg, Bezirksparteisekretär und später Mitglied des Parteiausschusses der SPD, auch er war Mitarbeiter der Partei- und Gewerkschaftspresse. Aber im Gegensatz zu Leinert war der zehn Jahre ältere Beims schon seit 1899 kommunalpolitisch tätig gewesen. Damals lebte er als Gastwirt in Osterode – vorher war er selbständiger Tischler und zwei Jahre lang Angestellter im Holzarbeiterverband gewesen – und wurde dort Gemeindeverordneter. In Magdeburg wirkte er von 1905 bis 1917 als Stadtverordneter, seit 1917 als Stadtrat. Er war also in sein Oberbürgermeisteramt durch jahrelange kommunalpolitische und administrative Tätigkeit hineingewachsen.

Unter ganz anderen Umständen gelangte Philipp Scheidemann an die Spitze des Rathauses. Scheidemann war zwar von 1906 bis 1911 in Kassel Stadtverordneter gewesen, seit seiner Wahl in den Reichstag im Jahre 1903 lag aber das Schwergewicht seiner Aktivitäten in Berlin. Während des Weltkrieges wurde er als Vorsitzender seiner Fraktion und als deren brillantester Sprecher geradezu zur Symbolfigur der Sozialdemokratie. Allerdings hat ihm Friedrich Ebert an tatsächlichem Einfluß bald den Rang abgelaufen; doch es war Scheidemann, mit dessen Namen die Friedensvorschläge seiner Partei verbunden waren, er rief die Republik aus, und er war es, der als Reichsministerpräsident die Leitung des ersten auf parlamentarischer Grundlage ernannten Kabinetts des Deutschen Reiches übernahm. Nachdem er aus Protest gegen den Versailler Friedensvertrag von diesem Posten zurückgetreten war, bemühte er sich, die Führung seiner Partei in die Hand zu bekommen. Dabei kam es zu Zusammenstößen mit Gustav Noske und besonders mit Ebert. „Es war mir vollkommen klar", so schrieb Scheidemann in seinem Erinnerungswerk, „daß binnen kürzester Zeit stärkere Konflikte unvermeidlich sein würden", um dann fortzufahren: „Aus Liebe zur Partei und um ihr möglichst jede Unbequemlichkeit zu ersparen, sagte ich jetzt, als die Kasseler Freunde mir zum dritten Male eine Deputation schickten, um mich erneut zu bitten, in die Vaterstadt zu kommen und das Amt des Oberbürgermeisters zu übernehmen: Ja!"[10]. Diese Aussage läßt sich wohl nicht anders verstehen, als daß Scheidemann meinte, auf eine zentrale Position, von der aus er entscheidenden Einfluß auf seine Partei hätte ausüben können, verzichten und ihr in einem lokal begrenzten Wir-

---

[10] Philipp Scheidemann, Memoiren eines Sozialdemokraten 2. Dresden 1928, S. 386.

kungsbereich dienen zu müssen. Es war also offenbar nicht in erster Linie die Attraktivität einer neuen Aufgabe, sondern die Erkenntnis des Scheiterns bei größeren Zielsetzungen, die Scheidemann bewog, Ende 1919 mit 54 Jahren als Stadtoberhaupt an seinen Geburtsort zurückzukehren.

Einer jüngeren Generation als Leinert, Beims und Scheidemann gehörte Max Brauer an, dessen Aufstieg zur Spitze des Rathauses sich in raschem Tempo und völlig gradlinig vollzog. Während des Krieges wurde er Stadtverordneter, 1919 Stadtkämmerer und zweiter Bürgermeister, 1924, mit 36 Jahren, Oberbürgermeister von Altona. Weder das Fehlen einer fachlichen Ausbildung für die Kommunalverwaltung, noch die relativ kurze kommunalpolitische Erfahrung hat diese Laufbahn behindert.

Den ungewöhnlichsten Lebensweg aller führenden sozialdemokratischen Kommunalpolitiker hatte Ernst Reuter. Es wurde hier bereits darauf hingewiesen, daß er schon auf Grund seines sozialen Herkommens und seines Bildungsganges eine Sonderstellung unter seinen sozialdemokratischen Kollegen einnahm. Sie basiert noch weit stärker auf dem politischen Weg, den Reuter gegangen ist, ehe er die Nachfolge von Beims im Magdeburger Rathaus antrat. Vor dem Ersten Weltkrieg war Reuter, wie andere bürgerliche Intellektuelle, die sich zur Arbeiterbewegung hingezogen fühlten, als Dozent in Kursen und als Redner in Versammlungen der Sozialdemokratischen Partei tätig; er wurde außerdem Vorsitzender des Arbeiter-Abstinentenbundes. Organisatorisch war er aber nicht in den Parteiapparat eingebaut, sondern übernahm 1914 die Geschäftsführung im „Bund Neues Vaterland", einer pazifistisch orientierten Vereinigung, der Frauen und Männer des Bürgertums und des Adels angehörten. Der Erste Weltkrieg brachte eine Wende in Reuters politischer Orientierung. Als er schwerverwundet in russische Kriegsgefangenschaft geraten war, suchte er Kontakt mit der Bevölkerung, erlernte in kurzer Zeit die russische Sprache und begeisterte sich für die russischen Revolutionen. Im Februar 1918 übernahm er den Vorsitz eines Gefangenenkomitees, das sich mit der Oktoberrevolution solidarisierte, bald darauf schickte ihn die Sowjetregierung als Kommissar ins Gebiet der Wolgadeutschen. Als Karl Radek im Dezember 1918 auf illegalem Wege nach Deutschland einreiste, wurde er von Reuter, der das Pseudonym Friesland angenommen hatte, begleitet. Reuter nahm auch am Gründungskongreß der KPD teil, allerdings ohne dort in Erscheinung zu treten. 1919/20 war er Leiter des Bezirks Berlin-Brandenburg der KPD; in den erbitterten Gruppenkämpfen dieser Partei stand er auf deren linkem Flügel. 1921 wurde er Generalsekretär der KPD. Aber schon wenige Monate, nachdem er diesen Gipfel seiner kommunistischen Karriere erklommen hatte, trat der Umschwung ein. Er bedeutete den völligen Bruch mit den Kommunisten. Zunächst schloß sich Reuter der USPD an und wurde Redakteur ihres Berliner Blattes „Freiheit“. Nach der Vereinigung der USPD mit der SPD wechselte er in die Redaktion des „Vorwärts“ über und widmete sich dort dem Ressort Kommunalpolitik. Schon als führender Kommunist war er zum Stadtverordneten in Berlin gewählt worden und behielt dieses Mandat auch nach seinen Parteiwechseln. So gründlich hatte er sich in die Kommunalpolitik eingearbeitet, daß er im Oktober 1926 zum besoldeten Stadtrat für das Verkehrswesen in den Berliner Magistrat gewählt wurde. Als sich die Magdeburger Sozialdemokraten nach einem Ersatz für Beims umsahen, der aus Altersgründen nicht für eine neue Amtsperiode kandidieren konnte, wandten sie sich an Reuter, nachdem ihr Versuch, sich auf einen lokalen Kandidaten zu einigen, gescheitert war. Sein Entschluß, das Angebot anzunehmen, war nicht zuletzt durch die positive Haltung von Beims und den Druck des Parteivorsitzenden Otto Wels bestimmt. Im Mai 1931, nach einem Jahrzehnt intensiver Beschäftigung mit der Kommunalpolitik, trat Reuter sein Amt als Oberbürgermeister von Magdeburg an.

So stark die Laufbahn dieser sozialdemokratischen Oberbürgermeister von der ihrer übrigen Kollegen auch abwich, so war ihre Amtsausübung, genau wie bei diesen, mit weiteren politischen Positionen verbunden. Bei Beims finden wir geradezu eine Massierung von Ämtern: Er war Mitglied der Vorstände des Deutschen und des Preußischen Städtetags, Vorsitzender des Provinziallandtags und -ausschusses Sachsen von 1920 bis 1927, seit 1925 Mitglied des Preußischen Staatsrats, 1919/20 Mitglied der Nationalversammlung und 1920 bis 1924, sowie 1928 bis zu seinem Tode Ende 1931 Mitglied des Reichstags. Leinert gehörte von 1919 bis 1933 der Preußischen Landesversammlung, bzw. dem Preußischen Landtag an; er war Präsident der Preußischen Landesversammlung und bis 1924 des Preußischen Landtags; außerdem war er Mitglied des Provinziallandtags und -ausschusses. Scheidemann behielt sein Mandat in der Nationalversammlung und später im Reichstag bei; es erlosch erst mit dem Ende der Weimarer Republik. Brauer hatte einen Sitz im Preußischen Staatsrat und war Mitglied des Schleswig-Holsteinischen Provinzialrats- und -ausschusses sowie des Deutschen Städtetags. Reuter wurde 1932 in den Reichstag gewählt — er hatte nicht nur die Position von Beims im Rathaus, sondern auch sein Magdeburger Mandat „geerbt“. Nur für

Dudek läßt sich kein Amt neben dem des Oberbürgermeisters nachweisen. Für die Sozialdemokraten der älteren Generation, also Beims, Leinert und Scheidemann, war die Position des Oberbürgermeisters jedoch nicht ein Sprungbrett bei der Erlangung von Parlamentsmandaten gewesen, denn sie alle besaßen es, ehe sie Oberbürgermeister wurden. Auch Beims zog in die Nationalversammlung schon vor seiner Wahl zum Oberbürgermeister ein. Anders stand es selbstverständlich mit dem Sitz in den Provinzialvertretungen und im Städtetag.

Wolfgang Hofmann weist darauf hin, daß von den Abgeordneten im 1928 gewählten Reichstag nur noch Beims als Oberbürgermeister amtierte, da der Aufgabendruck so groß gewesen sei, daß zwar keine verfassungsrechtliche, aber eine faktische Inkompatibilität der Ämter bestanden habe[11]. Hinzugefügt sei, daß Beims diese Arbeitslast offenbar nur dadurch bewältigen konnte, daß er seinem Amt im Rathaus eindeutig den Vorzug gab. In der Nationalversammlung und im Reichstag nahm er im Plenum nicht ein einziges Mal das Wort. Das Gleiche trifft übrigens auf seinen Nachfolger Reuter zu, doch war dessen Abgeordnetenzeit nur sehr kurz; wahrscheinlich wäre Reuter auch im Reichstag aktiv geworden, wenn er sein Mandat länger hätte ausüben können. Daß Scheidemann während seiner Oberbürgermeisterzeit im Reichstag kaum hervortrat, hängt vor allem mit dem Schwund seines Einflusses innerhalb seiner Partei und seiner Fraktion zusammen, denn sicherlich hat er seine Tätigkeit im Reichstag nicht seinem Oberbürgermeisteramt zuliebe zurückgestellt. Eine wichtige Funktion in der Preußischen Landesversammlung und im Preußischen Landtag nahm Leinert als deren Präsident wahr. Einer der Vorwürfe, die seine politischen Gegner gegen ihn erhoben, betraf denn auch seine häufige Abwesenheit von Hannover; er habe dreiviertel seiner Zeit in Berlin verbracht, wurde behauptet[12].

Da die Sozialdemokraten ihre Position als Oberbürgermeister in viel stärkerem Maße als ihre anderen Amtskollegen dem Vertrauen verdankten, das sie in ihrem eigenen politischen Lager genossen, verdient ihr Verhältnis zu ihrer Partei besondere Beachtung. Auffallend ist, daß Beims und Leinert, die vor und während des Krieges als Mitglieder des Parteiausschusses an der Meinungsbildung und an Entscheidungen in einem zentralen Gremium der SPD beteiligt waren,

---

[11] Hofmann, Zwischen Rathaus und Reichskanzlei, S. 192.

[12] Das System Leinert, S. 9 f.

nach 1919 zu keinem einzigen Parteitag delegiert wurden. Als Oberbürgermeister, nicht in einer Parteifunktion, begrüßte Beims den Parteitag, der 1929 in Magdeburg stattfand. Möglicherweise haben die sozialdemokratischen Oberbürgermeister es vorgezogen, sich nicht parteipolitisch zu exponieren, wenn es sich um Veranstaltungen im Reichsmaßstab handelte. Allerdings wurde Scheidemann auch während seiner Oberbürgermeisterzeit zu fast jedem Parteitag delegiert und nahm auch aktiv an seinen Verhandlungen teil. Daß er nicht mehr in den Vorstand gewählt wurde, hängt nicht unmittelbar mit seiner Position als Oberbürgermeister zusammen, denn auch nach seinem Ausscheiden aus diesem Amt gewann er seine frühere Stellung in seiner Partei nicht zurück. Wenn auch altgediente Sozialdemokraten wie Beims und Leinert während und nach ihrer Oberbürgermeisterzeit nicht mehr in zentralen Organen ihrer Partei mitwirkten, so hat das ihrer Popularität und ihrem Ruf bei ihren Parteigenossen auf lokaler Ebene keinen Abbruch getan[13].

Weder bei der älteren, noch bei der jüngeren Generation sozialdemokratischer Oberbürgermeister der Weimarer Republik gab es, soweit bekannt, einen Bruch in ihrer Verbundenheit mit ihrer Partei. Das läßt sich vor allem durch ihren weiteren Lebensweg nachweisen. Max Brauer entging im März 1933 der drohenden Verhaftung durch die Flucht nach Österreich, wo er bei seinem Parteigenossen Karl Renner Zuflucht fand. Die weiteren Stationen seines Exils waren China, Frankreich und schließlich die USA; in New York wurde er Vorsitzender einer sozialdemokratischen Emigrantenvereinigung, der German Labor Delegation. Als Bevollmächtigter des amerikanischen Gewerkschaftsbundes, der American Federation of Labor, kam er 1946 nach Hamburg und wurde noch im gleichen Jahr zum ersten Bürgermeister von Hamburg gewählt. Von 1954 bis 1964 gehörte er dem Vorstand der SPD an, von 1961 bis 1965 dem Bundestag. Auch Ernst Reuters weitere Laufbahn war von seiner Verwurzelung in der Sozialdemokratie bestimmt. Nach Haftzeiten im Gefängnis und Konzentrationslager war er 1935 in die Türkei emigriert, wo er durch die Vermittlung seines sozialdemokratischen Reichstagskollegen Fritz Baade zunächst eine Anstellung als Sachbearbeiter im türkischen Wirtschaftsministerium erhielt. Schon vor der deutschen Kapitulation bemühte er sich um seine Rückkehr. Um Unterstützung bei diesen Be-

[13] Diese Feststellung stützt sich vor allem auf mündliche Auskünfte von Zeitgenossen der Genannten.

mühungen wandte er sich vor allem an deutsche Sozialdemokraten – so selbstverständlich war es für ihn, daß er auch in Zukunft in deren Kreis wirken werde. Als er im Spätherbst 1946 schließlich die Möglichkeit zur Rückwanderung bekam, beriet er sich zunächst mit dem Vorsitzenden der SPD, Kurt Schumacher, über seine weitere Tätigkeit. Ende des Jahres wurde er in Berlin zum Stadtrat gewählt, später zum Oberbürgermeister der unter Viermächteverwaltung stehenden Stadt. In der Berliner SPD spielte er von Anfang an eine führende Rolle. Seit 1948 Mitglied des Parteivorstandes, hätte er durch seine Partei sicherlich noch weitere hohe Ämter erhalten. Doch starb er schon 1953. Walter Dudek, dessen Bekanntheitsgrad weit hinter dem Brauers und Reuters lag, überlebte die nationalsozialistische Herrschaft als Textilkaufmann in Berlin. Nach Kriegsende wurde er zunächst Kreisdirektor für Harburg-Wilhelmsburg, später Finanzsenator und Stadtkämmerer in Hamburg. Obwohl parteipolitisch nicht hervorgetreten, hat seine Mitgliedschaft in der SPD seine berufliche Laufbahn in der Kommunalverwaltung mindestens beeinflußt.

Es gab nach 1945 Spannungen und Konflikte zwischen den prominenten Oberhäuptern der Stadtstaaten Brauer, Reuter, Kaisen und dem Vorstand der SPD, besonders zur Zeit, als Kurt Schumacher Parteivorsitzender war. Auf die Gründe dafür kann hier nicht eingegangen werden. Betont sei lediglich, daß sich diese führenden Kommunalpolitiker offensichtlich zu jeder Zeit als loyale Mitglieder ihrer Partei verstanden, als deren Vertreter sie ein öffentliches Amt übernommen hatten. Dabei konnten sie selbstverständlich nicht Exponenten partikularer parteipolitischer Interessen sein. Dieser Grundsatz galt auch in der Weimarer Zeit. Bei seinem Abschied vom Amt hat Beims darauf hingewiesen, daß er während der zwölf Jahre seiner Amtstätigkeit „bei allen großen Unternehmungen auch großes Verständnis beinahe in allen Fraktionen“ gefunden habe. „Die wirklich großen Dinge“ seien „mit überwältigender Mehrheit . . . beschlossen worden“[14]. Solch eine befriedigende Bilanz konnte freilich nicht jeder seiner sozialdemokratischen Amtskollegen ziehen. Für alle hier behandelten sozialdemokratischen Oberbürgermeister aber trifft zu, daß sie durch ihr Amt dem politischen und gesellschaftlichen Milieu, dem sie entstammten, nicht entfremdet wurden. Es gibt keine Anzeichen dafür, daß sie im Laufe ihrer Tätigkeit ein generelles Zugehörigkeits-

[14] Hans E. Hirschfeld und Hans J. Reichhardt (Hg.), Ernst Reuter, 2: Artikel, Briefe, Reden 1922 bis 1946. Berlin 1973, S. 792 (Anm. 140).

gefühl zu ihren Amtskollegen anderer politischer Richtungen entwickelt haben. Offenbar war das Bewußtsein sozialdemokratischer Oberbürgermeister der Weimarer Zeit, daß sich ihr Weg grundlegend von dem ihrer bürgerlichen Kollegen unterschieden hat, so stark, daß schon deswegen das Amt selber keinen Solidarisierungseffekt auf sie ausübte. Es ist nicht von ungefähr, daß Reuter in seiner Rede auf der Trauerfeier für Hermann Beims betonte, sein Vorgänger sei „aus bitterer Armut und Not hervorgegangen" und mit einem Unterton von Bitterkeit hinzufügte: „in unserem Lande müssen wir immer wieder und immer wieder darauf hinweisen, welch gewaltige Leistung, welche heroische Anstrengung, welch unzählbare Opfer diesen Aufstieg aus kleinsten Verhältnissen in jahrzehntelanger Arbeit erst ermöglicht haben"[15].

Verstanden sich die sozialdemokratischen Oberbürgermeister der Weimarer Zeit als Elite und wurden sie in der Öffentlichkeit zu ihr gerechnet? Diese Frage läßt sich nicht von einer viel allgemeineren trennen: Hat die Tatsache, daß Sozialdemokraten in der ersten deutschen Republik zeitweise oder in einzelnen Fällen sogar fast während ihrer ganzen Dauer die höchsten politischen Ämter bekleideten, auch einen Wandel ihrer gesellschaftlichen Position bewirkt? Aus vielen Gründen, die auch nur anzudeuten, den Rahmen dieses Referats sprengen würde, neige ich dazu, dies zu verneinen. Die Machteliten in der Bürokratie, im Militär, in der Wirtschaft, in der Justiz, im Zeitungswesen, im Hochschulbereich usw. haben den Sturz der Monarchie ohne einschneidende Beeinträchtigungen und ohne wesentliche Einbrüche in die eigenen Reihen überstanden. Auf der anderen Seite hat die Sozialdemokratie ihre gesellschaftliche Isolierung der Vorkriegszeit in der Weimarer Republik nicht zu überwinden vermocht. Zwar lassen sich Beispiele für gewisse Verschiebungen und Lockerungen anführen, sie sind jedoch zu vereinzelt, um den allgemeinen Befund entkräften zu können, daß die Kluft zwischen den alten Machteliten und den politischen Vertretern der Arbeiterschaft nicht überbrückt wurde.

Vor diesem Hintergrund sehe ich nicht, daß der Sozialdemokrat, der an der Spitze des Rathauses stand, vermöge dieses Amtes oder seiner Persönlichkeit in die lokalen Honoratiorenkreise integriert wurde. Dennoch haben es einzelne sozialdemokratische Oberbürgermeister zu hohem allgemeinen Ansehen gebracht. Das gilt vor allem für Hermann Beims, dem schon zu seinen Lebzeiten die Ehre zuteil wurde,

---

[15] Ebd., S. 374.

daß eine große Wohnsiedlung in Magdeburg seinen Namen erhielt. Er war auch der einzige sozialdemokratische Oberbürgermeister, der volle zwölf Jahre amtierte und dessen Nachfolger wieder ein Sozialdemokrat war. Allerdings stieß die Wahl von Ernst Reuter auf solch erbitterten Widerstand der Rechtsfraktion im Magdeburger Stadtparlament, daß sie nicht zur Festsitzung erschien, auf der Beims verabschiedet und sein Nachfolger eingeführt wurde[16]. Dieser Mißklang am Ende der Laufbahn dieses äußerst erfolgreichen Kommunalpolitikers beeinträchtigte aber nicht die breite Anerkennung, die seine Amtsführung im allgemeinen gefunden hat. Im Gegensatz zu Beims standen Leinert und Scheidemann von Anfang bis zum Ende ihrer Amtszeit unter scharfem Beschuß ihrer politischen Gegner im Kommunalparlament und in der Stadt. Dabei handelte es sich nicht nur um eine Kritik an ihrer Tätigkeit und ihrem Verhalten, es wurde auch auf ihre soziale Herkunft, ihren persönlichen Werdegang und Lebensstil sowie ihren allgemeinen politischen Standort angespielt, um diese Außenseiter im Amt zu diskreditieren[17]. Es scheint, daß es zu ähnlichen Attacken in Altona und Harburg nicht gekommen ist, allerdings boten Brauer und Dudek weniger Angriffsflächen als Leinert und Scheidemann.

Fragen wir nach der Bedeutung des Oberbürgermeisteramtes für die weitere Karriere der Männer, um die es sich hier handelt, so muß die Antwort sehr unterschiedlich ausfallen. Für Beims bildete die Spitzenposition in der Verwaltung einer bedeutenden Stadt offenbar die Erfüllung seines politischen Lebensziels, denn, wie er selber bekannte, entsprach diese Arbeit ganz seinem Wesen[16]. Seine anderen Ämter hat er wohl im wesentlichen als subsidiär zum Oberbürgermeisteramt betrachtet. Anders stand es bei Leinert. Nach fünfjähriger Tätigkeit mußte er als Oberbürgermeister ausscheiden, weil seine Partei bei den Kommunalwahlen keine Mehrheit erhalten hatte. Im

---

[16] Willy Brandt und Richard Löwenthal, Ernst Reuter. Ein Leben für die Freiheit. Eine politische Biographie. München 1957, S. 258 f.

[17] Vgl. Das System Leinert; Karl Anlauf, Der rote Spuk auf dem Rathause zu Hannover. Hannover [1924]; R. W. Philippopel, Plaudereien aus Kassels roten Jahren. Kassel [1924 oder 1925].
Hinzugezogen wurden ferner: Materialien der Abteilung Personalia im Archiv der Sozialen Demokratie, Bonn; Die Gemeinde. Halbmonatsschrift für sozialistische Arbeit in Stadt und Land, Jg. 1 ff., 1924 ff.; Jahrbuch der Deutschen Sozialdemokratie, für die Jahre 1926–1931; Protokolle der SPD-Parteitage 1917 ff.; verschiedene biographische Handbücher.

Rathaus war er faktisch gescheitert, sein Landtagsmandat hingegen sicherte ihm weiterhin politischen Einfluß. Daß Scheidemanns Entschluß, das Oberbürgermeisteramt zu übernehmen, einen steilen Abstieg in der Kurve seiner politischen Laufbahn markierte, wurde bereits ausgeführt. Seine Tätigkeit an der Spitze des Kasseler Rathauses erwähnte er in seinem zweibändigen Erinnerungswerk nicht mit einem Wort, so gering war der Stellenwert, den er ihr beimaß. Brauer, Dudek und Reuter, deren Amtszeit durch die nationalsozialistische Herrschaft abrupt beendet worden war, gelangten nach dem Zweiten Weltkrieg in wichtige kommunalpolitische Positionen. Als Regierender Bürgermeister von Berlin und als Bürgermeister von Hamburg gewannen Reuter und Brauer einen Bekanntheitsgrad und ein Ansehen über die Grenzen ihres eigenen Landes hinaus wie kaum ein anderer deutscher Kommunalpolitiker. Die Bedeutung von Berlin im Rahmen der deutschen und der internationalen Nachkriegspolitik trug in hohem Maße dazu bei, Reuters staatsmännische Qualitäten zur Geltung kommen zu lassen. Sowohl für ihn als auch für Brauer bildete das Oberbürgermeisteramt in der Weimarer Republik die Ausgangsposition für ihren späteren Aufstieg zur Spitzengruppe deutscher Politiker. Beide waren ausgeprägte politische Persönlichkeiten und wären berufen gewesen, im öffentlichen Leben eine bedeutende Rolle zu spielen, auch wenn sie ein anderes Tätigkeitsgebiet als das kommunalpolitische zum Schwerpunkt ihres Wirkens gewählt hätten. Anders verhielt es sich mit den sozialdemokratischen Oberbürgermeistern, die in einem späteren Stadium der Weimarer Republik als ausgesprochene Verwaltungsfachleute in ihr Amt gewählt wurden.

Zusammenfassend läßt sich feststellen, daß die Zeitspanne der ersten deutschen Republik für die Herausbildung eines Typus des sozialdemokratischen Oberbürgermeisters nicht ausreichte. Möglicherweise wäre es bei einer längeren und stabileren Entwicklung von Weimar zu einem Prozeß der Angleichung im Erscheinungsbild von Oberbürgermeistern unterschiedlicher sozialer und politischer Provenienz gekommen – mit solch einer Perspektive entfernen wir uns jedoch vom Boden nachprüfbarer Tatsachen.

DIE POLITISCHE STELLUNG DER OBERBÜRGERMEISTER IM DRITTEN REICH

VON DIETER REBENTISCH

Paul Kluke zugeeignet

Wer das Schrifttum zur Geschichte der nationalsozialistischen Epoche in Deutschland systematisch durchforscht, die Memoirenliteratur ebenso wie die Quelleneditionen und die fachwissenschaftlichen Einzelstudien, wird nur ganz selten auf Namen von Oberbürgermeistern stoßen[1]. Neben dem Leipziger Oberbürgermeister Carl Goerdeler, der als einer der Köpfe der Widerstandsbewegung natürlich im Licht des historischen Interesses steht[2], finden gelegentlich Erwähnung: Karl Fiehler, der Münchener Oberbürgermeister und Ressortchef für Kommunalpolitik in der Reichsleitung der NSDAP[3], und Willi Liebel, der als Oberhaupt der Stadt der Reichsparteitage lange Zeit unmittel-

[1] Eine Ausnahme bildet natürlich die grundlegende Studie von Horst Matzerath, Nationalsozialismus und kommunale Selbstverwaltung. (= Schriftenreihe des Vereins für Kommunalwissenschaften 29) Stuttgart 1970, auf die im folgenden durchgängig Bezug genommen wird.

[2] In der imponierenden Biographie Gerhard Ritters, Carl Goerdeler und die deutsche Widerstandsbewegung, Stuttgart 1954, wird die Oberbürgermeistertätigkeit nur in groben Zügen unter dem Aspekt behandelt, welche Verwaltungserfahrungen und welche Reformvorstellungen Einfluß auf die Wendung zum politischen Widerstand gewonnen haben.

[3] Etwa in der umfassenden Darstellung der inneren Strukturen der nationalsozialistischen Diktatur bei Martin Broszat, Der Staat Hitlers, München 1969, S. 74, oder bei Gerhard Schulz, Die Anfänge des totalitären Maßnahmestaates (= durchgesehene und ergänzte Taschenbuchausgabe des Beitrags in Bracher/Sauer/Schulz, Die nationalsozialistische Machtergreifung, Köln und Opladen 1960), Frankfurt u. a. 1974 (= Ullstein 2993), besonders S. 114 ff. und öfter. Selbstverständlich wird Fiehlers Tätigkeit ausführlich bei Matzerath, (Anm. 1) passim, behandelt. In allen Fällen interessiert aber seine Parteifunktion und seine allgemeine kommunale Interessenpolitik als Leiter des Hauptamts für Kommunalpolitik, weniger sein Amt als Münchener Oberbürgermeister.

baren Zugang zu Hitler hatte[4], und schließlich der Stuttgarter Karl Strölin, weil er sich vom überzeugten Nationalsozialisten zum Helfer des Widerstandes wandelte und eine Verbindung zwischen dem Goerdeler-Kreis und Feldmarschall Rommel herzustellen suchte[5]. Andere Namen tauchen nur in der Literatur mit stark lokalen oder regionalen Bezügen[6] und in den allerdings noch ganz spärlichen stadtgeschichtlichen Untersuchungen hin und wieder auf[7], jedoch auch hier nur als blasse Schemen ohne Profil und Kontur. Dieser Befund legt die Vermutung nahe, daß die städtischen Verwaltungschefs in der Öffent-

---

[4] Liebel, der weder in den in Anm. 3 genannten Untersuchungen von Broszat und Schulz, noch in Joachim Fests Hitlerbiographie auch nur erwähnt wird, taucht in Albert Speers „Erinnerungen" (Frankfurt 1969) mehrfach auf, S. 79 f., 347 u. 410, und natürlich, wie unten noch zu zeigen ist, in Veröffentlichungen mit spezifischen Bezügen zur Geschichte der Stadt Nürnberg (Anm. 14).

[5] Schon bei Gerhard Ritter, Carl Goerdeler (Anm. 2), S. 158 u. 397 f. oder bei Dieter Ehlers, Technik und Moral einer Verschwörung. Bonn 1964, S. 76 u. 164, und zuletzt bei David Irving, Rommel, Hamburg 1978, S. 457 f., 465, 514, 516.

[6] Beispiele für die nur flüchtige Registrierung von Oberbürgermeistern finden sich in der sonst vorzüglichen Arbeit von Karl Teppe, Provinz-Partei-Staat. Zur provinziellen Selbstverwaltung im Dritten Reich, untersucht am Beispiel Westfalens, Münster 1977, wo OB Emil Irrgang-Bocholt, zugleich auch Gauamtsleiter für Kommunalpolitik, OB Böhmer-Gelsenkirchen und OB Vetter-Hagen, zugleich stellvertretender Gauleiter, ohne biographischen und politischen Hintergrund nur im Kontext der Aktenlage kurz auftauchen, S. 196 u. öfter. Ähnliches gilt für Paul Sauer, Württemberg in der Zeit des Nationalsozialismus. Ulm 1975, wo allerdings der Stuttgarter OB Strölin ausführlich behandelt wird.

[7] Das ortsgeschichtliche Interesse an der Zeit des Nationalsozialismus beschränkt sich gewöhnlich auf die Kategorien „Verfolgung und Widerstand", während die anderen Bereiche des städtischen Lebens nur summarisch behandelt werden und die Oberbürgermeister als Repräsentanten des verwerflichen Systems gemeinhin einer damnatio memoriae verfallen. Charakteristisch ist, daß selbst eine allgemeine Stadtgeschichte, wie sie für Solingen existiert, gerade noch den Namen des 1937 ausgeschiedenen Oberbürgermeisters, nicht aber den seines Nachfolgers nennt. Heinz Rosenthal, Solingen. Geschichte einer Stadt, 3 Bde. Duisburg 1975, S. 425. Demgegenüber sei als beispielgebend für die künftige kritische Erforschung der Stadt- und Verwaltungsgeschichte in der NS-Zeit hingewiesen auf Burchard Scheper, Die jüngere Geschichte der Stadt Bremerhaven. Bremerhaven 1977.

lichkeit und im Machtgefüge des Dritten Reiches eine verhältnismäßig untergeordnete Rolle gespielt haben, die sich nicht mehr mit dem politischen Ansehen und dem machtbewußten Auftreten der Oberbürgermeister im Kaiserreich und der Weimarer Demokratie vergleichen läßt. Eine Studie über die Amtsfunktionen und die kollektive Biographie der Oberbürgermeister hätte dann vor allem nach den Ursachen des Bedeutungsverlustes zu fragen und die Stufen des Niederganges nachzuzeichnen.

Indessen gibt es Hinweise, die vor einer vorschnellen Interpretation in diesem Sinne warnen. Die rücksichtslose Entschlossenheit, mit welcher die NSDAP im Zuge der revolutionären Machteroberung und Gleichschaltung für einen personellen Wechsel in den Oberbürgermeisterpositionen sorgte[8], zeugt von einer Anerkennung der politischen Bedeutung und Einflußmöglichkeiten dieses Amtes. Das Ziel war dabei nämlich nicht nur die radikale Beseitigung der politischen Repräsentanten der „Systemzeit", sondern auch die Eroberung der Verwaltungsmacht vor allem in den großen Städten. Von den Verwaltungschefs der 51 Großstädte über 100 000 Einwohnern ließ man 1933 nur acht in ihrem Amt, darunter die Oberbürgermeister Sahm-Berlin[9], den ein nationalsozialistischer Staatskommissar kontrollierte, Goerdeler-Leipzig und Menge-Hannover, also wohl überwiegend Anhänger der DNVP, des Koalitionspartners in der Regierung der „nationalen Konzentration"[10]. Auch in späteren Jahren führte die Abberufung von großstädtischen Oberbürgermeistern und die Neubesetzung ihrer Posten jeweils zu eingehenden Verhandlungen, manch-

[8] Zum statistischen Überblick über den Machtwechsel 1933 in den Städten, einer Aufschlüsselung nach Größenklassen und Ländern, vgl. Matzerath, (Anm. 1) S. 79 ff.

[9] Neben dem Berliner Oberbürgermeister amtierte seit 15. März 1933 der Vorsitzende der NSDAP-Stadtverordnetenfraktion Lippert als Staatskommissar, der nicht nur die stärkere politische Position innehatte sondern auch die übergeordnete Behörde darstellte. Heinrich Sprenger, Heinrich Sahm. Kommunalpolitiker und Staatsmann. Köln 1969, S. 246 ff.

[10] Im Rheinland waren es Julius Friedrich-Wuppertal, Wilhelm Heuser-Oberhausen und Walther Hartmann-Remscheid, der unter dem Druck der Partei und auf Anraten vieler Honoratioren in die NSDAP eintrat. Alle drei Oberbürgermeister schieden 1937 vorzeitig aus dem Amt. Vgl. Walter Först, Rheinische Städte und ihre Oberbürgermeister während der Weimarer Zeit. In: Hugo Stehkämper (Hg.), Konrad Adenauer. Oberbürgermeister von Köln. Köln 1976, S. 589.

mal förmlichen Machtkämpfen, zwischen den Gauleitern als Reichsstatthalter und Oberpräsidenten und den Zentralbehörden, dem Reichsminister des Inneren und dem Stellvertreter des Führers, was unterstreicht, welcher Stellenwert den Führungspositionen in den Stadtgemeinden innerhalb des nationalsozialistischen Verwaltungsgefüges beigemessen wurde.
Geht man davon aus, daß die nationalsozialistischen Oberbürgermeister nach der Selbsteinschätzung der Partei – und als Arbeitshypothese auch nach dem historischen Urteil – als eine Führungsgruppe sui generis zu betrachten sind, stellt sich die Frage nach ihrem spezifischen Charakter im Vergleich zu dem traditionellen Oberbürgermeisterbild[11] und nach ihrer Qualifikation, Vorbildung und Fähigkeit, den Anforderungen des Amtes gerecht zu werden. Die ältere Forschung zum Problem der nationalsozialistischen Elite hat sehr stark betont, daß der revolutionäre Prozeß 1933 „eine Clique von kleinbürgerlichen Aktivisten" an die Macht gebracht habe, die in der Weimarer Republik zu den Außenseitern der Gesellschaft zu zählen gewesen sei[12]. Bei weiterer Differenzierung schälen sich dann, noch immer sehr vergröbert, vier Typen heraus, mit welchen sich die neuen Machtträger der nationalsozialistischen Herrschaft klassifizieren lassen: die häufig sozial entwurzelten „alten Kämpfer" der Parteiorganisation, sodann die frühen Gesinnungsfreunde unter durchaus bürgerlichen Existenzen mit normaler Berufslaufbahn, weiter die akademisch vorgebildeten technokratischen Spezialisten mit ausgeprägtem Karrierebewußtsein und schließlich die bürgerlich-konservativen Repräsentationsfiguren, die die Hitlerbewegung aus Koalitionsgründen in der Phase der Machtsicherung noch eine zeitlang gewähren ließ.
Es steht zu vermuten, daß für jeden dieser Typen und für jede Kombinationsmöglichkeit Beispiele unter den Oberbürgermeistern des

[11] Hierzu Wolfgang Hofmann, Zwischen Rathaus und Reichskanzlei. Die Oberbürgermeister in der Kommunal- und Staatspolitik des Deutschen Reiches von 1890 bis 1933. (= Schriften des Deutschen Instituts für Urbanistik 46) Stuttgart u. a. 1974, bes. S. 26–98 u. 278 ff.

[12] Vgl. Robert Michels, Die Umschichtung innerhalb der herrschenden Klassen nach dem Kriege. Stuttgart u. Berlin 1934. Auf einer Stichprobenanalyse von Kurzbiographien des Deutschen Führerlexikons 1934/35 beruht die Studie von Daniel Lerner, I. de Sola Pool und G. K. Schueller, The Nazi Elite. Stanford 1951. Vgl. zusammenfassend Wolfgang Zapf, Wandlungen der deutschen Elite. Ein Zirkulationsmodell deutscher Führungsschichten 1919–1961. München [2]1966, S. 51 ff.

Dritten Reiches zu finden sind. In Augsburg etwa, wo die lokalen Verhältnisse relativ gut dokumentiert sind, bildeten drei ausgesprochene Vertreter des Kleinbürgertums und alte Kämpfer der Bewegung, voll von Animositäten gegen die akademisch ausgebildeten leitenden Beamten, aber auch mit der Anpassungsfähigkeit der Aufsteiger, das nationalsozialistische Triumvirat von Gauleiter, Kreisleiter und Oberbürgermeister[13]. Der Oberbürgermeister Josef Mayr, Kriegsteilnehmer und Freikorpskämpfer, seit 1922 Mitglied der NSDAP, hatte ein paar Jahre die Oberrealschule besucht und es nach Fortbildungslehrgängen in der Verwaltung bis zum Oberstadtsekretär gebracht. Vier Jahre politische Praxis in der Stadtratsfraktion und die Tätigkeit als Gauamtsleiter für Kommunalpolitik qualifizierten ihn im April 1933 für die Ernennung zum 2. berufsmäßigen Bürgermeister und im Juli 1934 zum Oberbürgermeister, eine Position, die ihm ohne die nationalsozialistische Revolution wohl zeitlebens verschlossen geblieben wäre. Willi Liebel, der im April 1933 mit seinen erst 35 Jahren schon Oberbürgermeister von Nürnberg wurde, entstammte als Sohn eines Buchdruckers und Zeitungsverlegers dem bürgerlichen Mittelstand. Nach sechs Jahren Gymnasium und der Einjährigenberechtigung war er 1913 im väterlichen Geschäft in die Lehre eingetreten, dann als Kriegsfreiwilliger eingerückt und schwer verwundet worden. Beim Friedensschluß im Rang eines Leutnants der Reserve entlassen, führten ihn Aktivitäten in verschiedenen „nationalen" Verbänden wie der Reichskriegsflagge und Ludendorffs Tannenbergbund zur NSDAP. Da die Geschäftsleitung des ererbten Betriebs seinen ausgeprägten politischen Ehrgeiz nicht befriedigte, kandidierte er bei den Stadtratswahlen für die NSDAP und übernahm nach der Wahl schließlich 1930 den Vorsitz der Fraktion. Obwohl gezielte Provokation und inszenierte Tumulte zur Kampftaktik Liebels im kommunalen Bereich ebenso gehörten wie zur Zerstörungsstrategie gegen die politische Ordnung der

[13] Zunächst war im August 1933 der nationalsozialistische Akademiker und bisherige Bürgermeister von Lindenberg (Allgäu) Dr. Edmund Stoeckle zum Oberbürgermeister gewählt worden, den man aber 1934 als Abteilungsleiter zum Deutschen Gemeindetag abschob. Ganz unzulänglich bleibt Wolfgang Domarus, Nationalsozialismus, Krieg und Bevölkerung. Untersuchungen zur Lage, Volksstimmung und Struktur in Augsburg während des Dritten Reiches. München 1977, S. 49. Gründlicher, wenn auch nicht frei von Mißverständnissen: Edward N. Peterson, The Limits of Hitler's Power. Princeton 1969, S. 334 ff. u. bes. 354 ff.

Republik, entwickelte Liebel einen Sinn für lokale Interessen seiner Heimatstadt und für Methoden der Verwaltungsführung. Selbst sein demokratischer Gegner und Vorgänger im Amt Hermann Luppe bescheinigte ihm die Befähigung für die Stadtführung und einen gewissen Willen zur Sachlichkeit[14]. Streicher, der Gauleiter Frankens, hatte, als er Liebel für den Nürnberger Posten vorschlug, imgrunde keine Alternative.

Nicht immer kamen die Vorsitzenden der örtlichen Rathausfraktionen zum Zug. In Dresden war im Juli 1933 Ernst Zörner Oberbürgermeister geworden, der bislang zu den führenden Nationalsozialisten des Landes Braunschweig zu zählen war[15]. Nach Realgymnasium, Kriegsdienst, kaufmännischer Lehre und ein wenig höherer Handelsschule hatte er sich 1924 in Braunschweig selbständig gemacht. Nebenbei war er schon seit 1922 für die NSDAP politisch tätig, wurde 1928 Stadtverordneter und 1930 nicht nur Mitglied, sondern als erster nationalsozialistischer Parlamentsvorsitzender auch Präsident des Landtags. Schließlich kam er 1932 in den Reichstag, wo er einer der Vizepräsidenten wurde. Da fortwährende Reibereien mit Dietrich Klagges seine Karriere in Braunschweig in Frage stellten, wandte er sich an den sächsischen Gauleiter Mutschmann, den er im Reichstag kennengelernt hatte. Dieser holte in Ermangelung eines geeigneten lokalen Kandidaten ihn nach Dresden.

Demgegenüber verkörpern Karl Strölin-Stuttgart und Friedrich Krebs-Frankfurt, die beide sogleich 1933 ins Amt kamen, als promovierte Akademiker, Strölin auch aufgrund seiner gesellschaftlichen Herkunft als Offizierssohn, schon eher das traditionelle Reservoir des höheren Beamtentums. Strölin[16] war Kriegsteilnehmer, verließ 1920 als Haupt-

---

[14] Über Willy Liebel vgl.: Das Deutsche Führerlexikon 1934/35, Berlin 1934, S. 278. Über seine Tätigkeit als Führer der NSDAP-Stadtratsfraktion unterrichten Erinnerungen und Biographie Luppes: Hermann Hanschel, Oberbürgermeister Hermann Luppe. Nürnberger Kommunalpolitik in der Weimarer Republik. (= Nürnberger Forschungen 21) Nürnberg 1977 und Hermann Luppe, Mein Leben. (= Quellen zur Geschichte und Kultur der Stadt Nürnberg 10) Nürnberg 1977, dort bes. S. 313 f. Ferner Utho Grieser, Himmlers Mann in Nürnberg. Der Fall Benno Martin. Nürnberg 1974, S. 10 ff. u. passim.

[15] Über Zörner, Das Deutsche Führerlexikon 1934/35. Berlin 1935, S. 548, und Reichstagshandbuch, 1932. Berlin 1932, S. 244 f.

[16] Ein ausgewogenes zusammenfassendes Charakterbild findet sich bei Otto Borst, Stuttgart. Die Geschichte der Stadt². Stuttgart ²1974, S. 400 ff. u. bes. 405 ff. Strölin selbst hat sich nach dem Krieg literarisch

mann die Reichswehr, studierte Volkswirtschaft und promovierte in Gießen mit einer Studie über die Wirtschaftsstruktur Stuttgarts, wurde daselbst 1927 Stadtamtmann im städtischen Gaswerk und auch Geschäftsführer des Landesverbandes württembergischer Gaswerke. Er war schon 1923 Mitglied der NSDAP und auch ihr Bezirksleiter im Stuttgarter Raum gewesen, war dann aber nach dem Verbot erst 1931 wieder in die neugegründete Partei eingetreten und hatte sogleich bei der anstehenden Wiederwahl des Oberbürgermeisters Lautenschlager gegen diesen kandidiert. Noch im gleichen Jahr war er als Vorsitzender der NSDAP-Fraktion in den Stadtrat eingezogen und hatte sich dort, anders als die destruktiven Klamauk- und Radaupolitiker der nationalsozialistischen Rathausfraktionen, durch sachverständige Vorschläge und gründliche Durcharbeit der Anträge und Drucksachen ausgezeichnet. Das trug ihm zusammen mit seinem rhetorischen Talent eine Aufmerksamkeit ein, die ihm einen normalen Aufstieg, vielleicht nicht so rasch und gleich bis an die Spitze, in der Laufbahn zum höheren Kommunalbeamten durchaus eröffnete.

Der Frankfurter Oberbürgermeister Krebs wiederum hatte vor 1933 der städtischen Verwaltung ferngestanden[17]. Auch er war Kriegsteilnehmer und hatte erst 1922/23 sein Studium mit der Promotion und der zweiten juristischen Staatsprüfung abgeschlossen. Im preußischen Justizdienst wurde er zunächst als Hilfsrichter am Oberlandesgericht in Frankfurt eingesetzt, dann als Referent bei der deutschen Staatsvertretung am deutsch-englischen Schiedsgerichtshof abgeordnet und schließlich 1928 zum Landgerichtsrat bei einer Zivilkammer in Frankfurt ernannt. Von der deutschvölkischen Freiheitsbewegung kommend, war er definitiv erst 1929 zur NSDAP gestoßen, aber als alter Kämp-

---

geäußert in: Stuttgart im Endstadium des Krieges. Stuttgart 1950, und in der kleinen Schrift: Verräter oder Patrioten. Der 20. Juli und das Recht auf Widerstand. Stuttgart 1952. Seine Zeugenaussage vor dem Nürnberger Prozeß ist gedruckt in: Der Prozeß gegen die Hauptkriegsverbrecher vor dem Internationalen Militärgerichtshof 10, Nürnberg 1947, S. 59 ff. Zahlreiche Hinweise bringt auch Paul Sauer (Anm. 6), S. 89–110.

[17] Über Krebs vgl. Das Deutsche Führerlexikon (Anm. 14), S. 255 f. Die übrigen Angaben sind der Frankfurter Personalakte entnommen. Zu einzelnen Aspekten seiner Tätigkeit: Dieter Rebentisch, Frankfurt und das Reich in der NS-Zeit. In: Archiv für Frankfurts Geschichte und Kunst 57 (1980), S. 243 ff. Eine biographische Skizze aus der Feder von Franz Lerner in: Neue Deutsche Biographie 12, S. 727 f.

fer aufgenommen und in verschiedenen Referaten der Gauleitung eingesetzt worden. Seit 1932 war er auch Mitglied des preußischen Landtags. Oberbürgermeister wurde er, obwohl der Gauleiter bei seiner ausgeprägten Aversion gegen Akademiker lieber einen Gefolgsmann aus der NSDAP-Stadtverordnetenfraktion genommen hätte, weil die Partei für einen solchen verantwortungsvollen Posten zumal bei der schwierigen Lage der Stadt nicht auf einen beliebigen Parteigenossen zurückgreifen und mithin einen unerwünschten Fehlschlag riskieren konnte. Als Landgerichtsrat brachte er die formal zu fordernde juristische Vorbildung mit, und als „alter Kämpfer" schien er Gewähr zu bieten für die Durchsetzung nationalsozialistischer Ziele.
Schon diese wenigen Beispiele zeigen bestimmte typische Merkmale. Vor allem der frühzeitige Parteieintritt spielte bei der Auswahl für kommunale Führungspositionen eine beträchtliche Rolle. Nach Ausweis der offiziellen Parteistatistik von 1935 war der Anteil jener Parteigenossen, die vor dem 30. Januar 1933 in die NSDAP eingetreten waren, in den städtischen Dienststellen weitaus höher als in den vergleichbaren staatlichen Stellen der Landratsebene[18]. Bei den Oberbürgermeistern der Großstädte über 100 000 Einwohnern verfestigte sich das Prinzip der frühen Parteimitgliedschaft noch, je mehr sich die nationalsozialistische Herrschaft konsolidierte. Nachdem die beim Umsturz zuerst noch im Amt verbliebenen Oberbürgermeister nach und nach ausgeschieden waren, konnte man unter den 53 Oberbürgermeistern dieser Großstädte 51 alte Parteigenossen zählen[19].
Neben dem politischen Aspekt kam jedoch auch die fachliche Eignung zur Geltung. Wenngleich natürlich bei der revolutionären Durchdringung der städtischen Verwaltungskörper nationalsozialistische Gesinnungstreue und rücksichtslose Entschlossenheit, also im Jargon der

[18] Von allen Stadtoberhäuptern waren 47,1%, von allen Landräten etc. 28,4% „alte Parteigenossen". Unter den Vorstehern von Städten befinden sich weitere 31,1%, die nach dem 30. Januar 1933 in die NSDAP eingetreten waren, so daß insgesamt 78,2% der städtischen Spitzenstellen von NSDAP-Mitgliedern und nur 21,8% von Nichtparteigenossen besetzt waren. Vgl. Partei-Statistik. Stand 1. Januar 1935, Bd. 1, herausgegeben vom Reichsorganisationsleiter der NSDAP, S. 244.

[19] Karl Fiehler, Rückblick und Ausblick auf die Arbeit deutscher Gemeinden. In: Die nationalsozialistische Gemeinde 6 (1938) S. 387. Die Angaben aus dem Deutschen Gemeindetag, die diesem Bericht zugrunde liegen, berücksichtigen nicht, daß sich die Zahl der Städte seit 1933 auf 57 erhöht hat.

Zeit „die hundertprozentigen Nazi", gefordert wurden[20], neigte man doch dazu, bei den Berufsbeamten der Spitzenpositionen jenen Parteigenossen den Vorzug zu geben, die entweder aus dem Gemeindedienst hervorgegangen oder rechtskundig waren oder doch die Erfahrung für eine leitende Stellung mitbrachten. Nur selten kamen juristisch vorgebildete Berufsbeamte, die noch nicht zur NSDAP gehörten, in die Oberbürgermeisterposition, in der sie dann freilich die Parteimitgliedschaft erwarben[21].

Die Erfüllung der traditionellen Laufbahnvoraussetzungen gestaltet sich, auch nachdem die Deutsche Gemeindeordnung sie mit gewissen eng begrenzten Ausnahmen für Führungsstellen in den Stadtkreisen obligatorisch gemacht hatte, zu einem permanenten Streitpunkt zwischen den lokalen Parteiinstanzen und den Aufsichtsbehörden[22]. Fraglich blieb auch, inwieweit die in den Gemeindeparlamenten gewonnenen Erfahrungen als Qualifikation für Führungsaufgaben angesehen werden konnten, da die NSDAP in den kommunalpolitischen Kämpfen überwiegend auf die bloße Zerstörung des Systems und die Eroberung

---

[20] Als typisch dafür kann eine Äußerung der Kreisleitung von Ellwangen gelten, die Leistung und Befähigung des seitherigen Bürgermeisters anerkannte und fortfuhr: „Aber auf grund seiner politischen Einstellung kann er niemals die Stadt leiten. Dazu brauchen wir einen hundertprozentigen Nazi. M. E. ist es gar nicht so wichtig, einen guten Verwaltungsmann als Bürgermeister zu bekommen, denn es sind ja genügend tüchtige Verwaltungsleute im Hause. Wichtig ist es doch, daß ein guter Nationalsozialist dieses Amt hat, der die Richtung angibt . . .", mitgeteilt bei Paul Sauer, (Anm. 6) S. 103.

[21] Das markanteste Beispiel dürfte die Wahl des Referenten für Kommunalfinanzen im preußischen Innenministerium Dr. Helmut Will zum Königsberger Oberbürgermeister sein. Der aus alter ostpreußischer Familie stammende Will, ein Finanzfachmann, wurde wegen der katastrophalen Haushaltslage der Stadt auf Betreiben des Oberpräsidenten dem Gauleiter Koch nahegebracht. Vgl. Fritz Gause, Die Geschichte der Stadt Königsberg in Preußen, 3. Köln–Wien 1971, S. 119; vgl. ferner Das Deutsche Führerlexikon, S. 528. Einen atmosphärisch aufschlußreichen, aber wegen des romanhaften Stils quellenkritisch wertlosen Bericht gibt der Königsberger Stadtrat Paul Wolff, Ohne Maske. Hamburg 1948.

[22] Vgl. Matzerath, S. 270. Ferner zum Problem von politischer und fachlicher Verwaltung Hans Mommsen, Beamtentum im Dritten Reich. (= Schriftenreihe der Vierteljahrshefte für Zeitgeschichte 13) Stuttgart 1966, S. 79 ff.

der nackten Macht ausgerichtet gewesen war. Männer wie Karl Fiehler-München und Willi Liebel-Nürnberg, die auch an der sachlichen Seite der kommunalpolitischen Probleme interessiert waren und sogar über die Mitarbeit im bayerischen Städtetag Einblicke in übergeordnete Zusammenhänge gewonnen hatten, dürften wohl als untypisch gelten.

Offenbar hat der politisch motivierte Personalschub mit einem hohen Anteil von nur bedingt qualifizierten Außenseitern eine Reihe von Problemen aufgeworfen. Jedenfalls sah sich die preußische innere Verwaltung schon im Juni 1933 zur gesetzlichen Einführung eines Probejahres genötigt[23], um eine Handhabe zur Ausschaltung von neueingesetzten Gemeindeleitern zu haben, die sich nicht bewährten. Diese Bestimmung hat auch 1935 insofern Eingang in die Deutsche Gemeindeordnung gefunden, als hauptamtlich leitende Kommunalbeamte innerhalb ihres ersten Dienstjahres nach Anhörung des Reichsstatthalters oder des Beauftragten abberufen werden konnten[24]. In der politischen Praxis haben indessen die Parteiinstanzen den Anspruch, in gleicher Weise wie die Aufsichtsbehörden von sich aus Abberufungsverfahren einzuleiten, nicht nur erhoben, sondern auch durchgesetzt, wobei den Gauleitern angesichts ihrer dominierenden Stellung im nationalsozialistischen Machtgefüge vielfach das ausschlaggebende Gewicht zufiel[25].

Beispiele für einen mehrfachen Wechsel im Oberbürgermeisteramt liegen vor allem aus der Rheinprovinz vor. In Düsseldorf wurde, nachdem man am 12. 4. 1933 den rechtmäßigen Oberbürgermeister Robert Lehr hatte verhaften lassen[26], auf Vorschlag des Gauleiters noch am selben Tage der Regierungsrat im Finanzamt Düsseldorf-Nord, Hans Wagenführ, zum kommissarischen Stadtoberhaupt bestellt, ein promovierter Jurist, der im Oktober 1931 zur NSDAP gestoßen war. Der kommissarischen Bestellung folgte vier Monate später die Wahl auf eine Amtszeit von 12 Jahren und nach einer Prüfungsfrist die ordnungsgemäße Einweisung durch den preußischen Innenminister. Wagenführ stürzte nach kaum vier Dienstjahren über einen spektakulären Korruptionsfall, in den er auf eine undurchsichtige, aber wohl haupt-

[23] Gesetz vom 23. 6. 1933, Preußische Gesetzsammlung, S. 217.

[24] § 45 Abs. 1 der Deutschen Gemeinde-Ordnung (DGO) vom 30. Januar 1935, RGBl. I, S. 55.

[25] Matzerath, S. 281.

[26] Walter Först, Robert Lehr als Oberbürgermeister. Düsseldorf–Wien, 1962, S. 270.

sächlich tölpelhafte Weise selbst verstrickt war, und der sich vor allem nur durch eine fortgesetzte schuldhafte Verletzung seiner Amtspflichten zu einem solchen Ausmaß hatte entwickeln können. Bei der Untersuchung seiner Amtsführung wurden so drastische Urteile gefällt, daß sie zur Illustration des Versagens angeführt werden müssen. Die Gestapo bescheinigte Wagenführ völlige „kommunalpolitische Unfähigkeit" und der Oberpräsident Terboven klassifizierte ihn in seinem Abschlußbericht als einen kleinen Mann, „dessen Intelligenz und Qualität in umgekehrtem Verhältnis zu den Aufgaben stehen, die ein Oberbürgermeister der Stadt Düsseldorf zu bewältigen hat"[27]. Auch ein dem Nationalsozialismus kritisch gegenüber stehender Kenner der Szene notierte später, Wagenführ sei „zweifellos der größte Trottel, der . . . jemals den Sessel eines deutschen Oberbürgermeisters besetzt hielt", gewesen[28]. Um so bemerkenswerter ist eigentlich, daß man erst nach dem nicht mehr zu vertuschenden Skandal zur Überzeugung kam, daß das Ansehen des Staates und der Partei Schaden leide, wenn man den Oberbürgermeister länger im Amt lasse.

Inzwischen waren der Oberpräsident der Rheinprovinz, Gauleiter Terboven-Essen, und der preußische Ministerpräsident Göring übereingekommen, sogleich mit der Beurlaubung des Oberbürgermeisters, die „im Einvernehmen mit dem Reichs- und preußischen Minister des Innern" erfolgte, einen neuen Mann zu präsentieren. Zum Staatskommissar ernannt und mit der einstweiligen Verwaltung der Oberbürgermeistergeschäfte beauftragt wurde der Generaldirektor der Rheinischen Bahngesellschaft, Otto Liederley, ein gelernter Bankkaufmann und auch ein alter Kämpfer der NSDAP[29]. Da die örtlichen Par-

---

[27] Hans-Peter Görgen, Düsseldorf und der Nationalsozialismus. Phil. diss. Köln 1968, S. 133.

[28] Diese nach Walther Hensel, Wechselnde Pfade – Erinnerungen aus den Jahren 1937–1939, als Manuskript gedruckt 1941, von Görgen, S. 57, zitierte Passage hat der katholische Kommunalbeamte und spätere Oberstadtdirektor von Düsseldorf in seine Lebenserinnerungen nicht aufgenommen. Nach dem dortigen Text war Wagenführ „selbst für nationalsozialistische Begriffe eine bedeutungslose Persönlichkeit. Zum Ersatz dafür erschien Wagenführ stets in Parteiuniform und Schaftstiefeln... Bar jeder Kenntnis kommunaler Aufgaben und hilflos in der Leitung einer so großen Behörde wie der Düsseldorfer Stadtverwaltung, ließ er ‚alte Kämpfer' aus den Reihen der städtischen Beamtenschaft schalten und walten." Walther Hensel, 3 X Kommunalpolitik 1926–1964. Köln 1970, S. 24.

[29] Görgen (Anm. 27), S. 132 u. 136.

teistellen und vor allem Gauleiter Florian bei der Berufung übergangen worden waren, entwickelten sich sofort heftige Konflikte, die indessen nicht ausgetragen werden konnten, da der kommissarische Oberbürgermeister nach einem halben Jahr überraschend an den Folgen einer Operation verstarb. Weder Gauleiter noch Kreisleiter erschienen zur Beerdigung.

Jetzt kam Gauleiter Florian zum Zuge und schlug den Solinger Oberbürgermeister Helmut Otto vor, einen zweifach promovierten Mann, Arzt und Juristen, der auch, wie es sich gehörte, vor der Machtergreifung der Partei beigetreten und als Kreisleiter Solingens der mächtigste Mann in der dortigen Parteiorganisation gewesen war[30]. Als Otto indessen nach der Pensionierung seines Vor-Vorgängers endgültig in das Amt eingewiesen werden sollte, versagte ihm der Parteibeauftragte „in Übereinstimmung mit dem Gauleiter Florian" die nach der Deutschen Gemeindeordnung nötige Zustimmung der Partei. Was war geschehen? Otto hatte gewisse Rechtsgrundsätze in der Verwaltung zur Geltung gebracht, sich außerdem bestimmten Bauwünschen Florians widersetzt und sträflicherweise gute Beziehungen zu dem Oberpräsidenten und Gauleiterkonkurrenten Terboven angeknüpft. Daraus entwickelten sich erbitterte Streitigkeiten, die durch den Reichsinnenminister und den Stellvertreter des Führers bis vor Hitler gebracht wurden. Der Diktator entschied, wie meistens, zugunsten des Gauleiters, weil zwischen diesem und den leitenden Beamten seines Gaues Einvernehmen herrschen müsse. Der kommissarische Oberbürgermeister wurde nach zwei Jahren Amtszeit kurz nach dem Polenfeldzug als Stadtkommissar nach Warschau versetzt. Zum Nachfolger bestellte man den gerade 36jährigen „alten Kämpfer", Bürgermeister Dr. jur. Carl Haidn, der erst im Jahr zuvor aus der Behörde des „Generalinspekteurs für das deutsche Straßenbauwesen" nach Düsseldorf gekommen war[31].

Die Düsseldorfer Vorgänge stehen nicht etwa isoliert da. Der Volksmund tuschelte bereits, für Oberbürgermeister gäbe es schon Wandergewerbescheine[32]. Auch die Stadt Köln hatte in den zwölf Jahren

---

[30] Das Deutsche Führerlexikon 1934/35, S. 344/45 und die aus den Akten gewonnenen Daten zur Biographie Ottos bei Görgen, S. 140. Die Stadtgeschichte Solingens von Heinz Rosenthal (Anm. 7) ist hierzu ohne Informationswert.

[31] Görgen (Anm. 27), S. 141 ff.

[32] Matzerath, S. 287.

nationalsozialistischer Herrschaft vier Oberbürgermeister, die ersten drei davon übrigens promovierte Volkswirte[33]. Günther Riesen hatte in eine Unternehmersfamilie eingeheiratet und war Prokurist im Kölner Bankhaus A. Levy gewesen, was er später gern verschwieg. Nachdem er als kommissarischer Nachfolger Adenauers seinen Vorgänger auf niederträchtige und verleumderische Weise verfolgt hatte[34], kamen Ende 1936 Gerüchte auf, daß er in eine Affäre um Devisen- und Steuerhinterziehung verwickelt sei. Er wurde zuerst beim Beauftragten für den Vierjahresplan untergebracht und taucht später als Landrat in Merseburg auf[35]. Ihm folgte für vier Jahre der Diplomkaufmann Karl Georg Schmidt, der 1933 zunächst Hauptgeschäftsführer der Industrie- und Handelskammer Köln und Gauwirtschaftsberater geworden war. Er wiederum wurde abgelöst von Peter Winkelnkemper, dem früheren Hauptschriftleiter des „Westdeutschen Beobachters" und danach Kurator der Universität Köln, der indessen schon 1944 verstarb[36]. Bis zum Kriegsende amtierte dann noch kommissarisch ein Regierungsbaumeister a. D. Robert Brandes.

Wie sehr die ohnedies begrenzte Zahl geeigneter Kandidaten durch solchen Verschleiß weiter schrumpfte, verdeutlicht ein einprägsamer Amtswechsel in Duisburg: Dort schied im zweiten Jahr der NS-Herrschaft der gerade 33jährige Oberbürgermeister Kelter vor Ablauf des Probejahres aus, weil er als noch zu jung für die repräsentativen

---

[33] Einen Überblick über die politische Situation gibt auch Walter Herrmann, Wirtschaftsgeschichte der Stadt Köln 1914–1970. In: Hermann Kellenbenz und Klara van Ryll (Hg.), Zwei Jahrtausende Kölner Wirtschaft, 2. Köln 1975, S. 361.

[34] Hierzu Rudolf Morsey, Adenauer und der Nationalsozialismus. In: Hugo Stehkämper (Hg.), Konrad Adenauer. Oberbürgermeister von Köln. Köln 1976, S. 465, 467 ff. Riesen, als Sohn eines höheren Beamten 1892 in Breslau geboren, begann 1912 die Laufbahn als Marineoffizier, ging aber nach dem Krieg in die Privatwirtschaft. Das Deutsche Führerlexikon, S. 387.

[35] Wer leitet? Die Männer der Wirtschaft und der einschlägigen Verwaltung 1940. Berlin 1940, S. 716.

[36] Max Domarus, Hitler-Reden und Proklamationen 1932–1945. Wiesbaden 1973, S. 2108, wo der Oberbürgermeister Dr. rer. pol. Peter Winkelnkemper mit seinem Bruder, dem Rundfunkdirektor Dr. jur. Toni Winkelnkemper verwechselt wird. Vgl. über beide Erich Stockhorst, Fünftausend Köpfe. Wer war was im Dritten Reich? Velbert und Kettwig 1967, S. 449.

Aufgaben und die Schwierigkeiten des Amtes galt[37]. Zunächst griff man auf den elf Jahre älteren Essener Beigeordneten Just Dillgardt zurück, den man aber nur drei Jahre halten konnte. Statt seiner vertraute man die Stadt Duisburg dem Oberbürgermeister Hermann Freytag an, der wie sein Vorgänger im Jahre 1900 geboren war[38].

Wo immer die Gründe für Amtswechsel im einzelnen gelegen haben, die Abberufungspraxis und die Abberufungsmöglichkeit führten zu einer zweifachen Schwächung der Oberbürgermeisterposition. Sie verhinderten die Entwicklung und Realisierung längerfristiger Kommunalprogramme und sie erzeugten einen Faktor von Unsicherheit, der zum Lavieren zwischen Partei und Staat zwang. Während in der Weimarer Republik die Amtskontinuität der Oberbürgermeister gegenüber dem Wechsel der Kabinette und politischen Mehrheiten ihre große und weitgehend unangreifbare Stärke war, drohten die Oberbürgermeister im Dritten Reich zwischen den Machtblöcken von Parteiinstanzen und Staatsbehörden zerrieben zu werden.

In der rechtlichen Stellung und begrifflichen Interpretation des Oberbürgermeisteramts hat die DGO von 1935 gegenüber der Rechtsauffassung und der politischen Ordnung der Weimarer Republik ganz erhebliche Veränderungen gebracht, die nicht ohne Folgen für das Selbstverständnis der Amtsinhaber bleiben konnten. An die Stelle der kommunalen Selbstverwaltung, deren Willensbildung durch die Mehrheitsentscheidungen in den städtischen Beschlußkörperschaften erfolgte, trat die alleinige Verantwortung des (Ober-)Bürgermeisters[39]. Anfangs wurde die Regelung verschiedentlich begrüßt. Oberbürgermeister Strölin-Stuttgart hat im Beratungsstadium der DGO mehrfach scharf interveniert mit dem Ziel, Abstimmungen der Ratsherren aus-

---

[37] Günter von Roden, Geschichte der Stadt Duisburg 2. Duisburg 1974, S. 385 ff. Ernst Heinrich Kelter war am 11. 12. 1900 in Gelsenkirchen geboren, hatte 1925 ein Examen als Diplomlandwirt abgelegt und 1929 in Bonn zum Dr. rer. pol. promoviert, wo er bis 1933 Assistent am Institut für Gesellschafts- und Wirtschaftswissenschaften gewesen war. Vgl. Das Deutsche Führerlexikon (Anm. 14), S. 225/26.

[38] Just Dillgardt, der Beigeordneter in Essen gewesen war, wurde dort 1937 Oberbürgermeister, später auch Wirtschaftsführer und Generalbevollmächtigter für die Energiewirtschaft beim Vierjahresplan. Vgl. Stockhorst (Anm. 36), S. 106. Hermann Freytag, Diplom-Volkswirt und Kreisleiter in Essen, war am 9. 7. 1900 in Chemnitz geboren. Ebd. S. 144.

[39] DGO § 32 Abs. 1, RGBl. 1935, S. 49.

drücklich zu verbieten[40], ohne zu bedenken, daß durch das Abreißen solcher Bindungen der Oberbürgermeister sowohl der Staatsaufsicht als auch der Kontrolle durch die Partei schutzlos ausgeliefert wurde. Tatsächlich bezeichnete die DGO den Bürgermeister als „Leiter der Gemeinde", der über alle Befugnisse der Verwaltung verfügte, aber zugleich auch die staatliche Hoheit vertrat.

Hier nun war nach dem nationalsozialistischen Rechtsverständnis aus ideologischen Gründen eine feine Unterscheidung angebracht, da die Gemeinde als Gebietsgemeinschaft galt, deren Aufgaben zum Teil eigene Angelegenheiten ohne irgendeine sachliche Beschränkung waren, zum andern Teil aber vom Staat übertragene und weisungsgebundene Aufgaben. Darum sollte nur im Bereich der eigenen Zuständigkeiten der Bürgermeister, wie es kommunalpolitische Kreise in der NSDAP aus dem Führerprinzip abgeleitet wissen wollten, als „Führer der Gemeinde" bezeichnet werden. Der aus dem Parteidenken stammende, auf eine Gefolgschaft zielende politische Führergrundsatz erschien gar nicht anwendbar auf die öffentliche Verwaltung, bei der es sich doch nur um „die Bedienung eines Apparates von Ämtern" innerhalb fester Kompetenzverhältnisse handelte. Folglich war der (Ober-)Bürgermeister bei der Verwaltung der Auftragsangelegenheiten nur „Beamter mit monokratischer Entscheidungsgewalt"[41].

Diese juristischen Deduktionen sind sinnfälliger Ausdruck für die Begrenzung der Macht und Minderung der Selbständigkeit, die die Stellung der Oberbürgermeister im politischen Bereich erfuhr. Die Bestimmung der DGO, daß die kommunale Verwaltung „im Einklang mit den Gesetzen und den Zielen der Staatsführung" stehen müsse[42], läßt ahnen, welche Möglichkeiten sich daraus für die Ausübung der Staatsaufsicht ergaben. Die Tendenz der Staatsbehörden, die an sich schon weitgefaßten und auf dem Finanzsektor zusätzlich verschärften Aufsichtsrechte extensiv zu nutzen, band die Gemeinden im Verwaltungsalltag immer enger an die zentralstaatlichen Entscheidungsvorgaben.

---

[40] Matzerath, S. 143 f. mit Berufung auf Strölin, der in seinen dezidierten Vorstellungen von einer nationalsozialistischen Gemeindeordnung die Bürgermeister vollständig aus der Abhängigkeit von dem Gemeinderat befreien wollte. S. dazu auch Sauer (Anm. 6), S. 93 ff. u. 105.

[41] Vgl. Rudolf Kluge und Heinrich Krüger, Verfassung und Verwaltung im Dritten Reich (Reichsbürgerkunde). Berlin 1937, S. 162–167.

[42] DGO § 1 Satz 2, RGBl. 1935 I, S. 49 f.

Auch das Deutsche Beamtengesetz förderte die Entwicklung der Kommunalbeamten zu „mittelbaren Reichsbeamten“, indem es die beamten- und vor allem disziplinarrechtlichen Bestimmungen des Reiches auch bei Gemeindebeamten zur Anwendung brachte[43]. Selbst in Parteikreisen häuften sich schließlich die Klagen, daß die fortgesetzte Aushöhlung der Selbstverwaltung die Städte „zu etatistischen Departementsverwaltungen“ herabsinken lasse[44]. Eine Analyse der Rechtsstellung der Bürgermeister führte dann auch den einleuchtenden Nachweis, daß sich der Charakter des leitenden Gemeindebeamtentums sehr stark an das staatliche Beamtentum angeglichen habe[45]. Wie weit diese Veränderungen im individuellen Einzelfall den Oberbürgermeistern zu Bewußtsein gekommen sind, ist angesichts der Forschungslage nicht mit Bestimmtheit zu sagen. Immerhin läßt sich das Problem auf eine anschauliche Weise beleuchten durch eine Gesprächsaufzeichnung, die der Frankfurter Oberbürgermeister im September 1937 niederlegte. Als beim Empfang für Mussolini im Haus der Deutschen Kunst in München Friedrich Krebs und der gerade von seinem Dresdner Amt beurlaubte Ernst Zörner mit dem Reichsminister des Innern Frick zusammentrafen, ersuchte Zörner den Minister um eine baldige Neuverwendung, womöglich auf der gerade vakanten Stelle in Düsseldorf. Unter Hinweis auf die langwierige Bereinigung der dortigen Probleme wich Frick mit der Gegenfrage aus, wer denn nun Oberbürgermeister in Dresden werden solle und ob dafür nicht Friedrich Krebs in Frage käme. Dieser wiederum bat nun ängstlich, mit Rücksicht auf die Gerüchte, die wegen seiner anderweitigen Ver-

---

[43] Zur Entstehung und Zielsetzung des Deutschen Beamtengesetzes vom 26. 1. 1937 (RGBl. I, S. 39 f.) vgl. Martin Broszat, Der Staat Hitlers. München 1969, bes. S. 316. Aktenstücke von zentraler Bedeutung sind gedruckt bei Hans Mommsen, Beamtentum im Dritten Reich. Stuttgart 1966, S. 203 ff. Da nach der nationalsozialistischen Auffassung das Beamtenverhältnis ein öffentlich-rechtliches Dienst- und Treueverhältnis zum Führer und zum Reich darstellte, waren alle Beamten, auch die Gemeindebeamten, Reichsbeamte. Die Durchführungsverordnung zum Beamtengesetz für Kommunalbeamte vom 2. 7. 1937, RGBl. I, S. 729 und zur Reichsdienststrafordnung unter dem 3. 7. 1937, RGBl. I, S. 730.

[44] Zitiert bei Horst Matzerath, Nationalsozialistische Kommunalpolitik: Anspruch und Realität. In: Die Alte Stadt. Zeitschrift für Stadtgeschichte, Stadtsoziologie und Denkmalpflege, Jg. 1978, S. 13.

[45] Rudolf Guthoff-Groß, Die Rechtsstellung des Bürgermeisters in seinem Verhältnis zum Staat und zu den übrigen Beamten der Gemeinde. Berlin 1941.

wendung in Frankfurt bereits herumschwirrten, ihn nicht „zu versetzen“, worauf Frick lachend bemerkt haben soll, daß dafür kein Anlaß bestünde[46]. Ein solches Gespräch über „Versetzungen“ von Oberbürgermeistern im Stile von Staatsbeamten wäre vor 1933 undenkbar gewesen.

Weit stärker wurde die überkommene Machtfülle des Oberbürgermeisteramtes jedoch durch den Totalitätsanspruch der NSDAP beeinträchtigt. Nach dem Buchstaben der Deutschen Gemeindeordnung war der Einfluß der Partei auf das Amt der Gemeindeleiter auf die Mitwirkung des Beauftragten der NSDAP, im Regelfalle also des Kreisleiters, bei der Berufung der Oberbürgermeister beschränkt. Die Stellen waren zuerst auszuschreiben, dann wählte der Parteibeauftragte aus den eingegangenen Bewerbungen nach Beratung mit den Ratsherren bis zu drei Bewerber aus, die er, bei Großstädten über 100 000 Einwohnern dem Reichsminister des Innern, bei den übrigen Stadtkreisen dem Reichsstatthalter, vorzuschlagen hatte[47].

Viel wichtiger als diese Verfahrensvorschriften war indessen der informelle Entscheidungsweg, der über die Gauleiter lief[48]. Kein Kreisleiter konnte es wagen, ohne Rücksprache mit seinem Gauleiter eine solche Personalentscheidung wie die Besetzung eines Oberbürgermeisterpostens zu treffen. Manchmal, wie im Falle Frankfurts, behielt

---

[46] Stadtarchiv Frankfurt, Magistratsakten 1050/2a; Aktennotiz vom 26. 9. 1937. Das Zusammentreffen von Krebs und Zörner wird indirekt bestätigt durch das Tagebuch des Hamburger Bürgermeisters Carl Vincent Krogmann, Es ging um Deutschlands Zukunft 1932–1939. Leoni [2]1977. Über Zörners Ambitionen in Düsseldorf siehe die Akten der Reichskanzlei im Bundesarchiv Koblenz, R 43 II/573.

[47] DGO § 41 RGBl. I, 1935, S. 54.

[48] Matzerath, S. 260 ff., Peter Hüttenberger, Die Gauleiter. (= Schriftenreihe der Vierteljahrshefte für Zeitgeschichte 19) Stuttgart 1969, S. 91, weist in seinem Kapitel über den Einfluß der Gauleiter auf die lokale Ebene nach, daß in der Machtergreifungsphase die Gemeindeleiter von den Gauamtsstellen, die Oberbürgermeister von den Gauleitern persönlich ausgesucht wurden, während nach Erlaß der Deutschen Gemeindeordnung Versuche der Staatsbehörden zur Ausschaltung der Gauleiter zu verzeichnen sind. Die mitgeteilten Beispiele (Düsseldorf/Wuppertal) lassen vermuten, daß es sich nur um temporäre Erfolge oder um Ausnahmefälle handelt, während für eine generalisierende Aussage die Quellenbasis zu schmal bleibt. Über das Verhältnis von Gauleitern und Oberbürgermeistern ist demnächst eine Studie von Jeremy Noakes zu erwarten.

der Gauleiter sich auch die Funktion des Parteibeauftragten in den herausragenden Metropolen für die eigene Person vor; für Berlin war diese Regelung zugunsten von Goebbels sogar gesetzlich festgelegt[49]. Dort, wo die Gauleiter zugleich Reichsstatthalter oder Oberpräsidenten waren, war ihren Personalwünschen kaum wirksam zu begegnen. Sonderfälle bildeten noch Hessen und Sachsen mit Personalunionen von Gauleiter, Reichsstatthalter und Chef der Landesregierung[50]. Der Hessen-nassauische Gauleiter Sprenger hat, wenn nicht auf dem preußischen Teil seines Gaues, so doch auf dem hessischen Gebiet die Besetzung von Bürgermeisterposten selbst in kleineren und kleinsten Städten höchst persönlich und in unumschränkter Machtvollkommenheit entschieden[51]. So untypisch scheint dieses Verhalten nicht gewesen zu sein. Während des Krieges mußte die Partei-Kanzlei, also das Hauptamt für Kommunalpolitik, bei einer Bilanz der Personalpolitik feststellen, daß die Ausschreibungsvorschrift durch die Selbstherrlichkeit der Gaue eine bloße Farce geblieben war und die Gauleiter die Auswahl für kommunale Spitzenpositionen in der Regel aus ihrem persönlichen Bekanntenkreis träfen[52].

Das Bestreben der Gauleiter, die kommunalen Führungsstellen mit Männern ihres Vertrauens zu besetzen, bot indessen keine Garantie dafür, daß diese Männer auch als willfährige Gefolgsleute des Gauleiters das ihnen übertragene Amt ausübten. Im Gegenteil ist fast überall zu beobachten, wie sich aus persönlichen und sachlichen Spannungen, die sich nicht als Machtrivalitäten und konkurrierende

---

[49] Seit dem „Gesetz über die Verfassung und Verwaltung der Reichshauptstadt Berlin" vom 1. 12. 1936, RGBl. I, S. 957 ff.; für München als Hauptstadt der Bewegung hatte Hitler sich die Aufgaben des Parteibeauftragten vorbehalten, die praktische Tätigkeit aber auf den Chef der Reichskanzlei übertragen. Vgl. hierzu Peter Diehl-Thiele, Partei und Staat im Dritten Reich. München 1969, S. 160.

[50] Diehl-Thiele, S. 49–53; ferner Dieter Rebentisch, Der Gau Hessen-Nassau und die nationalsozialistische Reichsreform. In: Nassauische Annalen 89 (1978), S. 128–162.

[51] Dieser Eindruck wurde gewonnen auf Grund der Auswertung des Aktenbestandes 483 im Hessischen Hauptstaatsarchiv Wiesbaden im Zusammenhang mit der Lokalstudie: Neu-Isenburg zwischen Anpassung und Widerstand. Dokumente über Lebensbedingungen und politisches Verhalten 1933–1945, bearbeitet von Dieter Rebentisch u. Angelika Raab. Neu-Isenburg 1978.

[52] Nicht exakt datierter Vermerk der Parteikanzlei von Mitte 1943, zitiert bei Matzerath, S. 267.

Ambitionen erklären lassen, tiefe Gegensätze entwickelten und sich ein immer größeres Konfliktpotential ansammelte. Der abstrakte Hinweis auf den Dualismus von Partei und Staat, der als prinzipieller Antagonismus von Norm und Willkür totalitären Herrschaftssystemen immanent sei, ist mehr eine Beschreibung des Problems als schon eine Erläuterung seiner Ursachen und Gründe[53].

Die im Zuge der Machtergreifung vielfach zustande gekommenen Personalunionen von kommunaler Verwaltungsspitze und örtlicher Parteiführung, also von Oberbürgermeister und Kreisleiter, erschien anfangs als ideale Konstruktion, um die Ansprüche und Grundsätze der Partei bei der Ausübung des öffentlichen Amtes zur Geltung zu bringen. Allerdings gibt es Indizien, daß in der Praxis die Beziehungen zwischen Stadtverwaltung und Kreisleitung auch in den Zeiten besonders schlecht gewesen sind, in denen der Oberbürgermeister selbst Kreisleiter war[54]. Die Partei mußte dann bei anstehenden Konflikten meistens die Beobachtung machen, daß sich die Oberbürgermeister stärker mit ihrem kommunalen Amt identifizierten als mit ihrer Funktion in der Partei[55]. Es spricht einiges dafür, daß auch diejenigen Oberbürgermeister, die als Außenseiter, d. h. als Nichtjuristen oder ohne Erfahrungen in der kommunalen Verwaltungspraxis, ins Amt gelangt sind, sich mehr oder weniger stark dem überkommenen Selbstverständnis des Oberbürgermeisteramts näherten. Indem sie

---

[53] Zum Gegensatz von Opportunitätsprinzip und Legalität vgl. noch immer Ernst Fraenkel, The Dual State. New York 1940; jetzt auch deutsch: Der Doppelstaat. Frankfurt/Köln 1974. Zum Problem von Staat und Bewegung schon Hannah Arendt, The Origins of Totalitarianism. New York 1955, deutsch.: Elemente und Ursprünge totaler Herrschaft. Frankfurt 1958, S. 383.

[54] Das gilt nach der mündlichen Mitteilung eines Mitarbeiters vor allem für den Oberbürgermeister Krebs-Frankfurt.

[55] Für Fiehler und die ehrenamtlichen Funktionäre in den Gauämtern belegt bei Matzerath, S. 211. In der Parteileitung kam man zu dem Ergebnis, daß sich die Personalunionen nicht bewährt hatten. „Es ist sehr oft zu beobachten, daß politische Leiter ihre Stellung als Hoheitsträger der NSDAP von ihrer Stellung als Vorsteher von staatlichen und kommunalen Dienststellen nicht immer klar unterscheiden können. Es mußte festgestellt werden, daß politische Leiter in ihrer Eigenschaft als Hoheitsträger vor der Parteiführerschaft Aufgaben staatlicher und kommunaler Verwaltung nicht nur mit dem Ziel der Unterrichtung, sondern insbesondere propagandistisch vortrugen und behandelten". Partei-Statistik 2, S. 296.

nämlich schon aus Gründen der Effektivität die Referenten, Stäbe, Büros oder Hauptämter in den Rathäusern ziemlich unverändert von ihren Vorgängern übernahmen, lernten sie sehr schnell, welches Verhalten in der Verwaltung vom Oberbürgermeister erwartet wurde. Vorgänge dieser Art, die die Partei als „Bürokratisierung" deutete und die zu Lasten der Dynamik der Bewegung gingen, veranlaßten den Stellvertreter des Führers zu der Anordnung[56], daß mit dem 1. Oktober 1937 Personalunionen auf der Kreisleiterebene aufzulösen seien. Diese Verfügung betraf von 827 Kreisleitern doch immerhin 150, die gleichzeitig Chefs von städtischen Verwaltungen waren[57].

Es ist ein offenbar durchgängig zu beobachtendes Phänomen, daß die Oberbürgermeister eine ihrer Aufgaben darin erblickten, die Verwaltung gegen Einflüsse der Partei soweit als möglich abzudichten. Angesichts ihrer machtpolitischen Unterlegenheit mußten sie dabei häufig eine Taktik anwenden, die offene Auseinandersetzungen mied, aber mit verwaltungstechnischen Methoden zum Ziel zu gelangen suchte. Daher wird erst die künftige Einzelforschung auf der Basis einer detaillierten Auswertung der städtischen Sachakten in der Lage sein, die sachlichen Reibungsflächen und den Verlauf der Auseinandersetzungen näher zu kennzeichnen. Einen herausragenden Streitpunkt stellte allenorts die kommunale Personalpolitik dar, weil die städtischen Verwaltungschefs bei Einstellungen oder Beförderungen nicht, den Wünschen der Partei entsprechend, Gesinnungstreue als Ersatz für Qualifikation gelten ließen, weil sie vielleicht die Auswirkungen des Berufsbeamtengesetzes zu mildern suchten[58], oder weil sie die Einstellungen seit 1933 auf ihre Rechtmäßigkeit zu prüfen befahlen[59].

---

[56] Mommsen, Beamtentum (Anm. 43), S. 108 ff.; zur Meinungsbildung über das Problem der Personalunionen von Kreisleiter und Landrat auch Diehl-Thiele, Partei und Staat (Anm. 49), S. 173 ff.

[57] Partei-Statistik 2, S. 304.

[58] Derartige Vorgänge tauchen wiederholt in den Dezernatsbesprechungen des Frankfurter Oberbürgermeisters Krebs auf, Stadtarchiv Frankfurt. In seiner Verfügung, jüdische Mischlinge und sogenannte jüdisch-versippte Angestellte der Stadt weiterzubeschäftigen, solange keine Tatsachen vorlägen, die ihre Entlassung rechtfertigen, vgl. Dietrich Andernacht und Elonore Sterling (Hg.), Dokumente zur Geschichte der Frankfurter Juden 1933–1945. Frankfurt 1963, S. 74 f.

[59] Persönliche Mitteilung des Oberbürgermeisters (seit 1937) von Ludwigshafen. Auch in Düsseldorf kam es in der kurzen Amtszeit des Oberbürgermeisters Liederley zu Konflikten über Personalfragen solcher Art; vgl. Görgen (Anm. 27), S. 137.

Andere Konflikte ergaben sich daraus, daß Gliederungen der Partei, vor allem HJ und NSV auf Teilbereichen kommunale Kompetenzen beanspruchten und damit die universale Zuständigkeit und die Einheit der Verwaltung untergruben[60]. Insbesondere die hohen finanziellen Anforderungen von Parteidienststellen an die städtischen Haushalte oder an städtische Wirtschaftsunternehmen brachten die kommunalen Verwaltungschefs immer wieder in Schwierigkeiten. So mußte unter dem Druck des Gauleiters der Kölner Oberbürgermeister Riesen 1934 einen Investitionskredit der Sparkasse an den „Westdeutschen Beobachter" verbürgen, obwohl die extraordinäre Summe unzulässigerweise aus einem Zuweisungsfonds für die Arbeitsbeschaffung genommen wurde, was prompt zum Eingreifen von Reichsbank und Oberpräsident und zu einem scharfen Tadel für den Oberbürgermeister führte[61]. Einen dritten Problembereich stellten die Parteifunktionäre in mittleren und unteren Beamtenstellen dar, die sich als Kontrolleure der Partei verstanden. Bezeichnenderweise mußten Oberbürgermeister durch dienstliche Verfügungen wiederholt gegen das ausufernde Denunziantentum vorgehen[62]. Vielfach neigten auch die Gauamtsleiter oder Kreisamtsleiter für Kommunalpolitik, sofern sie, wie häufig, Beamte oder Angestellte der Stadt waren, zur Etablierung sogenannter „Nebenregierungen"[63].
Bei all diesen Auseinandersetzungen gab es für die Oberbürgermeister eine Rückzugslinie, die ihnen einen gewissen Schutz gegen disziplinarische Maßnahmen der Partei bot: das positive Recht. Der Frankfurter Oberbürgermeister Friedrich Krebs ist ein Beispiel dafür, wie die ständige Berufung auf die geltenden Gesetze und Anordnungen, „gesetzlich zu verfahren", zu einem Abwehrmittel gegen Übergriffe der Partei wurden[64]. Von einem Mitstreiter des Gauleiters entwickelte

---

[60] Dazu ausführlich Matzerath, S. 382 ff.; über die Anforderungen der Hitlerjugend an die Gemeinden vgl. auch Sauer (Anm. 6), S. 108 f.

[61] Vgl. Hüttenberger, (Anm. 48), S. 129. Ähnliche Vorfälle berichtet der Königsberger Stadtrat Paul Wolff, Ohne Maske. Hamburg 1948, S. 116 ff.

[62] Matzerath, S. 243. Zur Funktion der Überwachung im Herrschaftssystem des Dritten Reiches jetzt Martin Broszat, Politische Denunziation in der NS-Zeit. In: Archivalische Zeitschrift, Jg. 1977, S. 221.

[63] Vgl. z. B. Görgen (Anm. 27), S. 140.

[64] Entsprechende Erinnerungen von Mitarbeitern von Krebs finden in den Magistratsakten vielfache Bestätigung, wovon Beispiele gedruckt sind unter den Dokumenten zur Geschichte der Frankfurter Juden 1933–1945 (Anm. 58), S. 443, 452.

sich Krebs, dessen Handlungen in der Machtergreifungsphase teilweise als Ausdruck eigenen „revolutionären Sturm und Drangs" gedeutet werden müssen, von 1935 an zu einem anfangs heimlichen, dann immer offeneren Widersacher des Gauleiters Sprenger[65]. Bei Krebs hat offensichtlich in der Verantwortung für sein Amt als Oberbürgermeister eine Rückbesinnung auf rechtstaatliches Denken und Handeln eingesetzt, das ihn zu einer wachsenden inneren Unabhängigkeit gegenüber Prinzipien und Befehlen der Partei befähigte. Inwieweit die jahrelange stille und systemimmanente Obstruktionspolitik Folgen in ideologischer Hinsicht und für das Bekenntnis zum Nationalsozialismus gehabt hat, ist angesichts des gegenwärtigen Forschungsstandes mit Bestimmtheit nicht zu sagen. Im Falle Krebs ist zu konstatieren, daß der ursprünglich von radikalen völkisch-antisemitischen Kreisen herkommende Oberbürgermeister, der den Antisemitismus sich auch selbst als staatspolitisches Prinzip zu eigen gemacht hatte, die Tatsache, daß unter seiner Amtsführung beinahe die gesamte Judenschaft der Stadt vertrieben oder in Vernichtungslagern ermordet worden war, persönlich zutiefst bedauert und sogar verabscheut hat[66]. Die Kraft zu einem, über die bürokratische Obstruktion hinausgehenden Handeln hat er indessen nicht gefunden. Wie sehr man sich hüten muß, hier Keime des politischen Widerstandes reifen zu sehen, belegt das Bekenntnis des Ludwigshafener Oberbürgermeisters: Als dieser in der sogenannten Reichskristallnacht beim Polizeipräsidenten keine Unterstützung gegen die ungesetzlichen Aktionen fand, ließ er zum Schutze der jüdischen Geschäfte im Erdgeschoß des Rathauses städtische Gewerbepolizei gegen die randalierende SA aufmarschieren. Allerdings betont er im Rückblick, es wäre ein Mißverständnis, ihn deswegen zum Widerständler zu stilisieren, er sei nur der bessere Nationalsozialist gewesen[67].

---

[65] Typisch ist folgender Vorgang: Im November 1935 hatte der Gauleiter vom Oberbürgermeister eine Zuzugssperre für Juden nach Frankfurt gefordert, worauf der Oberbürgermeister dann nach einer Mahnung mit juristischen Bedenken reagierte. Auch als 1938 schließlich eine entsprechende Polizeiverordnung herauskam, ließ er ein Rechtsgutachten erstellen und teilte die dazu ermittelten rechtlichen Bedenken dem Polizeipräsidenten mit. Vgl. Dokumente zur Geschichte der Frankfurter Juden 1933–1945, S. 371–381.

[66] Personalakten Krebs, Stadtarchiv Frankfurt.

[67] Persönliche Mitteilung.

Andererseits sind Entwicklungen in Richtung auf einen politischen Widerstand in Einzelfällen wohl möglich. Der klassische Fall hierfür ist allerdings weniger der Leipziger Oberbürgermeister Carl Goerdeler, obwohl, wie schon Gerhard Ritter betont hat[68], die Unterdrückung der kommunalen Freiheiten und die Enttäuschung der Verwaltungsreformvorstellungen Ansätze zu einer Oppositionshaltung gebracht haben. Aber Goerdeler selbst war kein Nationalsozialist gewesen und auch nicht durch die Nationalsozialisten ins Amt gekommen. Er fiel bei Hitler, der ihn lange hofierte, in Ungnade, weil er in einem Gutachten über die Devisen- und Währungslage unverblümt Rüstungsbeschränkungen gefordert hatte. Für die Demission aus dem Oberbürgermeisteramt ergab sich dann ein äußerer Anlaß, die Entfernung des Mendelssohn-Denkmals in Leipzig, für die Wendung zum Widerstand aber waren die moralische Empörung über das Gewaltregiment und die Erkenntnis seiner politischen Ziele die stärkeren Motive.

Der Weg des Stuttgarter Oberbürgermeisters Karl Strölin war entschieden schwieriger. Als gläubiger Nationalsozialist sah er in den ersten Jahren des Dritten Reiches seine Hoffnung auf ein politisches Erstarken und einen wirtschaftlichen Wiederaufstieg Deutschlands ebenso erfüllt wie seine Überzeugung bestätigt, daß das nationalsozialistische System die überlegene politische Ordnung darstelle. Wegen seines erfolgreichen Eintretens für die lokalen Interessen Stuttgarts[69], wegen seiner auf grundsätzliche Analysen kommunalpolitischer Entwicklungsprobleme zielender Publizistik, weiterhin wegen seiner Verbindung von Amtsautorität mit repräsentativen Fähigkeiten und schließlich wegen seiner Akzentuierung rasse-ideologischer Komponenten vor allem im Städtebau und der Raumplanung, kann man

[68] Gerhard Ritter, Goerdeler (Anm. 2), S. 65/66.

[69] Über Strölins praktische Kommunalpolitik, darunter seine raumgreifenden Eingemeindungen, unter Auswertung verschiedener publizistischer Äußerungen Sauer (Anm. 6), S. 82–110; ferner Borst, (Anm. 16), S. 400–403. Die ungedruckte Untersuchung im Rahmen der Hochschule für Verwaltungswissenschaften in Speyer über Gestalten der Kommunalverwaltung in der deutschen Politik von Klaus Michaelis, Dr. Karl Strölin. Oberbürgermeister von Stuttgart. Speyer 1962, 24 S. ist im Stadtarchiv Stuttgart vorhanden (Ka 48). In Denkschriften und Aufsätzen suchte Strölin immer wieder Probleme der modernen Großstadt zu bewältigen, z. B.: „Raumprobleme im Bereich der Großstadt", 1941, in: Bundesarchiv Koblenz R 18/1290, oder: „Die Durchführung von Altstadtsanierungen", in: „Reichsplanungen" 1 (1935), S. 143–147.

Strölin fast als den Prototyp eines „großen nationalsozialistischen Oberbürgermeisters" bezeichnen. Gleichwohl ergaben sich auch bei ihm Spannungen und Konflikte mit der Gauleitung, die ihn über die Unvereinbarkeit von Rechtsordnung und Parteiwillkür belehrten. Aber erst die verantwortungslose Entfesselung des Zweiten Weltkrieges gab ihm den entscheidenden Anstoß, Kontakte zu den Widerstandskreisen um Bosch, Goerdeler und v. Hassell zu suchen. In den zahlreichen Beratungen mit Goerdeler reifte schließlich der Gedanke an den Staatsstreich, für den Strölin, wohl vergeblich, den Feldmarschall Rommel zu gewinnen suchte. Nicht nur im konspirativen Kreis, sondern auch ganz offen während des Krieges trat Strölin in Gegensatz zu dem Regime[70]. Die kampflose Übergabe seiner Stadt endlich, die Sabotierung von Hitlers Politik der verbrannten Erde und die Designation seines aus einer Widerstandsgruppe kommenden Nachfolgers Arnulf Klett waren nur die logische Folge der Abwendung von Hitlers Diktatur[71]. Zieht man ein Fazit, dann haben auch im Falle Strölins nicht kommunale Konflikte, sondern Einblicke in übergeordnete Zusammenhänge die Kraft zum Widerstand mobilisiert.

Die Akzentuierung der „übergeordneten Zusammenhänge" wirft noch einmal die Frage nach der Zugehörigkeit der Oberbürgermeister zu den zentralen Machteliten des Dritten Reiches auf. Welche Bedeutung hatten sie innerhalb der politischen Hierarchie? In welchem Umfang qualifizierte das lokale Amt für übergreifende Positionen in der Staatsverwaltung? Welchen Einfluß übten Oberbürgermeister auf die Reichspolitik aus?

Elementare Einwirkung auf die Gesetzgebung des Dritten Reiches ist von Oberbürgermeistern nur bei der Entstehung der Deutschen Gemeindeordnung festzustellen. Karl Fiehler, der in Hitlers Umgebung als der Fachmann für Kommunalpolitik galt und die kommunalpoli-

[70] Zum Widerstandsproblem bei Strölin, neben seiner eigenen Schrift und den Aussagen in Nürnberg (beides Anm. 16) und Ritters Goerdeler-Biographie S. 158, 397 f., 551. Vgl. auch Hans Speidel, Aus unserer Zeit. Erinnerungen. Frankfurt 1977, S. 164 f., 169 f. sowie David Irving (Anm. 5), S. 451 f. u. 514 f.; zu den Auslandskontakten, die für Strölins Abwendung von Hitlers Kriegspolitik wichtig wurden, vgl. Ernst Ritter, Das Deutsche Auslands-Institut in Stuttgart 1917–1945. Wiesbaden 1976, S. 57 ff. u. 111 ff.

[71] Karl Strölin, Stuttgart im Endstadium des Krieges. Stuttgart 1950; ferner: Hermann Vietzen, Chronik der Stadt Stuttgart 1945–1948. Stuttgart 1972, bes. S. 14–33.

tische Abteilung, später das Hauptamt für Kommunalpolitik in der Parteiorganisation leitete, hatte ebenso einen Entwurf ausgearbeitet wie Carl Goerdeler, der damals noch geschätzt wurde. Zu den Beratungen zog man noch Johannes Weidemann hinzu, den Oberbürgermeister von Halle, der auch Vorsitzender des Ausschusses für Kommunalrecht und Kommunalverfassung in der Akademie für Deutsches Recht war[72]. Weder Weidemann mit seinen Vorstellungen von einer Verankerung der NSDAP in der Gemeindeverwaltung noch Goerdeler mit seinen massiven Protesten gegen die bürokratische Zentralisierung und seinem Verdikt über das Präfektensystem der DGO haben sich in den Beratungen gegen die Ministerialbürokratie durchsetzen können[73].

Die Vertretung kommunaler Interessen durch den Deutschen Gemeindetag verlor, gemessen an den Möglichkeiten und Aktivitäten des Städtetages in der Weimarer Republik, erheblich an Durchschlagskraft. Die politische Vermittlung in das Zentrum der Macht lief fast ausschließlich über den Vorsitzenden Fiehler, während ein Äquivalent zu den vielfältigen Kontakten und politischen Verbindungen jener Oberbürgermeistergruppe, die seiner Zeit den Engeren Vorstand gebildet hatte, völlig fehlte. Auch in der Parteiorganisation spielten die kommunalen Belange, repräsentiert durch Fiehlers Hauptamt, eine sehr untergeordnete Rolle. Nur wenige Oberbürgermeister hatten zu dieser Dienststelle der Parteileitung einen direkten Draht. Überdies zeigt der nur geringe Erfolg der Bemühungen um einen organisatorischen Ausbau des Hauptamtes, daß sein Stellenwert innerhalb der NSDAP nicht hoch veranschlagt wurde[74].

Der Natur des Regimes entsprechend gewann derjenige an Macht und Einfluß, der Zugang zu Hitler hatte. Bis zum Beginn des Krieges mag

[72] Doktor der Staatswissenschaften und Doktor der Rechte, war Rechtsanwalt beim OLG Kassel und Gauorganisationsleiter der NSDAP in Kassel gewesen und hatte verschiedene Arbeiten über öffentliches Recht und Kommunalwesen, darunter eine Studie über die Finanzwirtschaft der Stadt Kassel, veröffentlicht. Vgl. das Deutsche Führerlexikon (Anm. 14), S. 519.

[73] Hierzu Matzerath, S. 152 ff. und Diehl-Thiele (Anm. 49), S. 142 ff.

[74] Oberbürgermeister Weidemann-Halle versah im Hauptamt für Kommunalpolitik ehrenamtlich das Referat Verfassungs- und Ordnungspolitik, Strölin-Stuttgart ebenfalls ehrenamtlich das Referat kommunale Wirtschaftspolitik, desgleichen der Freiburger Oberbürgermeister Kerber das Amt für Kulturpolitik. Matzerath, S. 171–173 u. 213.

es dem einen oder anderen Oberbürgermeister gelungen sein, mit Hitler zu reden, wenn dieser zu einer Massenkundgebung in die Stadt kam und sich, was eher die Ausnahme blieb, offiziell im Rathaus empfangen ließ[75]. Wirklich interessiert hat sich der Diktator dabei jedoch nur für Monumentalbauten und Repräsentationsarchitektur. Auf Aufmerksamkeit rechnen konnten vor allem die Verwaltungschefs der sogenannten Führerstädte, München, Berlin, Nürnberg und Hamburg sowie nach 1938 noch Linz, schließlich in weit geringeren Graden noch die Gauhauptstädte, die zu Neugestaltungsstädten erklärt worden waren und ein Gauforum erhalten sollten[76].

Hitlers persönliche Auffassung von Amt und Stellung des deutschen Oberbürgermeisters ergibt sich aus vier Faktoren: Seiner Ansicht von der Funktion der modernen Stadt, seinem Urteil über die Bürokratie als einer juristisch-normativ arbeitenden Apparatur, seiner Einschätzung des Zentralismus in der Staatsverwaltung und seiner Prägung durch das große Vorbild des Wiener Bürgermeisters Karl Lueger. Hitler hat in „Mein Kampf" ausdrücklich bezeugt, wie sehr er in seiner Wiener Zeit durch Karl Lueger beeindruckt worden war, so daß er ihn auch in späteren Jahren noch als den „wahrhaft genialen" und den „gewaltigsten deutschen Bürgermeister aller Zeiten" bezeichnete[77]. Was Hitler an Lueger faszinierte, war neben dem Antisemitismus und der rhetorisch-demagogischen Geschicklichkeit die Willenskraft und das Durchsetzungsvermögen gegen alle Widerstände und soziale Geringschätzung.

Auch Konrad Adenauers Leistungen als Oberbürgermeister von Köln hielten vor Hitlers Augen stand wegen des „vorausschauenden Eigen-

---

[75] In Frankfurt z. B. ist Hitler trotz einer Reihe von Auftritten, darunter den „Staatsakten" im Zusammenhang mit dem Autobahnbau, erst 1938 zu einem städtischen Empfang in den Römer gegangen; vgl. Frankfurter Volksblatt vom 1. 4. 1938. Einen ausführlichen Bericht über die Festlichkeiten einschließlich der dabei gehaltenen Reden in: Frankfurter Zeitgeschehen 1 (1938), S. 5 ff. Auch in Köln hat sich Hitler erst bei seinem vierten Besuch in der Stadt im Gürzenich empfangen lassen, vgl. Domarus, Hitler. Reden und Proklamationen (Anm. 36), S. 614.

[76] Zur Bedeutung der Architektur für Hitlers Politik jetzt Jochen Thies, Architekt der Weltherrschaft. Die „Endziele" Hitlers. [2]Düsseldorf 1976, S. 62–104. Die Umgestaltung der „Führerstädte" zeigen auf der Basis zentraler Akten Jost Dülffer, Jochen Thies und Josef Henke, Hitlers Städte. Baupolitik im Dritten Reich. Köln 1978.

[77] Adolf Hitler, Mein Kampf. [24]München 1934, S. 59 u. 74.

sinns", mit welchem Adenauer die städtebauliche Konzeption unter dem Risiko hoher Verschuldung durchgesetzt hatte. Zu den beispielhaften Figuren an der Spitze deutscher Städte zählte Hitler zunächst auch Carl Goerdeler, bis dessen so gelobte „Starrköpfigkeit" und Selbstherrlichkeit den unvermeidlichen Konflikt mit dem Diktator heraufführte[78]. Die Wertschätzung solcher Persönlichkeiten wie Adenauer und Goerdeler dürfte also wohl höchst abstrakter Natur gewesen sein. Jedenfalls konnten die Gemeindeleiter bei ihren Auseinandersetzungen mit den Gauleitern niemals auf die Unterstützung durch Hitler rechnen.

Im Unverbindlichen stecken blieb auch das theoretische Schwadronieren Hitlers über die kulturelle Eigenständigkeit der Provinzstädte, die gegen den schematischen Zentralismus der Berliner Ministerialbürokratie zu schützen seien. Wenn er betonte, daß sich um so leichter qualifizierter Nachwuchs für die Zentralinstanzen finden lasse, je dezentralisierter das Reich verwaltet werde, und wenn er beklagte, daß über Dinge, die von Oberbürgermeistern in langwieriger Kleinarbeit vorbereitet wurden, „irgendein Würstchen in einem Berliner Ministerium entscheide und mit einer ablehnenden Entscheidung womöglich ihre ganze Arbeit zunichte mache"[79], dann drückte sich darin hauptsächlich der Unmut über Verfahrensprinzipien der Bürokratie aus, über Regelhaftigkeit, Gesetzlichkeit und Gleichbehandlung. Sobald nämlich ein Stadtoberhaupt, wie Oberbürgermeister Mayr in Augsburg, Hitlers Zusagen für eine Reichsbeteiligung bei der Finanzierung von kulturellen Neubauten beim Wort nahm und mit der sonst so bewunderten Hartnäckigkeit auf Einlösung der Versprechen drängte, zog er den Groll des Führers auf sich und mußte um sein Amt bangen[80].

Charakter und Grenzen der direkten Beziehungen zu Hitler lassen sich bei Willi Liebel-Nürnberg und Karl Fiehler-München aufzeigen. Liebel erfreute sich als Oberhaupt der Stadt der Reichsparteitage ganz offensichtlicher Gunst Hitlers[81] und gewann dadurch nicht nur

---

[78] Albert Speer, Spandauer Tagebücher. Frankfurt 1975, S. 213.

[79] Henry Picker, Hitlers Tischgespräche im Führerhauptquartier. [3]Stuttgart 1976, S. 260 ff.

[80] Karl Wahl, Patrioten oder Verbrecher (Anm. 13), S. 58, und Peterson, Limits (Anm. 13), S. 363 ff.

[81] Liebel trat in ein engeres Verhältnis zu Hitler, nachdem ihn dieser bei seinen Nürnberger Aufenthalten regelmäßig zu Tisch bitten ließ, da er den offenen Charakter Liebels der rüden Art Streichers vorzog, Grieser

sehr gute Beziehungen zu hohen Parteifunktionären und Staatsstellen, sondern auch in Nürnberg selbst eine von der Gauleitung unabhängigere Stellung, die ihn sogar befähigte, zusammen mit dem Polizeipräsidenten auf den Sturz des „Frankenführers" Streicher hinzuarbeiten. Seinem Wunsch nach Eingemeindung Fürths, ausgesprochen zu Beginn des Krieges, wich Hitler zunächst aus, um ihn später abschlägig bescheiden zu lassen[82]. Je mehr sich Hitler ins Führerhauptquartier zurückzog, um so weniger hatte Liebel Gelegenheit zu Begegnung und Vortrag. Schließlich signalisierten unwillige Äußerungen Hitlers, daß er dem Mann, den er einmal den besten Oberbürgermeister Deutschlands genannt hatte, seine Gunst entzog[83].

Auch Fiehler verlor zunehmend an Einfluß. In den ersten Jahren nach der Machtergreifung hatte er noch durch persönliche Vorsprache bei Hitler dessen Intervention bei der Gestaltung der kommunalen Gesetze erreichen können. Während des Krieges mußte er Aufforderungen zu Unterredungen mit Hitler, die aus dem Hauptamt an ihn herangetragen wurden, abwiegeln, weil er dem Führer mit solchen Dingen nicht mehr kommen durfte. Dagegen interessierte sich Hitler noch 1943 für Details der Planungen für die Umgestaltung Münchens, was Fiehler mithin noch die Möglichkeit einer Begegnung verschaffte[84].

Als Reservoir für die Besetzung zentraler Positionen scheint das Oberbürgermeisteramt im Dritten Reich nicht gedient zu haben. Wenn es vielleicht vor der Machtergreifung eine Reihe nationalsozialistischer Oberbürgermeister gegeben hätte, dann wäre dem einen oder anderen gewiß der Aufstieg innerhalb der NS-Hierarchie gelungen. So ist nur der ganz frühe Kampfgefährte Hitlers, der Oberbürgermeister Franz Schwede-Coburg nach gerade 15 Monaten Amtszeit 1935 Gauleiter in Pommern geworden[85]. Andere Verwendungen, wie die des

---

(Anm. 14), S. 11. Auch die Ausrichtung der Parteikongresse bedingte einen direkten Kontakt; vgl. Josef Henke, Die Reichsparteitage der NSDAP in Nürnberg 1933–1938. Planung, Organisation, Propaganda. In: Heinz Boberach und Hans Booms, Aus der Arbeit des Bundesarchivs. Boppard 1978, S. 398 ff.

[82] Matzerath, S. 337.

[83] Grieser (Anm. 14), S. 12; Speer, Erinnerungen. Frankfurt 1969, S. 347.

[84] Matzerath, S. 213 u. 335.

[85] Franz Schwede-Coburg, ein Anhänger Hitlers mit ganz niedriger Mitgliedsnummer, Gründer der Ortsgruppe Coburg, war in der Kampfzeit als Elektromaschinist aus dem Dienst der Stadtwerke Coburg entlassen worden. Als Oberbürgermeister amtierte er vom 12. 5. 1933–30. 6. 1934. Vgl. Hüttenberger (Anm. 48), S. 78 und Stockhorst (Anm. 36), S. 405.

Dresdner Oberbürgermeisters Zörner als Stellvertreter des Generalinspekteurs für die Reichshauptstadt, waren eher Verlegenheitslösungen für Stadtoberhäupter, die im lokalen Machtkampf unterlegen waren[86]. Ein Mann von dem ausgeprägten Ehrgeiz und den guten Beziehungen zu Hitler wie Willi Liebel konnte sich wohl Hoffnung machen, daß er „in Nürnberg nicht absterben", sondern zum Reichsminister aufsteigen würde[87]. Im Jahre 1942 ging Liebel, um Erfahrungen in der Zentralverwaltung zu sammeln und dem geschäftsführenden Stellvertreter des Gauleiters Streicher auszuweichen, als Chef des Zentralamts in das Ministerium Speer. Ein Angebot Bormanns, Gauleiter in Wien zu werden, lehnte er auf Speers Rat hin ab, um nicht in eine Intrige verwickelt zu werden. Bei Kriegsende war er nicht davon abzubringen, in „seine" Stadt zurückzukehren, deren Oberbürgermeisteramt er ununterbrochen beibehalten hatte. Liebels Ambitionen erklären sich nur aus seinen guten Beziehungen zur alten Garde Hitlers; sonst aber muß man feststellen, daß unter den Reichsministern und den Staatssekretären des Reiches sowie unter den Ministerpräsidenten und den Reichsstatthaltern in den zwölf Jahren der nationalsozialistischen Diktatur nicht ein einziger Oberbürgermeister zu finden ist[88].

Zweifellos sind auch die allgemeinen Kontakte, die Oberbürgermeister zu Berliner Zentralstellen unterhielten, rückläufig gewesen. Selbst Städte, die in der Weimarer Republik ausgesprochen gute Beziehungen zu den Reichsbehörden unterhalten hatten, sahen sich durch die Aufsichtsbehörden in der Fühlungnahme mit der Ministerialbürokratie behindert. Anordnungen, daß sich Oberbürgermeister ihre Dienstreisen nach Berlin von der Kommunalaufsicht ausdrücklich genehmigen lassen sollten, ließen sich zwar letztlich nicht durchsetzen, verdeutlichen aber das veränderte Klima. Seit die Kommunalpolitik Reichsangelegenheit geworden war, drückte der Berliner Zentralismus die Oberbürgermeister der Metropolen im Lande zu Verwaltungsleitern von Provinzstädten herab[89].

Zu Beginn des Krieges haben die Oberbürgermeister der Großstädte, vom Deutschen Gemeindetag ausgehend, versucht, dem Niedergang ihrer Stellung entgegenzuarbeiten. Die Steigerung der verwaltungs-

---

[86] Wer leitet? (Anm. 35), S. 1010.

[87] Grieser (Anm. 14), S. 12.

[88] Eine Übersicht der zentralen Position findet sich bei Zapf (Anm. 12) im Anhang. Unter den Ministerpräsidenten fällt Ludwig Siebert in Bayern heraus, der 1919–1933 Oberbürgermeister in Lindau gewesen war.

[89] Dazu mein Aufsatz am Beispiel Frankfurts (Anm. 17).

technischen und kriegswirtschaftlichen Aufgaben mußte naturgemäß die zentralen Fachverwaltungen weiter stärken und drohte, die Selbstverwaltung der Städte vollends zu untergraben. Überdies war der Anspruch der Partei und ihrer Hoheitsträger auf eine Vorherrschaft gegenüber der Verwaltung zu Beginn des Krieges mehrfach bestätigt worden. „Die Menschenführung ist allein Aufgabe der Partei", hieß es beispielsweise in einer von Göring, Heß und Frick gezeichneten Anordnung über die Verwaltungsführung auf der Kreisebene[90]. Wenn die Oberbürgermeister dagegen nichts unternähmen, so lautete ihre einhellige Befürchtung, werde die einmal verlorengegangene Stellung nie wieder zurückzugewinnen sein. Es wurde daher unter der Federführung von Oberbürgermeister Fiehler als dem Vorsitzenden des Deutschen Gemeindetages ein sogenanntes Kriegsgremium der großstädtischen Oberbürgermeister geschaffen, dem als persönliche Mitglieder, die sich nicht vertreten lassen durften, die Oberbürgermeister Weidemann-Halle, Fridrich-Breslau, Krebs-Frankfurt, Böhmer-Gelsenkirchen, Krogmann-Hamburg, Haltenhoff-Hannover, Schmidt-Köln, Will-Königsberg, Freyberg-Leipzig, Liebel-Nürnberg, Strölin-Stuttgart und Neubacher-Wien angehörten. Ihre Absicht war es, durch eine Abstimmung ihres Verhaltens auf den verschiedenen Verwaltungsgebieten und gegenüber den Behörden des Staates und der Partei einen Rest Einfluß zu sichern[91].

Aus dem gleichen Grund lebten während des Krieges auch regionale Oberbürgermeisterkonferenzen kurzfristig wieder auf. Allenthalben wurde bedauert, daß die Verbindungen zwischen den Städten der Aufsicht des Staates und der Kontrolle der Partei zum Opfer gefallen waren. Da zu Fachsitzungen die Aufsichtsbehörde und der Gauamtsleiter für Kommunalpolitik eingeladen werden mußten und bei deren Anwesenheit eine offene Aussprache nicht gewagt wurde, waren solche Sitzungen verödet und schließlich eingeschlafen. Ende des Jahres 1942 kehrten die Oberbürgermeister des Ruhrgebiets in zwei Besprechungen in Dortmund und Wanne-Eickel zur früheren Praxis gemeinsamer Beratung zurück, ohne die Parteiinstanzen und Staatsbehörden von ihren Treffen zu benachrichtigen. Bei dieser Gelegenheit wurde die Erbitterung über die Ohnmacht der Oberbürgermeister gegenüber der Partei offen ausgesprochen. Indessen waren Informa-

---

[90] RGBl. I, 1940, S. 45.

[91] Schriftverkehr und Protokolle der Sitzungen sind mehrfach überliefert u. a. im Stadtarchiv Frankfurt, Magistratsakten 1233/28 I.

tionen über die Initiative der Stadtoberhäupter zu den beiden westfälischen Gauleitern durchgesickert, die daraufhin weitere Zusammenkünfte strikt untersagten[92].

Der Übernahme des Innenministeriums durch Himmler und der bei dieser Gelegenheit versprochenen Stärkung der Selbstverwaltung schien zunächst eine gewisse Orientierung auf die Oberbürgermeister zu folgen. Himmler erließ eine Anordnung, daß ein vorzeitiges Ausscheiden von Oberbürgermeistern strikt zu unterbinden sei, was möglicherweise deren Position festigen konnte[93]. Vor allem aber ernannte er den Gauhauptmann und Leiter der Dienststelle Sudeten des Deutschen Gemeindetages, Dr. Kreißl, zum kommissarischen Leiter der Kommunalabteilung im Reichsministerium des Innern, wodurch sich eine engere Fühlungnahme zu den kommunalen Instanzen abzeichnete[94]. Als Kreißl aber erstmals an einer Sitzung des Kriegsgremiums der Oberbürgermeister teilnahm[95], wurde er mit massiven Klagen über die gegen früher geminderte Stellung der großstädtischen Verwaltungschefs konfrontiert. Von einer Selbstverwaltung könne praktisch keine Rede mehr sein. Das Schwergewicht der Verwaltung sei von der Gemeinde weg auf die Parteiseite und zum Gauleiter verlagert worden, was am deutlichsten durch die Befugnisse des Gauleiters als Reichsverteidigungskommissar unterstrichen werde. Praktisch seien die Oberbürgermeister zu ausführenden Organen geworden, für die es eine selbständige und schöpferische Gestaltung ihres Wirkungskreises gar nicht mehr gäbe. Die Sitzung schloß mit dem resignierenden Eingeständnis Kreißls, daß im nationalsozialistischen Reich „die Gemeindeleiter immer irgendwo im Schatten der Partei stehen“.

---

[92] H. Meyerhoff, Herne 1933–1945. Herne 1963, S. 17.

[93] Matzerath, S. 287.

[94] Über Kreißls Rolle bei der Diskussion über die Gauselbstverwaltung vgl. Karl Teppe, Provinz-Partei-Staat (Anm. 6), S. 138, 149, 226 f.

[95] An der 11. Sitzung am 12. 11. 1943 in München. Wortführer der Oberbürgermeister war Krebs-Frankfurt, dazu seine Aufzeichnung in Stadtarchiv Frankfurt, Magistratsakten 1233/28 I.

OBERBÜRGERMEISTER IM DRITTEN REICH AUSWERTUNG EINER QUANTITATIVEN ANALYSE* (KORREFERAT)

VON HORST MATZERATH

Im Gegensatz zu den Oberbürgermeistern in der Weimarer Zeit haben die des Dritten Reichs bisher kaum Aufmerksamkeit gefunden[1]. Für Lehr, Jarres, Böß, Landmann und Luppe liegen nunmehr wissenschaftliche Biographien vor[2], für zahlreiche andere brauchbare autobiographische Erinnerungen, biographische Darstellungen[3] oder zumindest persönliche Würdigungen[4], mit der Studie von Wolfgang

---

* Für Unterstützung bei der EDV-Auswertung bin ich H. Spode, bei der Datenaufnahme R. Unger zu Dank verpflichtet.

1 Damit trifft der früher konstatierte Mangel an Oberbürgermeisterbiographien gerade für die Phase der Weimarer Republik inzwischen nicht mehr zu: Wolfgang Haus, Biographien deutscher Oberbürgermeister. In: Archiv für Kommunalwissenschaften 4 (1965), S. 129. Vgl. auch den Forschungsbericht von Wolfgang Hofmann, Oberbürgermeister in der Politik. In: ebd. 8 (1969), S. 131–145.

2 Walter Först, Robert Lehr als Oberbürgermeister. Düsseldorf 1962; Christian Engeli, Gustav Böß. Oberbürgermeister in Berlin 1921–1930. Stuttgart 1971; Dieter Rebentisch, Ludwig Landmann. Frankfurter Oberbürgermeister der Weimarer Republik. (Frankfurter Historische Abhandlungen 10) Wiesbaden 1975; Paul-Heinz Dünnebacke, Karl Jarres im Kaiserreich und in den ersten Jahren der Weimarer Republik, phil. Diss. Münster 1974; (Münster 1976); Hermann Hanschel, Oberbürgermeister Hermann Luppe. Nürnberger Kommunalpolitik in der Weimarer Republik. (= Nürnberger Forschungen 21) Nürnberg 1977.

3 Vgl. hier etwa die Erinnerungen von Rive (Halle), Hesse (Dessau), Lohmeyer (Königsberg), Luther (Essen), Wermuth (Berlin). Biographische Darstellung etwa über Ernst Reuter (Brandt/Löwenthal) oder Konrad Adenauer (Weymar). Zu Adenauer vgl. nunmehr den umfangreichen Sammelband: Konrad Adenauer. Oberbürgermeister von Köln. Festgabe der Stadt Köln zum 100. Geburtstag ihres Ehrenbürgers, hrsg. v. H. Stehkämper, Köln 1976.

4 So beispielsweise: Walter Först, Ernst Reuter (1889–1953). In: Männer der deutschen Verwaltung. Köln und Berlin 1963, S. 367–384.

Hofmann und der Untersuchung Försts über die rheinischen Oberbürgermeister Analysen dieses Amtes in der Weimarer Republik[5]. Oberbürgermeister im Dritten Reich hingegen sind bisher allenfalls unter übergreifenden Fragestellungen behandelt worden[6] oder aber, insoweit sie bereits in der Weimarer Zeit ihr Amt übernahmen und es dann während des Dritten Reichs aufgeben mußten, wie etwa im Falle von Goerdeler, Sahm oder Merkt[7].

Die Gründe für diesen bemerkenswerten Befund sind einer eingehenden Prüfung wert. Mit der Material- und Quellenlage ist er nicht ausschließlich oder nicht einmal überwiegend zu erklären. Zumindest hätten persönliche Befragungen – so vorsichtig deren Ergebnisse im Einzelfall auch zu bewerten sind – manche Lücken in der schriftlichen Überlieferung zu kompensieren vermocht. Die Ursachen für dieses ungleichgewichtige Interesse scheinen tiefer zu liegen, einerseits in der Bedeutung der Oberbürgermeister der Weimarer Republik als herausragender Repräsentanten einer demokratischen Institution in der ersten deutschen Republik und der führenden Rolle wichtiger Vertreter dieser Gruppe wie Adenauer, Reuter und Lehr beim Aufbau der Bundesrepublik, andererseits in der Unsicherheit, wie Rolle und Persönlichkeit der Oberbürgermeister im Dritten Reich zu bewerten sind. Es ist daher kein Zufall, daß die wichtige Biographie über Goerdeler in erster Linie dem Vertreter des Widerstandes und nicht dem Kommunalpolitiker galt.

---

[5] Wolfgang Hofmann, Zwischen Rathaus und Reichskanzlei. Die Oberbürgermeister in der Kommunal- und Staatspolitik des Deutschen Reiches von 1890–1933 (= Schriften des Deutschen Instituts für Urbanistik 46) Stuttgart 1974. Außerdem Walter Först, Rheinische Städte und ihre Oberbürgermeister während der Weimarer Zeit. In: Konrad Adenauer. Festgabe, S. 531–596. – Zum Oberbürgermeisteramt in der Bundesrepublik: Rolf-Richard Grauhan, Politische Verwaltung. Auswahl und Stellung der Oberbürgermeister als Verwaltungschefs deutscher Großstädte. Freiburg i. Br. 1970.

[6] Horst Matzerath, Nationalsozialismus und kommunale Selbstverwaltung. (= Schriftenreihe des Vereins für Kommunalwissenschaften 29) Stuttgart 1970, bes. S. 247 ff.

[7] Neben einer knappen Würdigung von Gustav Giere besonders Gerhard Ritter, Carl Goerdeler und die deutsche Widerstandsbewegung. Stuttgart 1954; Heinrich Sprenger, Heinrich Sahm. Kommunalpolitiker und Staatsmann. Köln 1969. Außerdem die biographische Würdigung von Alfred Weitnauer, Otto Merkt. In: Lebensbilder aus dem Bayrischen Schwaben, hrsg. v. W. Zorn, 9, München 1966, S. 426–451.

Die Diskussion über die Rolle des Oberbürgermeisters im Dritten Reich steht daher noch in den Anfängen: War er ein spezifischer Repräsentant des nationalsozialistischen Systems, verkörperte er gegenüber dem Nationalsozialismus die Tradition einer lokal begründeten, gesetzlich abgesicherten Sonderautonomie, oder gelang es zumindest, der örtlichen Verwaltung einen Freiraum gegenüber dem Absolutheitsanspruch der Partei zu sichern?[8]. Da Amt und Persönlichkeit des Oberbürgermeisters in einer engen Wechselbeziehung stehen, ergeben sich daraus weitere Fragen: Läßt sich das Amt des Oberbürgermeisters im Dritten Reich noch mit dem der Weimarer Republik oder vorher vergleichen? Gab es im Dritten Reich einen neuen, von der Weimarer Zeit abweichenden Typ des Oberbürgermeisters? Vermochte er sich gegenüber Staat und Partei als eigenständige politische Kraft zu behaupten? Bewahrte er sein herkömmliches Selbstverständnis, oder vermochte er ein neues zu entwickeln?

Mit diesen Fragestellungen sind drei unterschiedliche Problemaspekte berührt. Die Stellung des Oberbürgermeisters und damit die kommunale Selbstverwaltung sind Probleme, die auf die *Grundstruktur eines politischen Systems* zielen. Herkunft, Karriere, politische Bindung, Bedingungen der Amtsübernahme und des Amtsverlusts sind zentrale Probleme der *Elitenforschung*[9]. Die Frage nach Typen von Oberbürgermeistern, nach ihren lokalen Handlungsbedingungen und -möglichkeiten schließlich sind wichtige Themen der *kommunalhistorischen Forschung.*

---

[8] Diese unterschiedlichen Positionen sind zumindest ansatzweise und zum Teil mehr politisch als wissenschaftlich vertreten worden. Die erste Position ergab sich aus der Verurteilung des nationalsozialistischen Systems in der unmittelbaren Nachkriegsphase, die zweite Auffassung resultierte stärker aus dem Rechtfertigungsstreben im Dritten Reich tätiger Kommunalpolitiker. Die dritte Auffassung bildete eine Reaktion auf eine allzu grobschlächtige Fassung der Totalitarismusthese und findet sich beispielsweise bei Edward N. Peterson, The Limits of Hitler's Power. Princeton, 1969.

[9] Zu den grundlegenden Fragestellungen dieses Ansatzes: Wolfgang Zapf, Wandlungen der deutschen Elite. Ein Zirkulationsmodell deutscher Führungsgruppen 1919–1961. München 1965 (ohne Oberbürgermeister); wichtig aus der älteren Literatur: Daniel Lerner, The Nazi Elite. Stanford 1951; Hans Gerth, The Nazi Party: Its leadership and composition. In: The American Journal of Sociology 45 (1940), S. 517–541.

Mit diesen Erkenntnisinteressen und Fragestellungen stößt eine Untersuchung sehr rasch an die Grenzen einer individualisierenden biographisch-verstehenden Betrachtungsweise, dies um so mehr, als unter den Bedingungen der nationalsozialistischen Herrschaft die „wirklichen" Motive noch sehr viel weniger schriftlichen Niederschlag fanden als unter anderen Systemen und auch die rückblickenden Erinnerungen von Beteiligten nicht frei von Irrtümern und Verzerrungen sind. Somit vermag noch am ehesten eine quantitative Analyse Aufschluß über die Veränderungen, über das Ausmaß der Zirkulation bei den Oberbürgermeisterpositionen und über das soziale und politische Profil der Oberbürgermeister im Dritten Reich zu geben. Zu diesem Zweck wurden — soweit erreichbar — die biographischen Daten sämtlicher Oberbürgermeister, insbesondere bezüglich Alters, Schulbildung, beruflichen Werdegangs, Mitgliedschaft und Ämtern in der NSDAP aus den unterschiedlichsten Quellen gesammelt und ausgewertet[10]. Die Ergebnisse dieser Auswertungen werden im Zusammenhang der institutionellen Gegebenheiten und der politischen Be-

[10] Unterschiedliche Aktenbestände: vor allem Berlin Document Center (BDC), Deutscher Gemeindetag (DGT) im Landesarchiv Berlin (LAB) oder im Bundesarchiv Koblenz (BAK) sowie des Hauptamtes für Kommunalpolitik im Bundesarchiv. Weiterhin Nachschlagewerke: Wer ist's? Ausg. IX, Leipzig 1928; Ausgabe X, Leipzig 1935; Taschenkalender (später Taschenbuch) für Verwaltungsbeamte (seit 1925); Reichshandbuch der deutschen Gesellschaft, 2 Bde., Berlin 1930/31; M. Müller-Jabusch, (Hg.), Politischer Almanach. Jahrbuch des öffentlichen Lebens. Berlin 1925 ff.; Cuno Horkenbach, (Hg.), Das Deutsche Reich von 1918 bis heute, 4 Bde., Berlin 1930–35; Das Deutsche Führerlexikon 1934/35. Berlin 1934; (Erich) Stockhorst, Fünftausend Köpfe. Wer war was im Dritten Reich, Velbert und Kettwig 1967; Der Gemeindetag, Jg. 27 ff. 1933 ff.). Dazu Einzelinformationen aus anderen Beständen, Biographien, Stadtgeschichten, Verwaltungsberichten, Organisationsbüchern und Adressenwerken. Nicht immer ließ sich exakt der Zeitpunkt des Ausscheidens bestimmen, zumal hier sehr unterschiedliche Ereignisse in Betracht kamen: Beurlaubung, kommissarische Besetzung durch einen anderen Amtsinhaber, formeller Abschluß der Verfahren mit zahlreichen weiteren Zwischenformen. Die Probleme bezüglich kommissarischer und endgültiger Amtsübernahme waren demgegenüber geringer. Fehlende Daten wurden nach dem Taschenkalender (Taschenbuch) für Verwaltungsbeamte ergänzt. — Für Auskünfte habe ich zudem den Archiven der Städte Braunschweig, Karlsruhe, Krefeld und Mainz zu danken.

dingungen dieses Amtes, wie sie sich insbesondere in den Vorgängen der Berufung und der Abberufung niederschlagen, diskutiert. Nur unter dieser verkürzten Perspektive kommt dabei auch die Amtsführung der Oberbürgermeister ins Blickfeld.
Die Abgrenzung der Oberbürgermeisterposition bereitet für die Zeit des Dritten Reichs geringere Probleme als zuvor. Die Deutsche Gemeindeordnung von 1935 bestimmte eindeutig, daß die Amtsbezeichnung Oberbürgermeister auf die Bürgermeister von Stadtkreisen beschränkt wurde (§ 32). Die Stadtkreise im Sinne der Deutschen Gemeindeordnung wurden hingegen in der ersten Durchführungsverordnung bestimmt[11]. Gemeindeleiter anderer Städte, die auf Grund früherer Bestimmungen den Titel Oberbürgermeister oder Erster Bürgermeister verliehen bekommen hatten und diesen Titel persönlich weiterführen durften, wurden nicht in die Untersuchung aufgenommen[12]. Gleichwohl blieben die Unterschiede zwischen einer Stadt wie Berlin mit – 1935 – 4,2 Millionen Einwohnern und Wurzen mit knapp 19 000 Einwohnern. Der Erhebungszeitraum wurde begrenzt auf die Zeit zwischen 1933 und 1939, da mit Kriegsausbruch Sonderprobleme etwa durch Kriegsdienst oder Abordnung in die eroberten Gebiete entstanden. Lediglich bei Abberufungen bereits vor Kriegsausbruch im Amt befindlicher Oberbürgermeister wurde diese Schwelle überschritten. Um Unterschiede zwischen den Oberbürgermeistern der Weimarer Zeit und des Dritten Reiches klarer herauszuarbeiten, wurden als Kontrollgruppe die Oberbürgermeister der Städte über 100 000 Einwohner ausgewertet[13], die zum Zeitpunkt der Machtergreifung im Amt waren, während im Datensatz der Oberbürgermeister im Dritten Reich nur diejenigen enthalten sind, die den ersten Ansturm auf die Rathäuser überstanden und sich in der zweiten Hälfte des Jahres 1933 noch im Amt befanden.

[11] Deutsche Gemeindeordnung (DGO) vom 30. 1. 1935 (RGBl. I, S. 49). 1. Durchführungsverordnung v. 22. 3. 1935 (RGBl. I, S. 393), bes. §§ 10 und 11. Zur DGO erschienen eine Reihe von Kommentaren, deren wichtigste (von Staatsseite): Friedrich Karl Surén, Wilhelm Loschelder, Die Deutsche Gemeindeordnung. Berlin 1935 (2. Aufl. 1940); von Parteiseite: Die Deutsche Gemeindeordnung. Ein Leitfaden für nationalsozialistische Parteibeauftragte in der Gemeinde, für Gemeinderäte und Bürgermeister. München 1935.

[12] Zum Problem der Abgrenzung und der unterschiedlichen Bezeichnungen für die Zeit vor 1933: Hofmann, Zwischen Rathaus, S. 19 f.

[13] Für die Bildung der Größenklassen wurde die Einwohnerzahl von 1933 zugrundegelegt.

DIE STELLUNG DES OBERBÜRGERMEISTERS

Die Stellung des Oberbürgermeisters im Dritten Reich bemaß sich nicht ausschließlich, nicht einmal vornehmlich nach den für dieses Amt gültigen Bestimmungen. Gleichwohl hatten diese als Verfahrensregeln für den „Normalfall" ihre Bedeutung[14] und sind insofern bei der Würdigung des Amtes zu berücksichtigen. Gerade unter diesem Gesichtspunkt lassen sich für den Zeitraum 1933 bis 1939 drei Zeitabschnitte gegeneinander abgrenzen: die Phase der „revolutionären" Machteroberung bis etwa zum Sommer 1933, eine Übergangs- oder Stabilisierungsphase bis zum Erlaß der Deutschen Gemeindeordnung Anfang 1935 und schließlich der Zeitraum bis 1939, in dem sich die Entwicklung auf dem Boden dieses „Grundgesetzes des nationalsozialistischen Staates" vollziehen sollte.
Bezüglich der Machtergreifungsphase[15] interessieren hier nicht die Vorgänge, die zur Ablösung der bisherigen Amtsinhaber führten, sondern die Bedingungen, die die künftige Stellung der neuen Amtsinhaber mitprägten. Diese waren im allgemeinen durch die Verdrängung der bisherigen Oberbürgermeister in die Position gelangt, indem sie als lokale Repräsentanten der NSDAP an der Spitze von SA oder Parteianhängern das Rathaus besetzten und dann kommissarisch eingewiesen wurden oder indem durch das Zusammenwirken von Staats- und Parteistellen von oben neue, im allgemeinen gleichfalls zunächst nur kommissarisch bestellte Oberbürgermeister ernannt wurden. Diese Vorgänge vollzogen sich weitestgehend im rechtsfreien Raum oder gegen die bestehenden Gesetze und wurden durch neugeschaffene rechtliche Bestimmungen, wie etwa das sogenannte „Berufsbeamtengesetz"[16], nachträglich legalisiert. Diese Phase wurde dadurch abge-

[14] Zum Nebeneinander von Normen- und Maßnahmenstaat im Rahmen des nationalsozialistischen Herrschaftssystems – nunmehr in Deutsch – Ernst Fraenkel, Der Doppelstaat. Frankfurt/M. 1974.

[15] Die Phase der Machtergreifung ist auf lokaler und kommunaler Ebene noch am besten erforscht. Dazu neben einer Reihe von Lokalstudien immer noch Karl Dietrich Bracher, Wolfgang Sauer, Gerhard Schulz, Die nationalsozialistische Machtergreifung. ²Köln und Opladen 1962, bes. S. 442 ff. Zum Ausmaß des personellen Wechsels: Matzerath, Nationalsozialismus, bes. S. 79 f.

[16] Gesetz zur Wiederherstellung des Berufsbeamtentums (BBG) v. 7. 4. 1933 (RGBl. I, S. 175). Das Gesetz bot Handhaben gegen „Nichtarier", politisch „Unzuverlässige" und ermöglichte Versetzung und Zurruhesetzung zwecks Vereinfachung der Verwaltung. Zur Entstehung und

schlossen, daß künftig weitere Eingriffe von unten im Mai/Juni 1933 untersagt wurden[17].

Dieser anschließende Zeitraum bis zum Erlaß der Deutschen Gemeindeordnung diente einmal der endgültigen Durchsetzung der personellen Forderungen durch weiteren Wechsel in den Spitzenpositionen wie auch der Durchdringung der Kommunalverwaltungen mit zuverlässigen Nationalsozialisten, zum anderen der Wiederherstellung der Funktionsfähigkeit der Verwaltung, dies unter anderem auch durch die Zurückziehung offensichtlich unqualifizierter kommissarisch tätiger Gemeindeleiter und durch die endgültige Bestellung derjenigen neuen Amtsinhaber, die nicht offensichtlich ungeeignet waren. Bisweilen wurden in diesem Zeitraum Oberbürgermeister ausgetauscht und an anderer Stelle wieder eingesetzt[18]. Es konnte dabei auch geschehen, daß kurzerhand abgesetzte Oberbürgermeister alsbald ihr Amt wieder übernehmen konnten[19]. Die Entwicklungen vollzogen sich – abgesehen vom Instrument des Berufsbeamtengesetzes – ohne hinreichende gesetzliche Grundlage, freilich vielfach unter dem Anschein herkömmlicher Verfahren[20].

In diese Zeit fällt von preußischer Seite der Versuch eines eigenen Kommunalverfassungsgesetzes, das zugleich die Stellung des Oberbürgermeisters neu regelte[21]. Es schränkte zunächst den Titel des Oberbürgermeisters auf den Gemeindeleiter kreisfreier Städte ein. Berufung und Abberufung erfolgten durch den Innenminister; bezüglich der Partei war lediglich eine Fühlungnahme mit dem Gauleiter vorgeschrieben. Die Berufung, die grundsätzlich auf zwölf Jahre erfolgen sollte, konnte bei Oberbürgermeistern jederzeit widerrufen werden, bei anderen Gemeindeleitern nur innerhalb eines Probejahres. Mit der Abschaffung der Wahlen und der gemeindlichen Beschluß-

Funktion des Gesetzes vor allem: Hans Mommsen, Beamtentum im Dritten Reich. (= Schriftenreihe der Vierteljahrshefte für Zeitgeschichte 13) Stuttgart 1966.

[17] Dazu Matzerath, Nationalsozialismus, S. 81 ff.

[18] Dazu zählte etwa Dr. Hans Poeschel, seit 1931 Oberbürgermeister in Stettin, der 1933 nach M.-Gladbach „versetzt" wurde.

[19] Dr. Delius (Wesermünde) war zunächst beurlaubt worden, konnte später sein Amt wieder übernehmen.

[20] Dazu zählten beispielsweise „Entzug des Vertrauens", „den Rücktritt nahegelegt".

[21] Preußisches Gemeindeverfassungsgesetz v. 15. 12. 1933 (GS S. 427). Zur Entstehung Matzerath, Nationalsozialismus, S. 107 ff.

körper, an deren Stelle Gemeinderäte als Ratgeber des Oberbürgermeisters traten, wurde der „Leiter der Gemeinde" von der Willensbildung in der Stadt unabhängig gemacht, dafür aber weitgehenden Aufsichtsbefugnissen des Staates unterworfen.

Die Deutsche Gemeindeordnung folgte in wichtigen Grundzügen diesem Modell, wich in anderen erheblich davon ab[22]. Das „Führerprinzip" in der Kommunalverwaltung, die Beseitigung der Beschlußkörper, das Erfordernis hauptamtlicher Verwaltung und entsprechende Laufbahnvoraussetzungen entweder für den Oberbürgermeister oder seinen Stellvertreter (Befähigung zum Richteramt oder höheren Verwaltungsdienst) wurden aus dem preußischen Gemeindeverfassungsgesetz übernommen, ebenso die zwölfjährige Amtszeit mit der Möglichkeit einer Wiederberufung auf Lebenszeit. Generell, d. h. auch für Oberbürgermeister, wurde nunmehr ein Probejahr vorgesehen. Neu und andersartig war die Berufung und Abberufung des Oberbürgermeisters geregelt: Das Vorschlagsrecht stand dem Beauftragten der Partei – in der Regel dem Kreisleiter[23] – zu, der in Städten über 100 000 Einwohner bis zu drei Bewerber dem Reichsinnenminister, in den übrigen Stadtkreisen dem Reichsstatthalter vorzuschlagen hatte, die einem der Bewerber zustimmten, der dann formell von der Gemeinde ernannt wurde.

Damit war gegenüber dem preußischen Gemeindeverfassungsgesetz der Einfluß des Staates zurückgedrängt und formell auch die Mitwirkung der Partei auf festgelegte Kompetenzen begrenzt worden. Selbst in diesem Rahmen stand nach dem Erlaß des Deutschen Beamtengesetzes und der Reichsdienststrafordnung ein beträchtliches Instrumentarium für die Auswechselung von Spitzenpositionen zur Verfügung. Neben den wegen Alter und Todesfällen freiwerdenden Positionen gab es als sozusagen „normale" Möglichkeiten die Ablösung während der Probezeit oder die Nichtverlängerung nach Ablauf einer Amtsperiode. Weiterhin war es unverändert möglich, nach den relativ weitgefaßten Kriterien des Berufsbeamtengesetzes leitende Gemeindebeamte zu entlassen. Darüber hinaus ließen das Deutsche Beamtengesetz und die Reichsdienststrafordnung verschiedene Formen zu:

[22] Ebenda, S. 132 ff.

[23] VO zur Ausführung des § 118 der Deutschen Gemeindeordnung v. 26. 3. 1935 (RGBl. I, S. 470). Die VO wurde vom Stellvertreter des Führers Rudolf Heß, zugleich Reichsminister ohne Geschäftsbereich, erlassen. Danach konnte der Gauleiter den Parteibeauftragten mit bindenden Auflagen versehen und im Einzelfall die Funktion selbst wahrnehmen.

Ausscheiden, Entlassung, Versetzung in den Ruhestand und die Dienstentfernung. Da sämtliche dieser Verfahren an bestimmte Regeln und Voraussetzungen gebunden waren, bot sich von diesen Formen am ehesten noch die Versetzung in den Ruhestand an, die auch aus politischen Gründen möglich war[24]. Da nach neuentwickelter Rechtsauffassung der Ausschluß aus der Partei einen solchen Grund bildete, hatte die Partei unmittelbare Handhaben, auch außerhalb eines Dienststrafverfahrens, mißliebige Oberbürgermeister aus dem Amt zu verdrängen[25]. Über diese formalen Möglichkeiten hinaus besaß die Partei selbstverständlich weitere Möglichkeiten politischen Drucks, wie späterhin noch eingehender zu erörtern sein wird.

Einen ersten – wenngleich groben – Aufschluß über die Stellung des Oberbürgermeisters, d. h. über die Amtsfestigkeit, gibt das Ausmaß des Wechsels in den Oberbürgermeisterpositionen nach der unmittelbaren Phase der Machtergreifung. In den 217 deutschen Stadtkreisen amtierten in den ersten sechs Jahren der nationalsozialistischen Herrschaft 351 Oberbürgermeister, von denen 23 innerhalb dieses Zeitraums ein entsprechendes Amt in einer anderen Stadt übernahmen, drei sogar mehrfach wechselten[26]. Das aber bedeutet, daß im statistischen Mittel in fast jeder Stadt ein Wechsel in der Person des Oberbürgermeisters vorgenommen wurde. Faktisch sieht das Ergebnis etwas anders aus: Knapp die Hälfte (98 oder 45,2 %) aller Städte behielten den Gemeindeleiter, den sie 1933 bereits besaßen oder neu bekommen hatten, auch noch im Jahre 1939, 85 (39 %) hatten während dieser Zeit einen, weitere 29 (13 %) deren zwei und 5 Städte (2 %) sogar noch mehr Wechsel zu verzeichnen.

Dieses Ergebnis bedarf weiterer Differenzierung: War das Ausmaß der personellen Veränderungen in den großen Städten höher, differierte es nach einzelnen Ländern oder Gauen oder lassen sich zeitliche Schwerpunkte von Veränderungen feststellen?

Differenziert man das Ergebnis zunächst nach den Größenklassen der Stadtkreise, dann ergibt sich der überraschende Befund, daß bezüglich der Größe sich die Städte nach der Häufigkeit des Wechsels kaum

---

[24] So insbesondere nach § 71 des Deutschen Beamtengesetzes (DBG) vom 26. 1. 1937 (RGBl. I, S. 39). Dazu bes. Mommsen, Beamtentum, S. 104 ff.

[25] Über Entwicklung und Stellung der Parteigerichte: Donald M. McKale, The Nazi Party Courts. Lawrence 1974.

[26] Nicht aufgenommen wurde die vertretungsweise Wahrnehmung der Oberbürgermeisterfunktionen.

Tabelle 1: Amtswechsel nach Größenklassen (1933–1939).

Größenklassen	Zahl der Städte		Häufigkeit des Amtswechsels								Positionen insgesamt	
			ohne Wechsel		ein Wechsel		zwei Wechsel		mehr als zwei Wechsel			
		%		%		%		%		%		%
über 200 000 E	27	12,4	13	13,3	7	8,2	5	17,2	2	40,0	50	13,3
100 000–200 000 E	30	13,8	17	17,3	11	12,9	2	6,9	0	0,0	45	11,9
50 000–100 000 E	45	20,7	16	16,3	19	22,4	10	34,5	0	0,0	84	22,3
unter 50 000 E	115	53,0	52	53,1	48	56,5	12	41,4	3	60,0	198	52,5
Insgesamt	217	100,0	98	100,0	85	100,0	29	100,0	5	100,0	377	100,0

unterschieden: Die Anteile der Orte ohne Amtswechsel zwischen 1933 und 1939 wie auch der Gesamtzahl der in den unterschiedlichen Größenklassen innegehabten Positionen stimmt mit dem Anteil der Städte in den einzelnen Größenklassen im wesentlichen überein. Lediglich die Städte über 200 000 E. lagen etwas über, die Städte zwischen 100 000 E und 200 000 E unter dem Durchschnitt.

Tabelle 2: Amtswechsel nach Ländern.

Länder	Stadtkreise 1	Positionen 2	Häufigkeit* 3
Anhalt	4	5	1,3
Baden	7	9	1,3
Bayern	29	48	1,7
Braunschweig, Bremen, Hamburg, Lübeck	5	7	1,4
Hessen	5	11	2,2
Mecklenburg	5	8	1,6
Oldenburg	3	4	1,3
Preußen	116	213	1,8
Saarland	1	3	3,0
Sachsen	22	38	1,7
Thüringen	9	16	1,8
Württemberg	11	15	1,4
Dt. Reich	217	377	1,7

* „Häufigkeit“ ergibt sich als Quotient von Positionen/Stadtkreise.

Aufschlußreichere Unterschiede läßt das Ergebnis nach Ländern erkennen, wenngleich die Unterschiede in Größe und Zahl der Stadtkreise, namentlich bei sehr geringen Fallzahlen, zur Vorsicht mahnen. Preußen mit mehr als der Hälfte aller Fälle hatte neben Hessen den stärksten Wechsel aufzuweisen. Bemerkenswert häufig wechselten die Oberbürgermeister auch im Flächenstaat Bayern wie im städtereichen Sachsen oder dem benachbarten kleineren Thüringen. Andererseits zeigten in Südwestdeutschland Württemberg und Baden oder etwa die kleinen Länder Anhalt und Oldenburg eine erstaunlich geringe Fluktuation.

Eine Aufgliederung nach Parteigauen (Tab. 3) läßt die regionalen Unterschiede noch deutlicher hervortreten und eine erhebliche Spannbreite zwischen einzelnen Gauen erkennen. Ein klares Muster, das die Unterschiede zu erklären vermöchte, tritt auf den ersten Blick nicht zutage. Benachbarte Gaue wie Köln-Aachen und Düsseldorf zeig-

Tabelle 3: Amtswechsel nach Parteigauen.

Gau	Stadtkreise	Positionen	Häufigkeit
Baden	7	9	1,3
Bayer. Ostmark	10	17	1,7
Düsseldorf	9	20	2,2
Essen	4	9	2,3
Franken	4	6	1,5
Groß-Berlin	1	2	2,0
Halle-Merseburg	7	14	2,0
Hamburg	4	5	1,3
Hannover-Ost	4	5	1,3
Hannover-Süd	6	10	1,7
Hessen-Nassau	8	16	2,0
Koblenz-Trier	2	5	2,5
Köln-Aachen	3	4	1,3
Kurhessen	3	4	1,3
Kurmark	11	20	1,8
Magdeburg-Anhalt	10	12	1,2
Main-Franken	3	3	1,0
Mecklenburg-Lübeck	5	8	1,6
München-Obb.	3	5	1,7
Ostpreußen	5	10	2,0
Pfalz-Saar	8	17	2,1
Pommern	7	17	2,4
Sachsen	22	38	1,7
Schlesien	14	24	1,7
Schleswig-Holstein	4	5	1,3
Schwaben	2	3	1,5
Thüringen	12	23	1,9
Weser-Ems	7	13	1,9
Westfalen-Nord	8	14	1,8
Westfalen-Süd	13	24	1,8
Württemberg-Hohenzollern	11	15	1,4
	217	377	1,7

ten erhebliche Unterschiede, und in der Spitzengruppe sind so unterschiedlich strukturierte Gaue wie Pommern, Pfalz-Saar, Düsseldorf und Essen zu finden. Bemerkenswert erscheint immerhin, daß fast der gesamte südwest- und süddeutsche Raum mit den Gauen Baden, Württemberg-Hohenzollern, Schwaben, Franken und Main-Franken spürbar unter dem Durchschnitt lagen, Bayerische Ostmark und München-Oberbayern ihn gerade erreichten. Das Ruhrgebiet mit den Gauen Düsseldorf, Essen, Westfalen-Nord und Westfalen-Süd war hingegen durch ausgesprochen starke Veränderungen gekennzeichnet. Diese Erscheinungen erfordern eine eingehendere Analyse der regionalen und lokalen Ursachen und Bedingungen dieser Unterschiede.

Abschließend bleibt noch zu prüfen, wie sich die Veränderungen im Zeitablauf vollzogen. Die Entwicklung der Neubesetzungen zeigt kein unvermutetes Bild: Die meisten erfolgten in den beiden ersten Jahren, vor allem 1933, dann etwa in gleicher Stärke mit einer Abschwächung 1939. Ein deutlich anderes Muster ist bei den Abgängen zu erkennen: In den Jahren nach der Machtergreifung und nach Erlaß der Deutschen Gemeindeordnung stieg deren Zahl spürbar an, während das Jahr 1935 bemerkenswert wenig Abgänge zu verzeichnen hatte.

Tabelle 4: Amtswechsel zwischen 1933 und 1939.

	Amtsübernahme		Amtsverlust	
	Zahl	%	Zahl	%
1933	137	46,4	19	11,2
1934	45	15,3	48	28,4
1935	25	8,5	13	7,7
1936	23	7,8	32	18,9
1937	26	8,8	25	14,8
1938	24	8,1	20	11,8
1939	15	5,1	12	7,1
Amtsübernahme/ -verlust 1933–1939	295	100,0	169	100,0
Amtsübernahme vor 1933	82			
Amtsverlust nach 1939			208	

Alle diese Befunde deuten auf eine erhebliche Instabilität des Oberbürgermeisteramtes im Dritten Reich hin. Diese verringerte sich zwar spürbar nach den beiden ersten Jahren, lag aber weit über dem, was aus dem Kaiserreich und der Weimarer Republik bekannt ist. Unterschiede nach Ländern und Gauen verweisen auf die Bedeutung regionaler Faktoren, augenscheinlich vor allem der Gauleitungen. Insbesondere aber erhebt sich die Frage, ob die Oberbürgermeister im Dritten Reich überhaupt eine homogene Gruppe darstellten und ob sie möglicherweise von diesen Veränderungen in sehr unterschiedlicher Weise betroffen wurden.

DER OBERBÜRGERMEISTER IM DRITTEN REICH: EINE NEUE ELITE?

Veränderte sich im Dritten Reich das soziale und politische Profil des Oberbürgermeisters gegenüber der Weimarer Zeit? Hatte es in die Position des Oberbürgermeisters einen „Aufstieg der Außenseiter" gegeben[27] oder setzten sich überkommene Karrieremuster durch mit dem Ergebnis, daß der Oberbürgermeister nach 1933 nicht die typischen Merkmale des nationalsozialistischen Amtsträgers aufwies: niedriges Alter, früher Parteieintritt, relativ niedrige soziale Herkunft, relativ schlechte Ausbildung, Kriegserfahrung, Bruch im beruflichen Werdegang. Für die wichtigsten dieser Dimensionen liegen Daten vor, die eine Prüfung dieser Fragestellung ermöglichen, und zwar etwa für drei Viertel aller 351 Oberbürgermeister im Dritten Reich Angaben über Alter, Ausbildung, Vorposition und Parteimitgliedschaft.

Bereits das Alter der Oberbürgermeister unmittelbar vor und nach der Machtergreifung läßt deutliche Unterschiede erkennen: Die Verwaltungsleiter der Großstädte in der letzten Phase der Weimarer Republik waren 1933 im Durchschnitt etwa 53 Jahre, die der Städte insgesamt nach der Machtergreifung 44 Jahre ebenso wie die der Stadtkreise über 100 000 Einwohner. Anders ausgedrückt: Die demokratisch gewählten Oberbürgermeister gehörten überwiegend den Jahrgängen 1881–85 (Tab. 5) an, die der Anfangszeit des nationalsozialistischen Systems waren altersmäßig sehr viel weniger homogen, konzentrierten sich aber stärker auf die Jahrgänge 1886–90 und 1896–1900, die der Oberbürgermeister der Großstädte auf die Jahr-

[27] Vgl. Zapf, S. 51.

Tabelle 5: Altersgruppen (im Jahre 1933)*.

	Drittes Reich (alle Städte)		Drittes Reich (über 100 000 E.)		Weimarer Republik (über 100 000 E.)	
		%		%		%
vor 1870	2	1,1	1	1,8	5	9,8
1871–1875	10	5,7	3	5,4	9	17,6
1876–1880	14	8,0	2	3,6	9	17,6
1881–1885	32	18,3	12	21,4	18	35,3
1886–1890	38	21,7	13	23,2	10	19,6
1891–1895	29	16,6	9	16,1	1	2,0
1896–1900	35	20,0	11	19,6	—	—
1901–1905	15	8,6	5	8,9	—	—
insgesamt	175	100,0	56	100,0	51	100,0
(unbekannt)**	(42)		(2)		(2)	

* Im Gegensatz zu den Tabellen 6–8 sind hier nicht alle Amtsinhaber berücksichtigt, sondern die 1933 vorhandenen Positionen.
** Darunter auch nicht besetzte Positionen.

gänge 1881–1890. Auch unter Berücksichtigung der Tatsache, daß es sich bei der einen Gruppe um eine zum Teil bereits länger im Amt befindliche Gruppe handelte, während nach der Machtergreifung ein großer Teil dieses Amt erst übernahm, kommt man nicht umhin festzustellen, daß es sich bei den neuen Amtsinhabern teilweise um eine neue, jüngere Generation handelte.

Auch die Schulbildung der Amtsinhaber vor und nach der Machtergreifung unterscheidet sich erheblich (Tab. 6). Die Oberbürgermeister der Großstädte in der Weimarer Zeit hatten ihre Ausbildung fast durchweg mit einem juristischen Examen abgeschlossen, lediglich ein knappes Zehntel verfügte über keinen Hochschulabschluß. Von den Oberbürgermeistern im Dritten Reich besaßen nicht einmal zwei Drittel ein juristisches Examen, nicht einmal die Hälfte bei den Stadtoberhäuptern der Großstädte. Wenigstens bis zu einem gewissen Grad wurde dies kompensiert durch Hochschulabschlüsse anderer Art. Insgesamt sind die Amtsinhaber in der nationalsozialistischen Zeit durch ein breites Spektrum unterschiedlicher Ausbildungsgänge gekennzeichnet.

Tabelle 6: Schulbildung.

	Drittes Reich (alle Städte)		Drittes Reich (über 100 000 E.)		Weimarer Republik (über 100 000 E.)	
		%		%		%
Volksschule	18	6,7	4	5,2	4	7,7
mittl. o. höh. Schule	35	13,0	14	18,2	1	1,9
Fachhochschule	9	3,3	2	2,6	—	—
Studium (ohne Abschl.)	4	1,5	2	2,6	—	—
Hochschulexamen (ohne Jura)	38	14,1	19	24,7	2	3,8
juristisches Examen	166	61,5	36	46,8	45	86,5
insgesamt	270	100,0	77	100,0	52	100,0
(unbekannt)	(81)		(7)		(1)	

Tabelle 7: Vorberuf.

	Drittes Reich (alle Städte)		Drittes Reich (über 100 000 E.)		Weimarer Republik (über 100 000 E.)	
		%		%		%
Nichtjuristen	(95)	36,4	(39)	52,0	(7)	13,5
Selbständige	20	7,7	11	14,7	1	1,9
Höhere Beamte	30	11,5	12	16,0	3	5,8
Leitende Angestellte	35	13,4	12	16,0	2	3,8
Sonstige	10	3,8	4	5,3	1	1,9
Juristen	(166)	63,6	(36)	48,0	(45)	86,5
Kommunal	76	29,1	13	17,3	37	71,2
Staat	15	5,7	7	9,3	4	7,7
Justiz	10	3,8	3	4,0	—	—
Organisationen	4	1,5	3	4,0	2	3,8
Wirtschaft	4	1,5	1	1,3	—	—
Selbständige	13	5,0	3	4,0	2	3,8
Keine Angaben	44	16,7	6	8,0	—	—
insgesamt	261	100,0	75	100,0	52	100,0
(unbekannt)	(90)		(9)		(1)	

Dieses Ergebnis gewinnt seine volle Aussagekraft erst, wenn man den beruflichen Werdegang einbezieht, der mit der Vorposition vor Übernahme des kommunalen Spitzenamtes nicht in jedem Einzelfall adäquat erfaßt wird, insgesamt aber eindeutige Rückschlüsse erlaubt (Tab. 7)[28]. Während die Oberbürgermeister der Weimarer Zeit ein klares Karrieremuster erkennen lassen, das über entsprechende Verwaltungspositionen in Städten, bisweilen auch aus der Position des zweiten Mannes, oder aber über staatliche Funktionen wie Landrat oder Kommunaldezernent in der Regierung in das kommunale Spitzenamt führte, hatten im Dritten Reich Nichtjuristen mit sehr unterschiedlichen Berufswegen einen hohen Anteil an den Inhabern dieser Positionen; bei denen der Großstädte stellten sie sogar die Mehrheit. Als Außenseiter im Sinne der bisherigen Karrieremuster müssen darüber hinaus auch die Juristen gerechnet werden, die ohne spezifische Verwaltungserfahrung dieses Amt übernahmen.

Die Bindung an eine Partei war bereits für die Oberbürgermeister in der Endphase charakteristisch, wobei SPD und die relativ kleine DDP herausragten (Tab. 8a). Für mehr als 40% der Oberbürgermeister läßt sich eine Parteimitgliedschaft eindeutig nachweisen, andere standen einer der Parteien zumindest nahe und verdankten dieser Tatsache wesentlich ihr Amt[29], so daß von einer „unpolitischen" Verwaltungsführung spätestens zu diesem Zeitpunkt kaum mehr die Rede sein konnte[30], wenngleich die Parteimitgliedschaft für die Oberbürgermeister sowohl persönlich wie im politischen Leben ihrer Zeit einen sehr unterschiedlichen Stellenwert hatte.

Geradezu fundamental wurde im Dritten Reich die Mitgliedschaft zur NSDAP als der ausschließlichen Staatspartei (Tab. 8b), und zwar um so eindeutiger, je früher sie begründet war. Nahezu Dreiviertel aller Oberbürgermeister im Dritten Reich, über die Angaben vorliegen, war vor der Machtergreifung in die Partei eingetreten, bei denen der Städte über 100 000 E. waren es gut vier Fünftel. Dies läßt erkennen, in welch hohem Maße dieses Amt im Dritten Reich „politisiert" war.

---

[28] Eine gewissse Verzerrung liegt darin, daß bei Amtsantritt nach 1933 bei der Machtergreifung in Verwaltungsfunktionen gekommene nationalsozialistische Außenseiter bezüglich der Vorposition als Inhaber entsprechender Stellen in Erscheinung treten.

[29] Dr. Rombach (Aachen) stand augenscheinlich dem Zentrum nahe. Dr. W. Hartmann (Remscheid) war entweder Mitglied der DVP oder DNVP.

[30] Zum Prozeß der zunehmenden Politisierung bereits Haus, S. 142.

Tabelle 8a: Parteimitgliedschaft (Weimarer Parteien).

Parteien	Weimarer Zeit (über 100 000 E.)	
		%
DNVP	3	11,1
DVP	3	11,1
DDP	7	25,9
Zentrum/BVP	4	14,8
SPD	7	25,9
sonstige	1	3,7
parteilos	2	7,4
insgesamt	27	100,0
(unbekannt)	(26)	

Tabelle 8b: Parteimitgliedschaft (NSDAP).

Parteieintritt	Drittes Reich alle Städte		Drittes Reich über 100 000 E.	
		%		%
bis 1928	79	29,9	28	38,4
bis Sept. 1930	26	9,8	5	6,8
bis 30. 1. 1933	87	33,0	26	35,6
bis Mai 1933	35	13,3	9	12,3
Juni 1933–Ende 1936	6	2,3	1	1,4
1937	13	4,9	0	—
nach 1937	4	1,5	1	1,4
Nicht Pg	14	5,3	3	4,1
insgesamt	264	100,0	73	100,0
(unbekannt)	(87)		(11)	

Somit läßt sich – zumindest für die Großstädte – in der Weimarer Zeit vom Typ des Oberbürgermeisters ausgehen, der sein Hochschulstudium mit juristischem Examensabschluß abgeschlossen hatte, in die Verwaltungslaufbahn eingetreten war und im Verlauf seiner beruflichen Karriere etwa als Beigeordneter Erfahrungen in der Verwaltung einer Stadt sammelte, ehe er später in dieser oder einer anderen Stadt die kommunale Spitzenposition übernahm. Die Anlehnung an eine Partei hatte gegenüber der fachlichen Qualifikation sekundären Charakter, wenngleich sie augenscheinlich gegen Ende der Weimarer Republik zunehmend an Gewicht gewann.

Daneben gab es in einer sehr begrenzten Zahl den Typ des Außenseiters, der seinen Aufstieg in die kommunale Spitzenposition vor allem seiner politischen Karriere über die Partei verdankte. Dazu zählten Ernst Reuter (Magdeburg), Max Brauer (Altona), Paul Löwigt (Lübeck), Julius Franz (Hindenburg), Josef Brisch (Solingen), die sämtlich der SPD angehörten und von denen einige zu den bedeutenden Figuren unter den Oberbürgermeistern dieser Zeit zählten. Mehr als Ausnahmeerscheinung in diesem Rahmen ist der Münchener Oberbürgermeister Scharnagl (BVP) zu zählen, der sein Amt als Oberbürgermeister von München ehrenamtlich bekleidete.

Die Gruppe der Oberbürgermeister im Dritten Reich war demgegenüber sehr viel inhomogener. Zwar lassen sich die oben getroffenen Einzelfeststellungen dahingehend zusammenfassen, daß diese Gruppe im Schnitt jünger war und sich stärker aus Außenseitern und alten Nationalsozialisten zusammensetzte, indessen einen einheitlichen Typ bildete sie noch weit weniger als die in der Weimarer Zeit. Eine genauere Analyse der unterschiedlichen Merkmale ergibt freilich, daß sie sich nicht zufällig verteilten, sondern sich in einer Weise bündelten, die auf die Existenz unterschiedlicher Typen schließen läßt, die durch eine Kombination bestimmter Eigenschaften charakterisiert sind.

Die erste und prominenteste Gruppe ist die der „Alten Kämpfer"[31]. Dazu sind hier diejenigen gerechnet, die nach 1885 geboren wurden, kein juristisches Studium absolvierten, bis 1928 in die Partei eintraten und in der Partei relativ hohe Funktionen, wie etwa die Ämter eines Reichsleiters, (stellvertretenden) Gauleiters oder Kreisleiters bekleideten, d. h. als Hoheitsträger der Partei galten. Dieser Gruppe gehörten insgesamt 47 Oberbürgermeister an. Sie rekrutierten sich

[31] Sie entsprechen damit ziemlich genau dem bei Lerner charakterisierten Typ des Funktionärs („Administrators"); vgl. Lerner, bes. S. 80 f.

überwiegend aus den Jahrgängen 1891 bis 1900, hatten zu 83 % kein Hochschulstudium absolviert, zu 26 % nur Volksschulbesuch, waren in der Mehrzahl vor Übernahme des kommunalen Amtes leitende Angestellte oder sonstige Beamte und Angestellte oder vor 1933 selbständig gewesen. Fast durchweg gehörten sie der Frontgeneration an, waren häufig in Freikorps gewesen, nicht selten auch in völkischen Verbänden.

Demgegenüber zeigte die Gruppe der „NS-Prominenten" ein völlig anderes Profil[32]. In dieser Gruppe finden sich diejenigen, die gleichfalls erst nach 1885 geboren wurden, nach 1928, aber noch vor der Machtergreifung in die Partei eintraten, zwar kein juristisches Examen, wohl aber ein anderes Hochschulstudium absolviert hatten. Diese Gruppe umfaßte 22 Personen, von denen sich 14 mit dem akademischen Titel eines Dr. schmücken durften.

Wiederum einen anderen Typ bildeten mit 66 Personen die „NS-Juristen", die zahlenmäßig umfangreichste Gruppe. Darunter wurden alle Juristen gefaßt, die bis zur Machtergreifung in die NSDAP eingetreten waren. Dieser Parteieintritt erfolgte bei 43 von 66 Personen erst zwischen 1930 und der Machtergreifung, also erst in der eigentlichen Aufschwungphase der NSDAP. Sie waren im Schnitt noch jünger als die beiden anderen Gruppen: die stärkste Gruppe bildeten hier die Geburtsjahrgänge 1901–05. Nur ein verhältnismäßig geringer Teil hatte seinen Aufstieg in die Oberbürgermeisterposition aus einem kommunalen Amt gemacht, und auch die hatten zum Teil dieses Amt erst nach 1933 übernommen.

Garantierte der Parteieintritt vor der Machtergreifung in den Augen der Partei – mit Abstufungen nach der Dauer der Zugehörigkeit – politische Zuverlässigkeit, so hatten sich die im Frühjahr 1933 eingetretenen gegen den Ruch des Opportunismus zu wehren, wie er sich im Jargon der Zeit im Begriff der „Märzgefallenen" ausdrückte, wie auch die NSDAP intern von „Konjunkturrittern" oder „Märzlingen" sprach. Hier kann und soll die Motivation für den Eintritt in die Partei nicht untersucht werden; festzustellen bleibt lediglich, daß diese Mitgliedschaft eine notdürftige Legitimation für ein kommunales Spitzenamt begründete, die aber unter dem ständigen Vorbehalt der Partei stand. Die Gruppe der Juristen, die im Frühjahr 1933 die Parteimitgliedschaft erwarb, umfaßte 27 Personen. Knapp zur Hälfte

[32] Dieser Typ hat bestimmte Züge des bei Lerner (ebenda) herausgearbeiteten „Propagandisten".

handelte es sich dabei um Oberbürgermeister, die sich bereits zum Zeitpunkt der Machtergreifung im Amt befanden, zum anderen Teil im wesentlichen um Nachwuchsleute, die bereits eine Verwaltungslaufbahn eingeschlagen hatten und mangels qualifizierter Fachleute in der NSDAP freiwerdende kommunale Spitzenämter übernahmen. Der Doktortitel, den 22 führten, dürfte den Charakter einer zusätzlichen Legitimation gehabt haben. Entsprechend ihrer unterschiedlichen Zusammensetzung war auch die Altersstruktur dieser Gruppe sehr inhomogen. Über die Hälfte gehörte den Geburtsjahrgängen 1881 bis 1890 an.

Die letzte Gruppe ist schließlich die der nicht-nationalsozialistischen Oberbürgermeister, die den ersten Sturm der Machtergreifung überstanden und als Fachleute mit einer typischen Laufbahn mit juristischem Examen und Karriere über kommunale oder staatliche Positionen bereits vor 1933 ihr Amt übernommen hatten. In diese Kategorie fielen 24 Oberbürgermeister, überwiegend der Geburtsjahrgänge vor 1885. Ihren Weg hatten sie mit einer Ausnahme über kommunale Vorpositionen gemacht. Von ihnen erhielten zwei die Parteimitgliedschaft noch während der Eintrittssperre, 12 nach Aufhebung 1937, drei noch später und 12 erwarben keine Parteimitgliedschaft. Auch sie besaßen zu 75% den Doktortitel.

Die mangelnde Homogenität der Oberbürgermeister im Dritten Reich erweist sich damit als Ausdruck der Tatsache, daß der Typus des Oberbürgermeisters im Dritten Reich seine frühere Einheitlichkeit verloren hatte. Angesichts des hohen Anteils von Nichtfachleuten unter den neuen Amtsinhabern geriet die Realität des nationalsozialistischen Systems zur Parodie auf die frühere Polemik gegen „Parteibuchbeamte" und „Futterkrippenwirtschaft" sowie den Anspruch der „Wiederherstellung des Berufsbeamtentums". Andererseits wird man feststellen müssen, daß sich unter den Bedingungen der Weimarer Republik eine nationalsozialistische „Gegenelite" auf den herkömmlichen Karrierewegen nicht herausbilden konnte. In der Art der Besetzung der Spitzenpositionen spiegelt sich also das Dilemma einer zu dem bestehenden System in Konfrontation stehenden relativ unvorbereitet an die Macht geratenen, totalitären Partei.

Wenn dies der entscheidende Grund für die mangelnde Homogenität war, dann — so steht zu vermuten — mußten sich relativ rasch Tendenzen abzeichnen in Richtung auf eine vom System gewünschte neue Form der Stellenbesetzung und damit eines neuen Typs des Oberbürgermeisters. Solche Tendenzen sind in der Tat festzustellen, freilich nicht mit durchschlagenden Konsequenzen: das Durchschnittsalter war

1939 weiter abgesunken, der Anteil der Außenseiter sowohl gemessen an der Ausbildung wie auch dem beruflichen Werdegang weiter gestiegen, wie sich auch die Zahl der alten Parteimitglieder wesentlich erhöht hatte. Die Konkurrenz der beiden Systemziele – politische Zuverlässigkeit und fachliche Qualifikation – war damit zuungunsten des letzteren entschieden worden, wenngleich die Laufbahnvoraussetzungen als Kriterium auch intern nie aufgegeben wurden. Die Unentschiedenheit zwischen dem herkömmlichen Laufbahnprinzip und dem der nationalsozialistischen Zuverlässigkeit wird man mit als Ausdrucksform der inneren Gespaltenheit des Systems betrachten müssen. Inwieweit sie zugleich Ausfluß einer spezifisch nationalsozialistischen Ämterpatronage ist, wird in späterem Zusammenhang zu diskutieren sein. Eindeutig muß man feststellen, daß es eine „neue" Elite im Sinne eines durch einheitliche spezifisch nationalsozialistische Qualitäten geprägten Oberbürgermeisters nicht gab, sondern nur ein Nebeneinander unterschiedlicher Gruppen.

ABHÄNGIGKEIT UND UNABHÄNGIGKEIT DES OBERBÜRGERMEISTERS

Die entscheidende Frage ist, ob es im Dritten Reich eine dem Prinzip der Selbstverwaltung entsprechende Unabhängigkeit des Oberbürgermeisters gab. Nach Fortfall einer innergemeindlichen kommunalen Willensbildung konnte dies nur eine Unabhängigkeit von Partei und Staat sein. Sie aber mußte sich in erster Linie im Konfliktfall erweisen. Insofern lassen sich am Extremfall des unfreiwilligen Amtsverlusts am klarsten Ausmaß und Art der Abhängigkeit ablesen.

Der quantitative Befund (Tabelle 9) nach „Typen" läßt deutliche Unterschiede hervortreten. Dabei ist freilich zu berücksichtigen, daß bereits formal die Beendigung des Oberbürgermeisteramtes sehr unterschiedliche Ursachen haben konnte: Neben Tod und Alter Aufstieg in ein bedeutenderes Amt, Amtsverlust wegen mangelnder Qualifikation oder wegen Verfehlungen oder aber aus politischen Gründen. Ohnehin ist im Einzelfall kaum präzise festzustellen, welche von den vorgebrachten Gründen tatsächlich zum Sturze eines Oberbürgermeisters führten.

Geht man davon aus, daß Wechsel in ein höheres Amt vornehmlich aus den beiden ersten Gruppen erfolgte, dann ergibt sich die Schlußfolgerung, daß zumindest bis 1939 die Position der „Alten Kämpfer" noch relativ stabil war. Mit Abstrichen gilt das nur für die „NS-Pro-

Tabelle 9: Amtsübernahme und -verlust nach „Typen".

Amts-übernahme	„Alte Kämpfer"	%	„NS-Prominente"	%	„NS-Juristen"	%	„März-gefallene"	%	„Fachleute"	%
vor 1933	—		—	—	1	1,5	13	48,1	24	100,0
1933	27	57,4	17	77,3	33	50,0	7	25,9	—	—
1934	8	17,0	2	9,1	9	13,6	2	7,4	—	—
1935	2	4,3	—	—	9	13,6	1	3,7	—	—
1936	1	2,1	1	4,5	3	4,5	2	7,4	—	—
1937	7	14,9	2	9,1	3	4,5	1	3,7	—	—
1938	1	2,1	—	—	5	7,6	1	3,7	—	—
1939	1	2,1	—	—	3	4,5	1	3,7	—	—
insgesamt	47	100,0	22	100,0	66	100,0	27	100,0	24	100,0
Amts-verlust										
1933	—	—	—	—	3	4,5	—	—	2[c]	8,3
1934	6	12,8	1	4,5	3	4,5	—	—	1	4,2
1935	—	—	2	9,1	2	3,0	—	—	2	8,3
1936	1	2,1	1	4,5	8	12,1	5[b]	18,5	2	8,3
1937	1	2,1	2	9,1	6	9,1	2	7,4	2	8,3
1938	4	8,5	1	4,5	4	6,1	3	11,1	—	—
1939	2	4,3	—	—	1	1,5	—	—	1	4,2
nach 1939	33	70,2	15	68,2	39	59,1	17	63,0	14	53,3
insgesamt	47	100,0	22	100,0	66[a]	100,0	27	100,0	24	100,0

[a] 8 aus dieser Gruppe übernahmen in den Jahren 1934 sowie 1936–38 in anderen Städten ein Oberbürgermeisteramt. Von ihnen schieden 2 (Daniel in Altona, Otto in Düsseldorf) bereits 1938 wieder aus.

[b] Haltenhoff gab 1936 sein Amt in Cottbus auf, um Oberbürgermeister von Hannover zu werden.

[c] Poeschel schied 1933 in Stettin aus und wurde Oberbürgermeister in M.-Gladbach (bis 1937).

minenz". Der bemerkenswert starke Wechsel unter den „NS-Juristen" ist mit darauf zurückzuführen, daß sie – falls nicht spezifische Gegengründe vorlagen – bei freiwerdenden Stellen als grundsätzlich einsatzfähig galten und dem doppelten Erfordernis fachlicher Qualifikation und politischer Zuverlässigkeit in besonderer Weise entsprachen. Die Gruppe der sogenannten „Märzgefallenen" zeigte in den ersten Jahren eine erstaunliche Stabilität; dann freilich gab es eine Reihe von Wechseln. Die Zahl nichtnationalsozialistischer Fachleute verringerte sich kontinuierlich über den gesamten Zeitraum; 1940 war nur noch gut die Hälfte dieser Gruppe im Amt. Insgesamt läßt sich feststellen, daß bis zum Kriegsausbruch ein enger Zusammenhang zwischen Parteimitgliedschaft und Amtsfestigkeit bestand.

Der quantitative Befund reicht indessen nicht aus, die Ursachen für den Sturz zahlreicher Oberbürgermeister im Dritten Reich und die Unterschiede zwischen den einzelnen Gruppen zu klären, so daß einzelne, wenn nicht typische, so doch symptomatische Fälle aus jeder Gruppe diskutiert werden sollen. Als Repräsentant der „Alten Kämpfer" kann vor allem der Münchener Oberbürgermeister, Leiter des Hauptamtes für Kommunalpolitik und Vorsitzender des Deutschen Gemeindetages, Karl Fiehler, gelten[33]. 1895 in Braunschweig als Sohn eines Predigers geboren, mittlere Reife, kaufmännische Lehre in München (1912–14) und Handlungsgehilfenzeit in Schleswig-Holstein, im Weltkrieg Militärdienst und Reserveoffizier, nach dem Krieg Beamter in der Münchener Stadtverwaltung, Beteiligung am Novemberputsch 1923 in München, gemeinsam mit Hitler Festungshaft in Landsberg, eines der ersten Mitglieder der NSDAP nach Neugründung (Pg. Nr. 37), Schriftführer des Nationalsozialistischen Arbeitervereins im Rang eines Reichsleiters, seit Ende 1924 ehrenamtliches Mitglied im Stadtrat, später Fraktionsführer der Nationalsozialisten, seit 1927 Leiter des kommunalpolitischen Apparates der Partei, seit dem 20. 3. 1933 kommissarischer, dann endgültig ernannter Oberbürgermeister von München, hatte er in mancher Hinsicht eine nationalsozialistische Bilderbuchkarriere absolviert. Indessen selbst Fiehler hatte Schwierigkeiten mit der Gauleitung und anderen nationalsozialistischen Stellen[34]; insgesamt freilich war seine Stellung augenscheinlich unangefochten.

[33] Zum Werdegang von Fiehler persönliche Würdigungen im „Völkischen Beobachter", Nr. 346 v. 12. 12. 1933, außerdem: Zu Karl Fiehlers 40. Geburtstag, in: Die nationalsozialistische Gemeinde 3 (1935), S. 537.

[34] Auch in München gab es vielfältige Spannungen zwischen Stadtverwaltung und Parteistellen, bes. der Gauleitung. Dazu beispielsweise Matze-

Grundsätzlich anders stellte sich das Problem in Nürnberg[35]. Der 1897 geborene Buchdruckereibesitzer Willy Liebel, Ende 1925 zuerst, dann wieder Ende 1928 in die NSDAP eingetreten, führend am Aufbau der SA beteiligt, ab 1930 ehrenamtlicher Stadtrat und Fraktionsführer der Nationalsozialisten in Nürnberg, übernahm 1933 in Nürnberg zunächst ehrenamtlich das Amt des Oberbürgermeisters. Die zwischen Liebel und dem Gauleiter Streicher schon aus der Zeit vor 1933 bestehenden Spannungen verschärften sich in der Folgezeit immer mehr und kamen 1939 zum offenen Ausbruch, als Liebel sich der von Streicher betriebenen Ablösung des Ratsherrn v. Obernitz widersetzte und einen von der Gauleitung bereits 1933 in die Stadtverwaltung eingeschleusten Vertrauensmann zu beseitigen suchte. In den Auseinandersetzungen prallten die grundsätzlichen Positionen aufeinander. Gegen die Berufung des Oberbürgermeisters auf die eigene Zuständigkeit gemäß der Deutschen Gemeindeordnung, stellte die Gauleitung das in der DGO formulierte Prinzip des „Einklangs der Gemeindeverwaltung mit der Partei" und erklärte es als *„zwingende Notwendigkeit"* des Gesetzgebers, „im Bereiche der Gemeinden diesen Einklang der Gemeindeverwaltung mit der Partei zu sichern": „Die Gauleitung vertritt die Anschauung, daß es hier nicht um formal-juristische Bestimmungen und Zuständigkeiten geht, sondern daß es sich vielmehr um die Entscheidung über eine politische Angelegenheit handelt, bei der nach den Grundsätzen nationalsozialistischer Staatsführung der Gauleiter unter keinen Umständen ausgeschaltet werden darf. Die Bewegung hat stets darauf gehalten, daß über formal-rechtlichen Begründungen nationalsozialistische Grundsätze zu stehen haben". Selbstbewußt und in scharfem Ton trat Liebel diesem Anspruch mit Berufung auf die DGO, an deren Entstehung er mitgearbeitet habe, entgegen: „Im übrigen trägt dieses eherne Gesetz der deutschen Selbstverwaltung die Unterschrift des Führers und des Stellvertreters des Führers, ein Umstand, der eigentlich schon genügen sollte, seine willkürliche Auslegung durch eine Parteidienststelle unmöglich erscheinen zu lassen! . . . Der von Partei und Staat berufene Leiter der Gemeinde

rath, Nationalsozialismus, S. 245 f. Beispiele dafür auch in einem Interview des Verfassers mit Karl Fiehler am 16. 10. 1965.

[35] Dazu bes. die von Streicher im Januar 1940 verfaßte „Denkschrift Oberbürgermeister Willy Liebel", die 29 Seiten und 15 Anlagen umfaßt; BDC, Partei-Kanzlei Correspondence. Die Zitate entstammen dem Schreiben des Stabsleiters der Gauleitung Franken, Seiler, v. 30. 8. 1939

hat für den Gang der Verwaltung die ausschließliche Verantwortung zu tragen. . . . Daß die Gauleitung eine andere Anschauung vertritt, vermag mich in meiner Auffassung keineswegs wankend zu machen, denn die Auffassung der Gauleitung ist falsch." Die Auseinandersetzungen endeten damit, daß Streicher faktisch entmachtet, sein Statthalter Holz aber im Amt blieb, während Liebel einen Sonderauftrag Speers übernahm, ohne sein Amt formell aufzugeben. Dieser relativ glimpfliche Ausgang der Auseinandersetzung eines Oberbürgermeisters mit einem Gauleiter ist wohl weniger der besonderen Position Liebels zuzuschreiben, als eher den vielfältigen Problemen, die die Herrschaft Streichers in Franken und die Korruption seiner Clique heraufbeschworen hatten und die selbst in weiten Kreisen der Partei Mißstimmung hervorriefen.

Neben den Oberbürgermeistern der ersten Stunde, die bereits im Frühjahr 1933 den Amtssessel übernommen hatten, gab es in der Gruppe der Ehrenzeichenträger die Gefolgsleute und die Versorgungsfälle. Der Aufbau der Gaue zu politischen Machtzentren führte dazu, daß vielfach Vertrauensleute aus der Umgebung des Gauleiters in Spitzenstellungen der Verwaltung berufen wurden. So setzte 1937 der sächsische Gauleiter Mutschmann gegen Vorbehalte von Hitler die Ernennung des Altnationalsozialisten, Kreisleiters und Kreishauptmanns Dönicke durch[36]. Die Probleme, die sich aus dieser Abhängigkeit ergaben, zeigten sich sehr bald. Noch vor seiner formellen Ernennung wurde er von Mutschmann angewiesen, den Präsidenten des Leipziger Messeamtes zu entlassen; nach seiner Einweisung sollte er überdies den bisherigen Bürgermeister Haake und den Stadtkämmerer Dr. Köhler beurlauben. Trotz Hinweisen auf die Ungesetzlichkeit des Vorgehens glaubte Dönicke, dem der Wortlaut des Entlassungsschreibens

---

an Liebel und dessen Antwort vom 9. 9. 1939. Zu den Vorgängen in Nürnberg vgl. auch Utho Grieser, Himmlers Mann in Nürnberg. Der Fall Benno Martin. Nürnberg 1974, bes. S. 162 ff. Zum Verhältnis Streicher-Liebel bes. ebd., S. 10 ff.

[36] Dazu liegen zahlreiche Materialien vom Frühjahr 1937 bis Ende 1938 vor, und zwar in den Akten der Reichskanzlei (BAK, R 43 II/573, 573a, 574a). Die Vorgänge führten zu einem intensiven Schriftwechsel zwischen Reichsstatthalter Mutschmann, dem Chef der Reichskanzlei Lammers, dem Reichs- und Preußischen Ministerium des Innern (Frick und Pfundtner), sowie dem sächsischen Innenminister Fritsch. Darunter auch eine Beschwerde des Bürgermeisters Haake, eines alten Parteigenossen, der sich heftigster Angriffe seitens Mutschmanns zu erwehren hatte.

diktiert wurde, sich diesen Weisungen, für die Mutschmann persönlich die Verantwortung übernehmen wollte, nicht entziehen zu können. Zumindest die Beurlaubung von Haake und Köhler wurde von Frick „ausdrücklich" verboten. Dönicke vermochte sich trotz seiner Willfährigkeit nicht zu halten: er erregte nicht nur das Mißfallen Hitlers, sondern wurde auch von Mutschmann fallengelassen. Da er nach dem einjährigen Probejahr nicht die Bestätigung erhielt, schied er 1938 wieder aus.

Einer der prominentesten Versorgungsfälle war Ernst Zörner[37]. 1930 Landtagspräsident in Braunschweig, 1933 nationalsozialistischer Vizepräsident des Reichstages, fand er 1933 als Oberbürgermeister von Dresden eine neue Position, nachdem er sich mit Klagges in Braunschweig überworfen hatte. Auch in Dresden geriet er rasch in Gegensatz zu Gauleiter Mutschmann. Ob darin oder in der ihm vorgeworfenen Faulheit und Unfähigkeit die wesentliche Ursache seines Scheiterns zu sehen ist, muß hier offenbleiben. Jedenfalls wurde er 1937 in Dresden zwangsweise beurlaubt. Trotz Befürwortung durch Hitler, der eine angemessene Wiederverwendung wünschte, weigerten sich nach entsprechenden negativen Urteilen von Klagges und Mutschmann verschiedene Gauleiter, Zörner in ihrem Bereich unterkommen zu lassen. Er fand schließlich eine neue Position bei Speer in dessen Funktion als Generalbauinspektor für die Reichshauptstadt Berlin.

Bereits diese wenigen Fälle veranschaulichen, daß im Konfliktfall die Position auch verdienter alter Nationalsozialisten ausgesprochen schwach war, daß sie sich zumindest ihrem Gauleiter gegenüber im allgemeinen kaum zu behaupten vermochten. Soweit sie überhaupt über eine politische Basis verfügten, lag diese jedenfalls mehr in den Parteifunktionen und ihren frühen Verdiensten auf dem Wege zur

---

[37] Ernst Zörner, geb. 1895 in Nordhausen, nach eigenen Angaben Nationalsozialist seit 1922 und maßgebend an der Einbürgerung Hitlers beteiligt, hatte die höhere Handelsschule besucht und war Kaufmann geworden (vgl. Führer-Lexikon). Der Fall Zörner beschäftigte gleichfalls die Spitzenstellen in Partei und Staat, die sich – abgesehen von den sächsischen Stellen – darüber einig waren, daß die erhobenen Vorwürfe für die Einleitung eines Dienststrafverfahrens mit dem Ziel der Entfernung aus dem Amt nicht ausreichten (BAK, R 43 II/573a; außerdem 573). Am 29. 6. 1937 teilte Lammers Frick mit, daß Hitler nach Rücksprache mit Mutschmann zu der Überzeugung gelangt sei, daß das weitere Verbleiben Zörners unmöglich sei. – Aus verschiedenen anderen Vorgängen liegen Hinweise auf Zörners „Faulheit" vor.

Macht als in ihrem Oberbürgermeisteramt. Sie freilich vermochten – wie auch der Fall Liebel zeigt – noch am ehesten dem Gauleiter die Stirn zu bieten.

Die Gruppe der „NS-Prominenten“, der Außenseiter mit frühem Parteieintritt und akademischer Bildung, ließ wenigstens ansatzweise eine lokale Verwurzelung erkennen, dies wohl nicht zuletzt auch deshalb, weil sie ihrer sozialen Position und Anerkennung wesentlich ihr Amt verdankten. Dazu sind nicht nur Oberbürgermeister mit fachlicher Erfahrung im Bereich der Kommunalpolitik zu rechnen wie Dr. Strölin in Stuttgart, sondern auch die ehemaligen Studienräte Dr. Hesse (Braunschweig) und Memmel (Würzburg) oder in Bonn der frühere Handelsschullehrer Dr. Rickert. Zu dieser Gruppe zählen außerdem der Zeitungsverleger Reismann-Grone (Essen), ein ehemaliger prominenter Alldeutscher, oder in Mannheim der Fabrikant Renninger. Wie schwach letztlich auch die Stellung der Vertreter dieser Gruppe war, läßt sich am Schicksal Lipperts ablesen, der 1936 als Nachfolger Sahms das Amt des Oberbürgermeisters von Berlin übernahm und aufgrund von Auseinandersetzungen mit Speer als Generalbauinspektor für die Reichshauptstadt, die von diesem aufgrund seines Sonderauftrages für Berlin in einer geradezu überheblichen Weise geführt wurden, sein Amt im Krieg aufgeben mußte[38].

Die doppelte Qualifikation – formelle Laufbahnvoraussetzung und Parteimitgliedschaft vor 1933 – hätte an sich den „NS-Juristen“ eine besondere Stellung garantieren müssen, zumal die NSDAP bei weitem nicht über ein hinreichendes Potential zur Besetzung wichtiger Stellen verfügte. Es ist indessen eher das Gegenteil festzustellen. In Breslau wurde 1933 der Rechtsanwalt und Notar Dr. Helmuth Rebitzki als Oberbürgermeister eingesetzt, aber bereits im folgenden Jahr kurz vor Ablauf der Probezeit abberufen, weil er „während seiner über einjährigen Amtszeit nicht bewiesen (hatte), daß er als Nationalsozialist an der Spitze der Stadtverwaltung gestanden hat“, und weil er „in seiner Amtsführung all das vermissen (ließ), was von einem nationalsozialistischen Verwaltungsbeamten verlangt werden muß“[39]. In Düsseldorf scheiterte der 1938 von Solingen geholte Ober-

---

[38] Horst Matzerath, Nationalsozialistische Kommunalpolitik: Anspruch und Realität. In: Die alte Stadt 5 (1978), S. 9f.

[39] BAK, NS 25/128 sowie BDC, PK, Rebitzki. Die Begründung ist in einem Schreiben des Gauamtes für Kommunalpolitik Schlesiens v. 9. 10. 1935 an das Hauptamt für Kommunalpolitik enthalten. Aus einer Bitte Rebitzkis um Unterstützung an Fiehler v. 17. 5. 1935 geht hervor, daß

bürgermeister Dr. Dr. Otto, Jurist, Mediziner und Diplomlandwirt, bis 1935 außerdem Kreisleiter, ebenso wie seine Vorgänger[40]. In Frankfurt hielt sich zwar Dr. Krebs[41], seine Ablösung war indessen nur eine Frage der Zeit. Die besonderen Schwierigkeiten dieser Gruppe resultierten nicht nur daraus, daß ihre Parteimitgliedschaft noch relativ jung war, sondern daß sie den durch die Gemeindeordnung und die bestehenden Gesetze gegebenen Rahmen vielfach auszuschöpfen suchten und damit zwangsläufig in Konflikt zu Parteistellen gerieten.

Aus der in sich nicht sehr homogenen Gruppe der „Märzgefallenen" vermochten sich einige recht gut in ihrem Amt zu behaupten, so etwa der 1933 als Nachfolger von Lohmeyer nach Königsberg berufene junge Oberregierungsrat Will aus der Kommunalabteilung des preußischen Innenministeriums[42]. Die Unsicherheiten in der politi-

---

mehrfache Bewerbungen anderwärts an den dortigen Gauleitern scheiterten und daß Staatssekretär Grauert vom Pr. Ministerium des Innern seine weitere Unterstützung verweigerte mit der Begründung, „daß der Staat nicht verpflichtet sei, für Herren, die von der Partei eingesetzt und von ihr abberufen worden seien, weiterhin zu sorgen".

40 In Düsseldorf geriet die Stellenbesetzung nach dem Scheitern von Wagenführ in die Gemengelage der Interessen von Gauleiter Florian und Oberpräsident (und Gauleiter) Terboven. Der von Göring favorisierte Liederley starb noch während seiner kommissarischen Amtszeit, in der sich innerhalb der Partei Widerstand gegen ihn formierte. Der von Florian begünstigte Zörner wurde von Terboven abgelehnt. Als Kompromißkandidat wurde Otto zunächst von beiden akzeptiert. Ein Jahr später, Ende 1938, rückte Florian wieder davon ab und ließ die Ausschreibung der Stelle verlangen. Hitler stimmte dem zu mit der Maßgabe, daß es sich um einen „endgültig letzten Versuch mit einem weiteren Bürgermeister" handelte; BAK, R 43 II/575 u. 574a. Zu den Vorgängen in Düsseldorf: Hans-Peter Görgen, Düsseldorf und der Nationalsozialismus. Düsseldorf 1969, S. 112 ff. Dazu auch Horst Matzerath, Die Gemeinden und der Nationalsozialismus: 3. Oberbürgermeister als „Führer" (Manuskriptdruck der Sendereihe des WDR).

41 BDC, Krebs, PK: Berichte des SD vom Herbst 1944 an den Leiter der Kommunalabteilung des Innenministeriums, Kreißl, daß der Gauleiter mit einer Verlängerung der Amtszeit über das Jahr 1945 hinaus nicht einverstanden wäre. Hauptvorwürfe bildeten judenfreundliches Verhalten, unzulängliche „Säuberung der Stadtverwaltung von früheren System-Beamten" und „in immer stärkerem Maße eine gegen die Partei gerichtete Stellung". Himmler ordnete an, daß er für die Kriegsdauer im Amt verbleiben sollte.

42 Führerlexikon, S. 528.

schen Stellung dieser Gruppe werden besonders am Fall von Haltenhoff deutlich[43]. 1928 zweiter Bürgermeister in Frankfurt/O., wurde er 1933 auf Grund seiner Beziehungen zu Gauleiter Kube Oberbürgermeister von Cottbus und von ihm 1934 wegen seiner politischen Zuverlässigkeit und fachlichen Qualifikation auch für das Amt des Oberbürgermeisters in Hannover empfohlen. Bis 1942 vermochte er sich dort zu halten, wurde dann aber mit einem Parteigerichtsverfahren überzogen, weil er Zuträger der Gauleitung auszuschalten versuchte und sich gegen das Ansinnen wehrte, dem stellvertretenden Gauleiter eine Dienstwohnung zu außergewöhnlichen Bedingungen zu verschaffen. Verschärfend wirkte sich dabei aus, daß er sich mit seinen Problemen an seine Aufsichtsbehörde, die Kommunalabteilung des Reichsinnenministeriums, gewandt hatte. Die Affäre endete mit dem Ausscheiden Haltenhoffs, der in der Wibera, einer kommunalen Wirtschaftsberatungsgesellschaft, ein neues Arbeitsfeld fand.
Politisch noch schwächer war die Position der Oberbürgermeister, die im Amt von der nationalsozialistischen Machtübernahme überrascht wurden und noch eilig Anschluß an die NSDAP suchten. Dies war ohnehin im allgemeinen nur Oberbürgermeistern möglich, die bereits bisher relativ konservative Positionen vertreten und sich nicht gegen die NSDAP exponiert hatten, möglicherweise, weil in manchen Mittelstädten die NSDAP in der Kommunalpolitik ausgesprochen schwach vertreten war. Der Kemptener Oberbürgermeister Otto Merkt, fest im lokalen und regionalen Raum verwurzelt und fast mit den Zügen eines Originals, versuchte Anfang 1933 zunächst sogar, Truppen gegen die ins Rathaus eindringende SA zu mobilisieren, wurde unter Hausarrest gestellt, vermochte aber gleichwohl die Parteimitgliedschaft zu erwerben und sich zunächst weiter zu behaupten. Trotz seiner lebenslangen Berufung wurde er 1942 unter Druck veranlaßt, mit dem 65. Lebensjahr seinen Amtssessel zu räumen[44]. Der strukturelle und latente Zwang zur Anpassung, dem gerade die Angehörigen dieser Gruppe unterlagen, spiegelt sich in der Beurteilung des Oberbürgermeisters von Wandsbek: er sei 1931 auf Veranlassung der DVP und mit Unterstützung der SPD ins Amt gelangt, gelte aber als außerordentlich gewissenhaft, fleißig, korrekt, gelegentlich vielleicht etwas

[43] BDC, Haltenhoff, PK und OPG; BAK, R 43 II/573, 573a, 574a, 575a. Im Parteigerichtsverfahren verweigerte Frick im Mai 1942 gegenüber Buch die Aussagegenehmigung für den Leiter der Kommunalabteilung Surén.
[44] Weitnauer, S. 434.

ängstlich bemüht, keine Schwierigkeiten zu verursachen und bestehende Schwierigkeiten zu beseitigen[45].

Diese Feststellungen gelten verstärkt für die Nichtnationalsozialisten unter den übernommenen Oberbürgermeistern oder diejenigen, die erst nach 1933 die Parteimitgliedschaft erwarben. Da es häufig vom Zufall oder von besonderen Umständen abhing, ob die bereits im Frühjahr 1933 beantragte Mitgliedschaft auch tatsächlich wirksam wurde, ist diese Gruppe ohnehin nicht klar von der vorhergehenden zu trennen. Beispielsweise hatte der Oberbürgermeister von Merseburg, Mosebach, bereits unter dem 1. 5. 1933 eine Mitgliedsnummer erhalten, was wieder rückgängig gemacht wurde, weil er noch nicht für „würdig" befunden wurde. Trotz Vorwürfen aus der Partei vermochte er sich im Amt zu halten. Im Mai 1937 erhielt er, nachdem er bereits im Juli 1933 in die SA eingetreten war, dann auch die Parteimitgliedschaft[46]. Bedingt durch Rücksichtnahme auf das katholische Milieu der Stadt, vermochte sich in Fulda Oberbürgermeister Danzebrink, vorher Zentrum, trotz Angriffen der Partei zu halten. Der Zeitpunkt des Eintritts in die NSDAP datiert in seinem wie in einigen anderen Fällen früher als der des Antrags. Dem Oberbürgermeister von Stendal, Wernecke, wurde 1941 die Parteimitgliedschaft verliehen durch „Gnadenerweis des Führers"[47]. Unbeschadet langjähriger Logenzugehörigkeit wurde dies vom Obersten Parteigericht gegenüber dem Reichsschatzmeister „wegen der allseits überaus günstigen Beurteilung" befürwortet. Somit standen gerade die Angehörigen dieser Gruppe unter dem ständigen Druck zu politischer Bewährung.

Es bleiben zum Schluß einige konservative Oberbürgermeister, die formell der letzten Gruppe angehörten, aber in erster Linie Repräsentanten des Weimarer Systems waren. Sie hatten sich zum Teil augenscheinlich noch ein Stück des Selbstbewußtseins bewahrt, das die Generation der Oberbürgermeister in der Weimarer Zeit gekennzeichnet hatte. Goerdeler in Leipzig trat ostentativ zurück wegen der Ein-

---

[45] BDC, Friedrich Ziegler, Akte Div. Gau Schleswig-Holstein.

[46] BDC, Herbert Mosebach. Im Juli 1935 kritischer Bericht des Kreisleiters von Merseburg, daß eine „wesentliche Besserung im Verhalten . . . bis jetzt noch nicht bemerkbar geworden" sei und daß man den Eindruck habe, „als stütze er sich lediglich auf die durch die Deutsche Gemeindeordnung und die weiteren Verfügungen und Erlasse besonders hervorgehobene Stellung als Oberbürgermeister". – Ähnliches gilt für Gärtner, seit 1927 Oberbürgermeister von Osnabrück.

[47] BDC, Karl Wernecke.

griffe in sein Amt[48]. Menges Amtszeit in Hannover wurde 1937 nicht erneuert, weil man ihm Welfenfreundlichkeit vorwarf und sämtliche Parteistellen sich gegen ihn äußerten[49]. Sahm in Berlin wurde es formell zum Verhängnis, daß er während der Mitgliedersperre Ende 1933 in die Partei aufgenommen worden war, auf diese Weise aber Ende 1935 mit einem Parteigerichtsverfahren wegen Einkaufs in jüdischen Geschäften überzogen werden konnte. Auf ausdrücklichen Wunsch Hitlers und mit Rücksicht auf die bevorstehende Olympiade und das Auslandsecho wurde der Parteiausschluß aufgehoben. Dennoch war die Position Sahms in Berlin unhaltbar geworden[50].

Das Ergebnis dieser Entwicklungen war, daß sich in nur wenigen Großstädten die Oberbürgermeister über den gesamten Zeitraum bis 1945, der allenfalls dem einer einzigen Amtsperiode entsprach, unangefochten zu behaupten vermochten. Krisenherde waren dabei besonders die Städte Düsseldorf, Leipzig, Dresden. Daneben hoben sich Wittenberg, Chemnitz, Erfurt, Saarbrücken, Duisburg, M.-Gladbach und Bremen durch die Zahl der Amtswechsel heraus.

Die behandelten Vorgänge signalisieren erhebliche Verschiebungen in der Machtstruktur des Dritten Reiches. Das Reichsinnenministerium als oberste Aufsichtsbehörde hatte keinen aktiven Anteil daran, sondern war lediglich mit der Abwicklung der Abberufungen und der Koordination der Neu- bzw. Umbesetzungsvorgänge befaßt. Eigenen Einfluß konnte es allenfalls bei der kommissarischen Besetzung der Stellen geltend machen[51]. Auch der Parteibeauftragte, nach der DGO zur Vertretung der Partei bei der Besetzung von Oberbürgermeisterpositionen berufen, hatte kein eigenes politisches Gewicht. Selbst der Stellvertreter des Führers bzw. später die Partei-Kanzlei wurden in

---

[48] Ritter, Goerdeler, S. 86 f. (Streit um die Entfernung des Mendelssohn-Denkmals).

[49] BDC, Arthur Menge. Die Gauleitung stellte 1937 in einem umfangreichen Schriftstück mit vielen Anlagen die Gründe für die Abberufung Menges dar. Ihm wurde besonders vorgeworfen, daß er den 1. Beigeordneten, einen alten Ehrenzeichenträger, so überzeugt habe, daß er „der Partei gegenüber als verloren angesehen werden" könne und daß er in besonderen Fällen vom Oberbürgermeister vorgeschoben würde. – Gespaltene Loyalitäten in den Auseinandersetzungen zwischen Gauleiter und Oberbürgermeister sind vielfach festzustellen.

[50] BDC, Heinrich Sahm. Vgl. dazu auch Sprenger, Sahm, S. 264 ff.

[51] Zum Problem der kommissarischen Besetzung am Beispiel von Düsseldorf und Wuppertal: Peter Hüttenberger, Die Gauleiter. (= Schriftenreihe der Vierteljahrshefte für Zeitgeschichte 19) Stuttgart 1969, S. 105 f.

der Regel allenfalls auf Veranlassung anderer Parteistellen tätig. In dieser Weise machte Bormann insbesondere im Krieg von seinen Zugangsmöglichkeiten zu Hitler Gebrauch. Das Hauptamt für Kommunalpolitik besaß nach eigenen Aussagen keinen Einfluß auf die Personalpolitik[52].

Das eigentliche Problem der Stellung des Oberbürgermeisters im Dritten Reich war damit das Verhältnis zum Gauleiter. Der Gauleiter als neues, regional etabliertes Machtzentrum, war der entscheidende Faktor für die Oberbürgermeister der größeren Städte. Im Zweifel stellte sich Hitler dabei eindeutig hinter die Gauleiter. Im Falle des nach Düsseldorf geholten Solinger Oberbürgermeisters Otto ließ Hitler – in Kenntnis, daß keine ernsthaften Vorwürfe gegen Otto vorlagen – erklären, daß „zwischen dem Gauleiter und den leitenden Beamten in seinem Gau Einvernehmen herrschen müsse. Wenn dieses Einvernehmen gestört sei, so müsse ein leitender Beamter – auch wenn er nicht hierzu unmittelbar Anlaß gegeben habe – abberufen werden, damit nicht die Arbeit der Verwaltung darunter leide"[53]. Die Verhältnisse in Düsseldorf lassen aber gleichzeitig auch erkennen, daß die Machtkämpfe unterschiedlicher Vertreter des Systems, hier besonders Terbovens als Oberpräsident einerseits und des Düsseldorfer Gauleiters Florian andererseits, auf dem Rücken der Oberbürgermeister ausgetragen wurden.

Die Stellenbesetzung gerade in den Gaumetropolen und die Kontrolle über die Großstadtverwaltungen war damit Teil des Ausbaus der regionalen Gewalten im Dritten Reich. Der Gau als politisches Gestaltungsprinzip war somit an die Stelle der expansiven Kommunalpolitik getreten, wie sie besonders von den Oberbürgermeistern der Großstädte in der Weimarer Zeit getragen worden war. Zu welchen Konsequenzen dies konkret führte, läßt sich am Fall des Oberbürgermeisters von Zittau, Zwingenberger, ablesen. 1923 zum Oberbürgermeister auf Lebenszeit ernannt, erhielt er trotz seiner Logenzugehörigkeit zunächst eine recht positive Beurteilung durch die Partei. Als er sich aber 1944 dem Ansinnen Mutschmanns widersetzte, die städtischen Kraftwerke dem Gauunternehmen ASW zu überlassen, erfolgte seine Beurlaubung[54].

[52] Vgl. Matzerath, Nationalsozialismus, S. 267.

[53] BAK, R 53 II/575.

[54] BDC, Walter Zwingenberger. Neben Zwingenberger und dem oben genannten Wernecke (Anm. 47) waren auch Meyer (Celle), Schüler (Dortmund) und Selig (Quedlinburg) Logenmitglieder gewesen, Schüler 1930–1932 angeblich mit Wissen des Gauleiters (Pg. seit 1925).

Angesichts des Ausmaßes derartiger Probleme machte Reichsinnenminister Frick Ende 1941 einen – letztlich folgenlosen – Vorstoß und forderte eine *„Entscheidung des Führers nach der grundsätzlichen Seite"*[55]. Ausgehend von den konkreten Fällen Haltenhoff, Krebs und Nieland bzw. Zörner (Dresden), traf Frick eine Reihe von prinzipiellen Feststellungen, die das Problem in aller Schärfe charakterisierten: „Nach meinen Beobachtungen ist die *Grundursache* zu den Spannungen, die zu solchen Folgen führen, überall dieselbe, nämlich, *daß die Gauleiter die Selbstverantwortlichkeit der Städte nicht genügend berücksichtigen* und es einerseits deren Leitern verargen, wenn sie nicht all ihren Anregungen gerecht werden können, andererseits aber entweder selbst oder mittels ihrer Parteiorgane allzu sehr in die städtischen Angelegenheiten eingreifen. Das ist aber das *Gegenteil dessen, was der Führer* bei den von ihm selbst geleiteten Kabinettsberatungen über die Deutsche Gemeindeordnung *gewünscht* und mit längeren Ausführungen über Sinn und Zweck der gemeindlichen Selbstverwaltung begründet hat. Der Führer wünschte damals eine starke gemeindliche Selbstverwaltung und die Schaffung klarer Verantwortlichkeiten für sie. Dementsprechend wurden durch seine eigene Entscheidung auch die *Befugnisse des ‚Beauftragten der NSDAP'* und der Staatsaufsicht gesetzlich genau abgegrenzt; im übrigen habe sich niemand hineinzumischen. Die Verantwortung liege ausschließlich bei dem Leiter der Gemeinde. Auch beim Empfang der Oberbürgermeister anläßlich seines 50. Geburtstages hat der *Führer* wieder seinen *Willen betont,* daß eine *starke Selbstverwaltung* bestehe und dabei an die *‚Städteherrlichkeit des Mittelalters'* erinnert. Das ebenfalls durch persönliche Entscheidung des Führers gesetzlich geordnete Verfahren bei der Auswahl der Gemeindeleiter, in dem der Beauftragte der NSDAP den Vorschlag macht, dem die staatliche Aufsichtsbehörde nur zustimmt, und außerdem noch im ersten Amtsjahr die Berufung ohne weiteres zurückgenommen werden kann, gibt vollkommen *genügende Garantien für die nationalsozialistische Haltung der Gemeindeleiter,* insbesondere der Oberbürgermeister. All dem würde es widersprechen, wenn die Amtsführung des Oberbürgermeisters kurzerhand dadurch unmöglich gemacht werden könnte, daß ein Gauleiter ihm ‚das Vertrauen der Partei entzieht' und daran die Forderung seines Ausscheidens knüpft. Ein solches Verfahren würde, auch die *Vor-*

[55] BAK, R 43 II/575a: Frick am 25. 11. 1941 an Lammers (Unterstreichungen teils von Frick, teils handschriftlich von Lammers).

schrift der Deutschen Gemeindeordnung völlig illusorisch machen, nach der die *Amtszeit* der hauptamtlichen Gemeindeleiter *auf 12,* der ehrenamtlichen auf *6 Jahre* garantiert ist und – abgesehen von dem ersten Amtsjahr (dem sog. Probejahr) – ein Gemeindeleiter vor Ablauf dieser Amtszeit aus seinem Amt nur im Wege eines gesetzlich geordneten, die objektive Feststellung der erhobenen Vorwürfe und damit auch den ausreichenden Schutz des Amtsträgers garantierenden Verfahrens, nämlich entweder eines *Dienststrafverfahrens* oder *eines Verfahrens gemäß § 71 DBG* durch Entscheidung des Führers selbst aus seinem Amt entfernt werden kann. . . . So wie sich die Dinge immer mehr entwickeln, *kann* es – namentlich im Kriege, wo gerade bei den Gemeinden mit ihren vielen kriegswichtigen Aufgaben auf eine stetige verantwortungsbewußte Leitung entscheidender Wert gelegt werden muß – *nicht weitergehen,* wenn von einer gemeindlichen Selbstverwaltung, so wie sie dem germanischen Wesen von jeher entsprochen hat, vom Führer gewünscht und in der Deutschen Gemeindeordnung gesetzlich verankert ist, noch die Rede sein soll. Es *muß deshalb durch persönliche, auch den Gauleitern bekannt* zu *gebende Entscheidung des Führers selbst klargestellt werden,* daß auch die Gauleiter und ihre Parteiorgane die Pflicht haben, mit den Gemeindeleitern solange zusammenzuarbeiten, als diese nicht in dem gesetzlich geordneten Verfahren aus ihrem Amt geschieden sind, und daß die Gauleiter die Oberbürgermeister *darüber hinaus* auch im parteiamtlichen Verkehr während ihrer Amtstätigkeit ihrer Stellung gemäß zu behandeln haben. . . . Es muß durch Führerentscheid ferner klargestellt werden, daß im pflichtmäßigen Ermessen liegende dienstliche Handlungen der Gemeindeleiter nicht zum Gegenstand von Parteiverfahren gemacht werden dürfen. Wenn diese Voraussetzungen für den Schutz einer selbstverantwortlichen Amtstätigkeit der Gemeindeleiter nicht geschaffen werden, so muß man die Deutsche Gemeindeordnung ändern und die Gemeindeleiter lebenslänglich bestellen und zu politischen, jederzeit in den Wartestand versetzbaren Beamten machen. Daß dies das Ende der Selbstverwaltung wäre, brauche ich nicht zu betonen; ich brauche aber auch nicht zu betonen, *daß wir dann bald keine Gemeindeleiter mehr haben werden* oder jedenfalls als Gemeindeleiter *nicht mehr Männer von ‚Format und Qualität', die nach Pflicht und Gewissen unter Achtung der gesetzlichen Vorschriften ihre Meinung vertreten, sondern Kreaturen.*"

Mit dem Amt des Reichsinnenministers übernahm Himmler auch dieses Problem, das bis zum Zusammenbruch des Dritten Reichs ungelöst blieb. Seine Anweisung jedenfalls, daß vorfristiges Ausscheiden von leitenden Kommunalbeamten unbedingt zu unterbinden sei[56], vermochte weitere Vorgänge dieser Art nicht zu verhindern[57].

AMTSVERSTÄNDNIS UND PRESTIGE

Abschließend bleibt noch die Frage zu diskutieren, ob die Oberbürgermeister im Dritten Reich ein neues Amtsbewußtsein und Selbstverständnis entwickelten oder ob sie in die Traditionen dieses Amtes einzutreten versuchten?

Das neue Amt prägte zweifellos Lebensstil, Auftreten und Amtsbewußtsein der neuen Oberbürgermeister. Insofern traten sie in die Traditionen des Amtes ein, dies um so mehr, als die Kompetenzen innerhalb der Verwaltung durch die neue Gesetzgebung und das Führerprinzip noch wesentlich ausgebaut wurden. Damit freilich wurden auch Spannungen und Probleme heraufbeschworen. Der Übergang von zunächst ehrenamtlicher zu hauptberuflicher und besoldeter Amtsführung stieß rasch auf den Unmut der kleinbürgerlichen Gefolgschaft. So beispielsweise war einer der schärfsten Vorwürfe gegen Rebitzki in Breslau, daß er sich eine Villa als Dienstwohnung habe zuweisen lassen[58]. Auch der autoritäre Stil der Verwaltungsführung, der bereits die früheren Oberbürgermeister gekennzeichnet hatte, rief in der Partei vielfach Unmut hervor[59]. Von Menge wurde auf die Frage, wann endlich die Einführung der Ratsherren erfolge, die Antwort kolportiert: „Mein eigener Rat ist mir immer noch der liebste, ich habe Ratsherren nicht dringend nötig"[60]. Hinzu kam das taktische Durchsetzungsvermögen vor allem durch die Betonung formaler Kompetenzen, dem gerade untergeordnete Parteistellen sich vielfach unterlegen fühlten.

Nach außen ist eher ein zusätzliches Legitimationsbedürfnis festzustellen. Dies ergab sich aus dem zwiefachen Problem, daß nie ein-

---

56 Staatsarchiv Ludwigsburg (StAL), E 131 III-F 1/L: RdErl.d.RMDI. v. 2. 3. 1944.

57 Dazu als Beispiel der Fall Zwingenberger. Vermerk Stuckarts (RMdI.) v. 18. 12. 1944 nach einem Gespräch mit Mutschmann: „Zwingenberger ist nicht haltbar" (vgl. Anm. 54).

58 Vgl. oben Anm. 39.

59 Dazu zahlreiche Klagen. Vgl. auch Matzerath, Nationalsozialismus, S. 248.

60 BDC, Arthur Menge: Ausarbeitung der Gauleitung „Zur Frage der ‚Ausschreibung der Oberbürgermeisterstelle in Hannover'".

deutig geklärt wurde, wie das doppelte Erfordernis fachlicher Qualifikation und politischer Zuverlässigkeit erfüllt werden sollte und wie grundsätzlich das Führerprinzip zu begreifen war: ob dem Oberbürgermeister nur die Leitung des Verwaltungsapparates zukam oder ob er gleichzeitig als Repräsentant des kommunalen Gemeinwesens gelten konnte. Nur insofern er in Personalunion Kreisleiter war, zur Uniform des politischen „Hoheitsträgers" gleichzeitig die Amtskette anlegen konnte[61], stellte sich dieses Problem nicht. Anderenfalls stand ein weiter gefaßtes Verständnis des Amtes in diametralem Gegensatz zum Anspruch der örtlichen politischen Leiter, daß die Partei auf lokaler Ebene den Volkswillen verkörpere.

Das Problem der zusätzlichen Legitimation betraf die einzelnen „Typen" in sehr unterschiedlicher Weise. Lag das „Defizit" bei den alten Nationalsozialisten vor allem in unorthodoxen Berufswegen und mangelnder Formalqualifikation, so hatten die übrigen ihre späte oder fehlende Parteimitgliedschaft zu kompensieren. Zusätzliche Legitimation aber konnte – auch dies ein Ausdruck der gespaltenen Realität im Dritten Reich – sowohl durch Parteiämter, Mitgliedschaft und höhere Ränge in den Parteiorganisationen oder aber durch soziales Prestige, etwa durch akademische Titel begründet werden (s. Tab. 10 und 11).

Die „Alten Kämpfer" konnten relativ hohe Parteiränge ins Feld führen, zudem waren sie häufig nicht nur Mitglied in den Wehrorganisationen, besonders in der SA, sie bekleideten in ihnen auch oft höhere Ränge. Von den sogenannten „NS-Prominenten" verfügte ein hoher Anteil über akademische Grade; ein Teil von ihnen hatte wenigstens zeitweise das Amt eines Kreisleiters innegehabt oder nahm Funktionen im kommunalpolitischen Apparat der Partei ein. Zudem war diese Gruppe besonders stark in der SA und SS vertreten. Die „NS-Juristen" rangierten bezüglich der Parteiämter bereits eindeutig hinter den beiden ersten Gruppen; auch der Anteil der SA-Mitglieder trat hier bereits spürbar zurück. Die wesentliche Legitimation der sogenannten „Märzgefallenen" lag in ihrem akademischen Grad; Parteiämter waren ihnen nur in geringem Maß zugänglich, allenfalls im

[61] So beispielsweise die Fotos des Oberbürgermeisters, der Beigeordneten und Ratsherren von Augsburg: Fünf Jahre Aufbau der Stadt Augsburg. Ein Rechenschaftsbericht über die Jahre 1933–1937. Augsburg 1938. Ähnlich ein großer Teil der abgebildeten Oberbürgermeister im Führer-Lexikon in Parteiuniform.

Tab. 10: Oberbürgermeister und Parteiamt.

Parteiamt	„Alte Kämpfer"	%	„NS-Prominente"	%	„NS-Juristen"	%	„März-gefallene"	%	„Fachleute"	%
(stellv.) Gauleiter*	6	12,8	—	—	—	—	—	—	—	—
Kreisleiter	21	44,7	5	22,7	14	21,2	—	—	—	—
Ortsgruppenleiter	3	6,4	1	4,5	2	3,0	—	—	1	4,2
HAL** f. Kommunalpol.	1	2,1	—	—	2	3,0	1	3,7	—	—
GAL** f. Kommunalpol.	2	4,3	2	9,1	4	6,1	—	—	—	—
Kr.AL** f. Kommunalp.	1	2,1	7	31,8	10	15,2	8	29,6	—	—
Sonstige Reich und Gau	5	10,6	1	4,5	6	9,1	2	7,4	1	4,2
Sonstige Kreis	2	4,3	—	—	4	6,1	3	11,1	4	16,7
Sonstige andere	—	—	—	—	1	1,5	2	7,4	—	
Keine Angaben	6	12,8	6	27,3	23	34,8	11	40,7	18	75,0
insgesamt	47	100,0	22	100,0	66	100,0	27	100,0	24	100,0

* Einschl. Fiehler als Reichsleiter. ** HAL = Hauptamtsleiter, GAL = Gauamtsleiter, Kr.AL = Kreisamtsleiter.

Tab. 11: Akademische Titel.

Parteiamt	„Alte Kämpfer"	%	„NS-Prominente"	%	„NS-Juristen"	%	„März-gefallene"	%	„Fachleute"	%
Dr./Professor	5	10,6	14	63,6	52	78,8	22	81,5	18	75,0
kein Titel	42	89,4	8	36,4	14	21,2	5	18,5	6	25,0
insgesamt	47	100,0	22	100,0	66	100,0	27	100,0	24	100,0

kommunalpolitischen Apparat der Partei. Sie waren daher auch oft um Mitgliedschaft in anderen Organisationen bemüht, konnten sich ihnen freilich bisweilen auch nicht entziehen. Die nicht oder erst sehr spät in die NSDAP eingetretenen „Fachleute" waren im allgemeinen darauf angewiesen, durch Mitgliedschaft in nationalsozialistischen Fachverbänden, als Mitglied des Opferrings der Partei oder als förderndes Mitglied der SS ihre grundsätzliche Loyalität zu erkennen zu geben. Ihnen blieb lediglich der Titel als Ausweis fachlicher Kompetenz und Ausdruck sozialen Prestiges.
Die ambivalente Haltung zum überkommenen gesellschaftlichen System ließ viele Oberbürgermeister weitere Titel und Funktionen suchen. So erwarb der Bonner Oberbürgermeister Rickert seinen Doktortitel erst während seiner Amtszeit 1943 mit einer Arbeit über: „Die Finanzen der Stadt Bonn von 1913—38". Auch die nationalsozialistischen Organisationen reagierten ausgesprochen sensibel auf Prestigefragen. Die Oberbürgermeister wurden — unter Berücksichtigung ihrer Stellung in der Partei — entsprechend ihrer beruflichen Position in die SA- und SS-Hierarchie eingruppiert. Zunehmend wurden weitere Beförderungen sowohl in der SA als auch der SS von weiterem beruflichen Aufstieg abhängig gemacht[62].
Die Personalunionen zwischen Partei- und Kommunalamt erwiesen sich für die Partei als zunehmend problematisch. Allzu oft mußte festgestellt werden, daß die Oberbürgermeister in Loyalitätskonflikte gerieten und sich nicht selten im Sinne ihres kommunalen Amtes entschieden. 1937 wurden daher Personalunionen zwischen Oberbürgermeister und Kreisleiter grundsätzlich untersagt, wobei den Amtsinhabern prinzipiell die Wahl zwischen beiden Positionen gelassen wur-

[62] In einem Aktenvermerk der SA-Führung in München vom 8. 1. 1941 über einen leitenden kommunalen Beamten findet sich die Bemerkung: „Eine Beförderung kommt erst dann wieder in Frage, wenn der Betreffende in seiner Zivilstellung vorwärtsgekommen ist" (BDC, Zeitler). Unter dem 14. 1. 1944 stellte der OA West der SS bezüglich eines Beförderungsvorschlages fest, daß „eine dienstgradmäßige Herausstellung in seiner Eigenschaft als Oberbürgermeister der Stadt Aachen" bereits mit dem Dienstgrad des Standartenführers 1940 „voll gewürdigt" sei (BDC, Jansen; gleichwohl Rang des Oberführers bereits zum 9. 11. 1943 erwähnt). Weitzel (OA West) befürwortete unter dem 11. 1. 1944 gegenüber Heißmeyer (SS-Hauptamt) eine grundsätzliche Stellungnahme Himmlers zugunsten der Übernahme von höheren Verwaltungsbeamten, insbesondere von Bürgermeistern und Oberbürgermeistern größerer Städte.

de[63]. Die Tatsache, daß sich die Oberbürgermeister durchweg für das kommunale Amt entschieden, läßt erkennen, daß dieses die größere Attraktivität besaß. Das ist sicher nicht nur der höheren Besoldung zuzuschreiben, sondern auch dem höheren Prestige, das diesem Amt traditionell zukam.

Dies alles kann freilich nicht über den Verfall des Amtes hinwegtäuschen. Ein Aufstieg in Spitzenpositionen des Systems erfolgte im Gegensatz zu früher so gut wie gar nicht. Als einzige Ausnahme wäre allenfalls Schwede-Coburg zu nennen, der 1934 Gauleiter in Pommern wurde. In einigen Fällen wie bei Dillgardt und Schlumprecht erfolgten Berufungen, die man noch halbwegs als Aufstieg bezeichnen könnte[64]. In den meisten Fällen aber handelte es sich um Stellenrotationen, die der Unterbringung politischer Problemfälle dienten[65].

---

[63] Zum Problem der Personalunionen einschl. dem der „Bürokratisierung": Matzerath, Nationalsozialismus, S. 237 ff.

[64] Just Dillgardt, Studium in Elektrotechnik und Maschinenbau sowie Nationalökonomie, Gebietsleiter im Amt für Technik, Oberbürgermeister in Duisburg und Essen, wurde 1938 Generalbevollmächtigter für Energiewirtschaft im Rahmen des Vierjahresplanes, ohne sein kommunales Amt aufzugeben. In seiner neuen Funktion scheiterte er aber 1940. Karl Schlumprecht, Jurist, 1933 Oberbürgermeister in Bayreuth, wurde 1937 Ministerialdirektor und 1944 mit der Wahrnehmung der Geschäfte des Staatssekretärs im Bayerischen Staatsministerium des Innern beauftragt. (Zu vorausgegangenen Konflikten mit dem Gauleiter: Jochen Klenner, Das Verhältnis von Partei und Staat 1933–1945. Dargestellt am Beispiel Bayerns. München 1974, S. 267 ff.). Ludwig Siebert, Bürgermeister in Rothenburg, nach kurzer Gastrolle im Frühjahr 1933 als Oberbürgermeister in Lindau bereits im März 1933 kommissarischer Finanzminister, im April bayerischer Ministerpräsident, wurde hier nicht berücksichtigt. Goerdeler hatte, abgesehen von seinem Sturz im Jahre 1937, wichtige Zusatzfunktionen auf Reichsebene bereits vor 1933 übernommen. Der geschäftige Oberbürgermeister von Halle, Prof. Dr. Dr. Weidemann, vermochte zwar zahlreiche Funktionen zu akkumulieren, scheiterte aber bei seinen Bemühungen um die Übernahme eines wichtigeren Oberbürgermeisteramtes. – Umgekehrt wurde 1939 der anhaltische Staatsminister Dr. Alfred Freyberg Oberbürgermeister von Leipzig.

[65] Durchgängig bemühte man sich, gestürzte Oberbürgermeister, besonders die Ehrenzeichenträger, entsprechend unterzubringen: neben dem oben erwähnten Zörner etwa Sahm als Gesandten in Oslo. Theo Habicht, bis 1931 Kreisleiter in Wiesbaden, 1932 Landesinspekteur der NSDAP in Österreich, dann 1937 vorläufig als Oberbürgermeister von Wittenberg untergebracht, und der Geschäftsführer der Reichstheaterkammer,

Aus alledem ergibt sich, daß sich ein spezifisch neues Amtsbewußtsein im Dritten Reich nicht entwickelte. In dieser Hinsicht lebte das Amt von der Substanz mit der Konsequenz, daß sich zunehmend eine Diskrepanz zwischen dem Prestige des Amtes und seiner politischen Potenz ergab. Die vielfache Beschwörung der „alten Städteherrlichkeit" vermochte diesen Zustand nur zu verkleistern.

ZUSAMMENFASSUNG

Trotz aller Ansätze, an die Traditionen des Amtes anzuknüpfen, ist letztlich ein tiefreichender Bruch zwischen dem Amt des Oberbürgermeisters vor und nach 1933 festzustellen. Damit änderte sich zugleich das Profil des Oberbürgermeisters im Dritten Reich gegenüber dem in der Weimarer Republik.

Das Amt des Oberbürgermeisters verlor im Dritten Reich weitgehend die politische Bedeutung, die es vorher besessen hatte. Die veränderte Rechtsstellung des Gemeindeleiters[66], die verschärfte Staatsaufsicht, die engeren finanziellen Möglichkeiten sowie die zahllosen Auseinandersetzungen mit Staats- und Parteiorganisationen um den Erhalt der bisherigen Kompetenzen, hatten zugleich eine wesentliche Schwächung der Position des Oberbürgermeisters bewirkt. Die eigentliche politische Abhängigkeit indessen bestand gegenüber dem Gauleiter. Die Gauleitungen als personalisierte Machtzentren hatten zugleich die

---

Alfred Eduard Frauenfeld, zuvor Gauleiter in Wien und 1934 nach Deutschland geflohen, sollten mit Hitlers Zustimmung eine „angemessenere Verwendung" finden. Aufschlußreich die Begründung von Staatssekretär Stuckart gegenüber Lammers (25. 6. 1938): „Beide Positionen entsprechen nach Auffassung des Gauleiters Hofer, der ich mich anschließen möchte, nicht einer angemessenen Verwendung der beiden Persönlichkeiten, darüber hinaus wohl auch nicht dem von ihnen in der Partei bekleideten Landesleiter- bzw. Gauleiterrange." (BAK, R 43 II/573a). Trotz verschiedener Anläufe kamen beide bei kommunalen Spitzenstellen nicht zum Zuge; Habicht wurde für kurze Zeit Oberbürgermeister in Koblenz, ging dann aber ins Auswärtige Amt als Unterstaatssekretär. Zu Sievers (von Flensburg nach Brandenburg) vgl. Matzerath, Nationalsozialismus, S. 287 (Anm. 291).

[66] Dazu besonders Rudolf Suthoff-Groß, Die Rechtsstellung des Bürgermeisters in seinem Verhältnis zum Staat und zu den übrigen Beamten der Gemeinde. Berlin 1941, bes. S. 109 ff. Vgl. auch Matzerath, Nationalsozialismus, S. 329 ff.

politische Potenz der Großstädte als regionale Zentren aufzusaugen begonnen. Die Einschleusung von Vertrauensleuten führte nicht nur zu einer Schwächung des Oberbürgermeisters, sie trug zudem tiefreichende Auseinandersetzungen, auch in Form von Loyalitätskonflikten, in die Verwaltung hinein.

Die häufigen Wechsel, einschließlich auch der teils langwierigen Interimszustände, während derer die Städte kaum handlungsfähig waren, bedeuteten eine zusätzliche Schwächung des Amtes. Zwar waren die Oberbürgermeister durchgängig bemüht, an die Traditionen des Amtes anzuknüpfen und damit die Grundlagen ihres eigenen Wirkens zu erhalten. Zunehmend indessen wurde bewußt, daß das Konzept des totalitären Bewegungsstaates und das auf klaren Kompetenzen und geregelten Verfahrensweisen beruhende Selbstverwaltungsprinzips unvereinbar waren. Läßt bereits die geringe Amtsfestigkeit von Vertretern aller Gruppen erkennen, daß die Probleme im Amt und nicht in der Person einzelner Amtsinhaber begründet waren, so befanden sich die nationalsozialistischen Juristen hier in einem besonderen Zwiespalt, der sie in einen immer schärferen Gegensatz zur Partei brachte[67]. Die scheinbare Stärkung des Oberbürgermeisteramtes durch die Ablösung von der lokalen Willensbildung – von konservativen und nationalsozialistischen Gemeindeleitern nach 1933 vielfach begrüßt – erwies sich als eine der wesentlichen Ursachen seiner Schwächung. Sie nahm dem Oberbürgermeister die Legitimation durch den örtlichen Entscheidungsprozeß und machte ihn und die Kommunalverwaltung anfällig für Einwirkungen von außen. Zunehmend wurde er – in Theorie und Praxis – Instrument von Zielsetzungen, die außerhalb der Verwaltung formuliert wurden. Damit degenerierte die Kommunalverwaltung mehr und mehr zur bloßen Administration, zur Durchsetzungsapparatur[68].

Das Dritte Reich bewirkte eine einschneidende Durchbrechung des bisher gültigen Laufbahnmusters, von dem vorher allenfalls die sozialdemokratischen Oberbürgermeister in der Weimarer Republik ab-

---

[67] So etwa hieß es von dem Oberbürgermeister von Weißenfels, Dr. Zeitler (Pg. seit 1931), er sei „zu sehr Jurist und zu wenig Politiker"; BAK, NS 25/403 (Gau Halle-Merseburg, Amt für Kommunalpolitik am 2. 12. 1935 an das Hauptamt für Kommunalpolitik). Vgl. auch die Beurteilung von Schlumprecht bei Klenner, Verhältnis, S. 268.

[68] Zum Verhältnis von „Führung" („Menschenführung") in der Gemeinde: Matzerath, Nationalsozialismus, bes. S. 230 ff.

gewichen waren. Einen einheitlichen, neuen Typ des Oberbürgermeisters brachte es hingegen nicht hervor. Vielmehr standen Gruppen mit sehr unterschiedlichem sozialen und politischen Profil nebeneinander. Daß Vertreter aller dieser Gruppen prinzipiell den gleichen Konflikten ausgesetzt waren, beweist, daß diese Probleme systembedingt waren und nicht etwa aus der Durchsetzung einer genuin nationalsozialistischen Personalpolitik resultierten. Neben den erwähnten Begrenzungen des Amtes war es in erster Linie die je nach regionalen und lokalen Bedingungen unterschiedlich starke strukturelle politische Abhängigkeit vom Gauleiter, die auch tüchtige Oberbürgermeister an der Entfaltung ihrer Fähigkeiten hinderte, zumal neue Aufgaben wie etwa die Gestaltung der Führer- und Gauhauptstädte zu Sonderaufgaben tendierten[69]. Das Fehlen herausragender Persönlichkeiten und der mangelnde Aufstieg in Spitzenpositionen des Systems war daher nicht zufällig. Ebenso muß die Tatsache, daß konservative Kommunalpolitiker wie Goerdeler und Menge oder ein prominenter nationalsozialistischer Oberbürgermeister wie Strölin zum Widerstand fanden, als Ausdruck der Tatsache begriffen werden, daß der herkömmliche Inhalt des Selbstverwaltungsprinzips und die Realität des nationalsozialistischen Führerstaates einander ausschlossen. Weder also war der Oberbürgermeister im Dritten Reich in besonderer Weise Repräsentant des nationalsozialistischen Staates noch vermochte er gegenüber dem Nationalsozialismus die Tradition einer lokal begründeten Sonderautonomie zu verkörpern. Allenfalls konnte er mit fallweise sehr unterschiedlichem Erfolg versuchen, mittels der gesetzlichen Bestimmungen – vor allem der Deutschen Gemeindeordnung – einen Wall gegen die faktisch nicht begrenzbaren Ansprüche der Partei zu errichten.

---

[69] Dazu besonders Joachim Petsch, Baukunst und Stadtplanung im Dritten Reich. München 1976; Jost Dülffer, Jochen Thies, Josef Henke, Hitlers Städte. Köln 1978; Jochen Thies, Nationalsozialistische Städteplanung: Die „Führerstädte". In: Die alte Stadt 5 (1978), S. 23 ff.

ZUSAMMENFASSUNG

VON OTTO BORST

Die in den vorstehenden Referaten gelieferten, vielfach Neuland erschließenden Forschungsbeiträge und deren ungemein anregende Diskussion haben zu diesem, wenn ich recht sehe, erstmals in dieser Breite angegangenen Thema „Oberbürgermeister als politische Elite" so reiche Beisteuer erbracht, daß es vermessen wäre, in einer notwendig knappen Zusammenfassung das ganze ausschöpfen oder „alles sagen" zu wollen. Das Folgende soll deshalb lediglich drei Hauptfragenbereiche herausgreifen: I. Wo sind Materialien zur Standes- und Sozialgeschichte der „Oberbürgermeister" geliefert worden? II. Wo sind typische Eigenschaften, wo ist ein „Typus Oberbürgermeister" zu erkennen? III. Tritt uns hier eine Elite gegenüber oder nicht?

I.

Die Materialsammlung hat im Vortrag und im Gespräch mancherlei Fragen vor allem methodologischer Art aufgeworfen. Wo liegt z. B. von Fall zu Fall die individuelle Leistung eines Oberbürgermeisters? B. Kirchgässner hat die Frage nach den dafür vorzeigbaren Quellen gestellt; D. Rebentisch hat für Landmann — aber nur von ihm war die Rede — ein historiographisch unzweifelhaftes Exempel gebracht. Vielleicht ist ein Satz aus dem Referat über v. Schuh hier sehr bezeichnend: „Was hat nun Dr. von Schuh für Nürnberg geleistet, oder anders gesagt, was wurde unter ihm für die Stadt geleistet?"

Sicher ist das nicht nur unverbesserliche Philologenakribie, sondern auch die originäre kritische Historikerfrage, wenn man wissen will, ob dieser Verwaltungsakt, dieser kommunalpolitische und — hoffentlich — in den Protokollen erscheinende Beschluß, diese Formulierung oder diese Rede tatsächlich vom Oberbürgermeister selbst stammt, oder aber von seinem Büro, von einem seiner Ressortchefs, von einem seiner Parteifreunde, von seinem „Ghostwriter". Ich bin mir gar nicht ganz im klaren, ob wir als Historiker gerade für die neuere Zeit immer ganz berücksichtigen, ob der Chef tatsächlich immer auch gelesen hat, was er unterschrieb, ob er die Rede, die er abgelesen und welche die Presse dann publiziert hat, auch je vor dem Vortrag ansah. Wo lag das Moment (im Sinne von Entwicklungsschub) in einer Persönlichkeit, und wo lag das Moment im Trend der Zeit und im Ineinandergreifen von Strukturen? Wo haben wir konkrete Belege dafür, wenn wir sagen (so W. Klötzer), Adickes habe (in nur sieben Jahren!) „Altonas Selbstbewußtsein gestärkt"? War es dieser Mann, oder war es der allenthalben heraufziehende und freilich mit dem „Mann" sich identifizieren wollende Bürgerpomp? Ist Frankfurt wirklich nur durch Adickes Großfrankfurt geworden; verdankt man nur dieser Persönlichkeit den Weg Frankfurts „von der Provinzialstadt mit schlimmstem Kastengeist zur kosmopolitischen Stadt"? Oder hatten nicht bestimmte — man denke nur an Helmut Böhmes Buch[1] — geopolitische, wirtschaftsgeschichtliche, kultur- und geistesgeschichtliche Gegebenheiten und Bedingtheiten die Entwicklung so angelegt? Ein Oberbürgermeister konnte sie natürlich nach oben oder unten noch korrigieren.

Hier wird ganz allgemein wohl noch tiefer angesetzt werden müssen, auch in der Hinsicht, daß hier nicht Stadtgeschichte, sozusagen kommunale Hofhistoriographie, vonnöten ist, sondern vergleichende Städtegeschichte. Adickes als der erste Oberbürgermeister als Bodenreformer: Darüber muß man noch reden. Adickes als der Mann, der das erste Arbeitsamt eingerichtet hat: Ich kenne mindestens fünf deutsche Städte, die diesen Ruhm für sich, für eine Zeit seit Anfang der achtziger Jahre in Anspruch nehmen.

Das sind dann keine pedantischen Notationen, wenn die Leistung eines Einzelnen damit angegangen und artikuliert werden soll. Dieser Einzelne war mit dem Thema dieser Tagung der Oberbürgermeister, und unsere Frage ging dahin, wie wir dieser Leistung in einem möglichst stichhaltigen, d. h. für den Historiker möglichst zeitunabhängigen Maße habhaft werden. Es mußte auffallen, daß mit diesen drei großen Zeiträumen, welche die Referate erfaßt haben — vereinfacht gesagt: Gründerzeit, Weimarer Zeit, Drittes Reich — auch alle Mal etwas vom Zeitgeist entweder in die Oberbürgermeister selbst oder in die Darstellung von ihnen eingeflossen ist. Das Vakuum der Weimarer Zeit läßt den Oberbürgermeister quasi als einen „rocher de bronze" erscheinen. Er hat gerade das, was die Zeit heimlich haben möchte: Er verkörpert Kontinuität, nicht allein Macht, sondern auch

[1] H. Böhme, Deutschlands Weg zur Großmacht. Studien zum Verhältnis von Wirtschaft und Staat während der Reichsgründungszeit. Köln 1966.

Macht-Aktivität, er präsentiert in einer weithin verunsicherten, entfremdeten politischen Landschaft eine Region, einen Menschenschlag, eine Heimat. Man versteht ihn, wie es in einem der Referate hieß, als „Symbol der Stabilität". Vielleicht muß von hier aus auch das von R. Morsey zitierte Wort von Adenauer als einem der „Großen im Lande" verstanden werden. Stresemann hat es im Nachtschnellzug von Köln nach Berlin niedergeschrieben: Die Oberbürgermeister vom Schlage Adenauers seien heutzutage die Mächtigsten und Unabhängigsten im Lande. Da liegt auch viel vom Neid dessen drin, der als Berliner Minister über diesen Hintergrund, über diese personale Dekkungsgleichheit zwischen Mann und Stadt nicht verfügt. Der Oberbürgermeister im Dritten Reich – gleichsam das Vexierbild, das Gegenteil: zentralistische Diktatur, wenn auch keineswegs in monolithischer Form. Dagegen muß der Oberbürgermeister „alter Art", als Moderator von Genossenschaftlichkeit, eine nutzlose, antiquierte, wo nicht lächerliche Figur sein.

Der Oberbürgermeister der Gründerzeit: die nahtlose Weise, mit der hier Mann und Zeit sich zu entsprechen scheinen, könnte Mißtrauen erwecken. Die industriell großstädtischen Aufbauprobleme zu bewältigen, bedurfte Nürnberg „als Bürgermeister eines überdurchschnittlich begabten Mannes. In Dr. jur. Georg Schuh wurde er gefunden". Von Adickes wird gesagt, daß er sehr wohl auch „den Sünden eines Neo-Imperialismus verfallen" sei. Wo, fragen wir? Sollte, was im einzelnen zu klären wäre, der Bereich „Sanierung" und „Erweiterung" dazugehören? Im Referat Adickes scheint die Groß-Sanierung unter Adickes' persönliche Leistung subsumiert worden zu sein, und ganz gewiß haben auch zeitgenössische Panegyrika (unsere Quellen) das so gesehen. Wir heute sind hier empfindlicher und kritischer und fragen, ob das eine Leistung oder am Ende urbane Zerstörung war. Im letzten Viertel des vergangenen Jahrhunderts sind die Städte, wie sattsam bekannt, allenthalben „ausgelaufen" und haben sich auf der Vorzeigeseite mit gewaltigem Dekor versehen. Damals hat man gern eine Persönlichkeit und am besten den Herrn Oberbürgermeister mit diesem und jenem Kasten identifiziert. Ob wir das heute auch tun dürfen? Mehrfach sind Eingemeindungserfolge als Aktivposten für den Gründerzeit-Oberbürgermeister gebucht worden: Denken und urteilen wir hier nicht zu sehr im Stile jener Nekrologe, die diesen Männern seinerzeit nachgeschickt wurden? Wie beurteilen wir Eingemeindungen heute, inwieweit erkennen wir in ihnen nicht auch Abfärbungen „imperialistischer" Haltungen, die auch in mancherlei angeblicher Stadtkonkurrenz um 1900 zum Ausdruck kommen können? Mit

wem hat Nürnberg um 1900 eigentlich, wo nicht mit München, ernsthaft konkurriert, d. h. wo hat der Politiker Schuh mit der Lösung von der Konkurrenzgefahr einen weiteren Türken gebaut?
Gründerzeit sehnt sich, mit Fontane zu reden, nach „Pompositāt", nach historisierender Aura, nach dem steingewordenen Denkmal, nach dem Gestus des großen Mannes: Wagner, der große Musiker, Lenbach, der große Maler, Bismarck, der große Politiker, Nietzsche, der große Philosoph, der den Übermenschen im Beutel hat: Friedrich Wagner, Adickes, Schuh etc. als der große Oberbürgermeister. Das Reich hat seinen Bismarck, die großen Städte ihre Bismarcke, und in dieses Kapitel gehört sicherlich die in mehreren Referaten fast stereotyp wiederkehrende Rede von der „ungewöhnlichen Arbeitskraft" dieses und jenes Gründerzeit-Oberbürgermeisters. Er arbeitet noch und wacht für uns, wenn wir schlafen, der Große Bruder, wir danken ihm, wir gehorchen ihm. Die Sozialpsychologie kennt die gründerzeitliche Unterwerfungslust des Bürgers unter den Arm des Großen; Böcklin und andere haben das illustriert, Freud kommt aus dieser Zeit, übrigens aus dem Wien des großen Lueger – diese Unterwerfungslust hat etwas Pathologisches. Adickes sei ein Despot gewesen, wenn auch mit „höchsten Führungsqualitäten", der denkmälerbauende Schuh bekam eine Beschwerde über autoritäre Amtsführung, er habe „ein strenges Regiment geführt", den Vorwurf „autokratischen Handelns" macht man ihm, und ein ganz Gottloser schilt ihn einen „Schulmeister", womit er einmal mehr die Nähe vom Präzeptor zum Tyrannen erweist. Lehr sagt das ungeniert deutlich, halb altrömische Konsequenz, halb schwellendes Renaissance-Pathos: „Aut Caesar, aut nihil". Man fühlt sich da (augenscheinlich gehören auch die Bürger-Meister jetzt in die martialische Führer-Reihe) sehr an die Postkarten um 1900 erinnert, an die nationalen Recken mit Führerblicken und Sendungsbewußtsein. Etwas davon hat auch eine Gestalt wie v. Schuh. Sein Foto, eine Art Schützenmeister in Potenz, haben wir gesehen.
Wir fragen uns, was, wenn wir alles Zeitbedingte abziehen, an Leistung übrig bleibt. Es geht darum, als Historiker, eingedenk solcher Zeitsprache und solchen Zeitstils, unabhängig davon Leistung evident zu machen, – Leistung, die wir heute, wo wir die Nachwirkungen abwägen können und müssen, noch akzeptieren können. Wenn wir sagen, v. Borscht sei der „glanzvollste" Münchener Oberbürgermeister gewesen, dann sprechen wir eigentlich noch im Stil der Gründerzeit. Die ganze Epoche ist Festivität und rauschende Gesellschaft. Und wenn gesagt wird, diese Oberbürgermeister konnten gar nicht anders sein als groß, weil die Zeit Großes verlangte, dann haben wir einge-

standen, daß hier nicht nur die Leistung des Einzelnen, sondern auch die Entsprechung zur Zeit, das, was die Zeit haben und sehen wollte, mit einzukalkulieren ist.

Schließlich: Wo ist unser Maßstab? Haben wir hier nach einer eigenen Kategorie Größe und Leistung zu werten, nämlich nach einer spezifisch kommunalpolitischen, nach dem, was eine Gemeinde haben muß, auch wenn sie, wie H. Matzerath gezeigt hat, seit 1935 als solche rechtlich keine Sonderstellung „Stadt" mehr kennt? Waren das nur Karrierebeamte des Kaiserreichs? Oder eine Gruppe von Spitzenkönnern, die politisch führende, gesellschaftlich wirksame, auch den Geschmack bestimmende oberste Gesellschaftsschicht: eine Elite? Wenn R. Morsey in der Diskussion einmal die Wendung gebrauchte, Adenauer habe sozusagen „Klinken putzen müssen", dann assoziieren wir damit nicht eigentlich Eindrücke von Führungs- und Herrschaftsschicht, gar von solcher, die aus aristokratischen Systemen („Elite") erwachsen ist. Deutlich sind damit soziologische Fragen und Implikationen von Standeselite angesprochen: War der Oberbürgermeister um 1900 überhaupt eine bürgerliche Sache, fand in diesem Amt spezifisch bürgerliche Mentalität ihren sublimsten, ihren elitären Ausdruck? Der Sommer 1913, so im Referat Hirschmann, habe Georg Schuh zum „Höhepunkt seiner stolzen Karriere" geführt, „brachte sie ihm doch Erfüllung des höchsten Wunsches, den damals ein prominenter Bürger hegen konnte, die Würde des erblichen Adels". Das ist nun freilich eher köstliche Gründerzeit, die Perversion des gemeindlichen und des bürgerlichen Werthorizontes: Größter Bürger ist der, der Adliger geworden ist.

Ob der und der „hinausgewachsen sei über den Oberbürgermeister", hieß es einmal in der Diskussion; der eine und der andere Oberbürgermeister habe, so wörtlich, das „Zeug zu Höherem" gehabt. Scheidemanns Umzug auf den Oberbürgermeisterposten nach Kassel, nach S. Miller, war ein Abstieg, und nicht umgekehrt. Schließlich fiel das Wort von der „Reserveelite", einem Paradoxon. Elite präsentiert sich doch darin, daß sie führend agiert, im ersten Glied, in aller Freiheit, in aller Selbstverständlichkeit, nicht in der Reserve, die man manchmal braucht, häufig aber nicht. Es geht hierbei nicht allein um die Frage, was wir als kommunalpolitische Konstante akzeptieren und wo wir selbst durch das dynastisch-staatlich-nationale Ambiente gleichsam verseucht sind. Es geht hier auch um den Begriff und um die Zuteilung der Auszeichnungsetikette „Elite". Sollte der eine und andere Oberbürgermeister immer nach „Höherem" geschielt haben, dann ist das ein deprivativ bestimmter Komplex, aber keinesfalls elitäres Selbstbewußtsein.

II.

Wir haben also genauer zu fassen, wer diese Oberbürgermeister überhaupt waren. Zeichnen sich typische Eigenschaften ab, verrät sich ein Typus? Zunächst fiel auf, daß die Mehrzahl der Vorgestellten den Weg zum Oberbürgermeister vielleicht nicht als Ersatz, aber doch als Ausweg gesucht haben. Adickes reizt die mögliche Verbindung von Theorie und Praxis, aber auch er sieht den kommunalen Weg als einen geschickten Einstieg. Adenauer kann in seiner Karriere gar nicht anders als zur Kommunalverwaltung; Böß und Landmann, Chr. Engeli hat das gezeigt, haben nur diesen Weg; auch Lehr lockt die Sache, ohne daß wir einen festen Plan erkennen würden, und Reuter hat gar keine anderen beruflichen Chancen. Das Amt reizt, genauer gesagt: seine in ihm liegenden Möglichkeiten, die einmal mit Verbindung von Theorie und Praxis, einmal mit schöpferischer Betätigung umschrieben worden sind. Das Amt bietet freilich auch einen Spielraum, bei aller Abhängigkeit der sogenannten Selbstverwaltung von der Staatsaufsicht, genau diesen Spielraum, den das Dritte Reich (vgl. D. Rebentisch) keinesfalls mehr zu vergeben hat. Wir sollten dieses Wort vielleicht ernst nehmen, das Spielerisch-Künstlerisch-Schöpferische: Derjenige schafft das, als Oberbürgermeister, am besten, der hohe Fachqualität (wie sie freilich selten vorkommt und anzutreffen ist) mit der Fähigkeit und der Lust am Spiel zu verbinden weiß: Adenauer hat das in genialer Weise verstanden.
Das Gegenbild dazu ist die Version des Dritten Reiches, sozusagen der Anti-Oberbürgermeister. Das Einbürgern und der Aufstieg zur Lokalelite entfällt, man versetzt den Oberbürgermeister wie jeden anderen Beamten; im Volksmund geht die Rede von den Wandergewerbescheinen für Oberbürgermeister; für persönliche Gestaltungskraft ist wenig Raum da, und für schöpferisches „Spiel" überhaupt nicht. Jetzt bedient der Oberbürgermeister nurmehr einen Apparat von Ämtern innerhalb fester Kompetenzverhältnisse, und schließlich wird Kommunalpolitik Reichssache, und der Berliner Zentralismus drückt die Oberbürgermeister „der Metropolen im Lande zu Verwaltungsleitern von Provinzstädten herab" (D. Rebentisch).
Vor 1933 sind sie etwas Besonderes, diese Oberbürgermeister; sie stehen fast alle extra ordinem; sie sind von unerhörtem Selbstbewußtsein, fast alle. Der Ressortminister, der Dezernent ist für seinen

Sektor da – der Oberbürgermeister für alles, er muß den Überblick haben; der setzt sich am besten durch, der sich nicht verliert, der delegieren kann (Adickes, Adenauer sind Meister darin). Zum Vorschein kam auch in den einzelnen Biographien, daß es sich allemal um Männer handelt, die dann reüssieren, wenn sie Entwicklungen zu beurteilen, ja überhaupt zu erfassen in der Lage sind. Miquel, mehr der Ressortminister, kann oder wagt das nicht. Damit ist die Fähigkeit verknüpft, sich – täglich verschiedensten gesellschaftlichen Gruppen gegenüber – umzustellen, die Disposition zur allemal präsenten Flexibilität: „Krisenmanager" Adenauer (R. Morsey)! Denkbar, daß der eine oder andere Oberbürgermeister, wie W. Hofmann sagt, „zwischen allen Stühlen" steht. Indessen gibt ihm diese gar nicht einmal ungewollte Situation auch extraordinäre Möglichkeiten eines unabhängigen, oft undurchsichtigen, oft unkontrollierbaren Arrangements. Ganz gewiß ist derjenige der bessere oder beste Oberbürgermeister, der die Gruppen seines Großbereichs – meistens Streithähne mit immer wieder neuen Querelen – integrieren, einordnen, versöhnen kann: Der Oberbürgermeister als eine Verbindung von Durchstehvermögen und geschickter Menschenführung.
Vor allem ein Mann, der sachlich sein kann. Adenauer kennt seine Grenzen (R. Morsey), doch auch, weil er sich nicht in Gebiete vorwagt, in denen er keine Kompetenzen mehr haben kann. Die Stadt, jede Stadt ist ein plurales Unternehmen, vielleicht so etwas wie ein Mikrokosmos – jedenfalls in dieser Vielfalt ein Bereich, der erzieht. Deshalb wohl das Wort von der „Gesamtpersönlichkeit" Adenauer, deshalb wohl auch die von B. Kirchgässner für den Oberbürgermeister postulierte „Distanz zur eigenen politischen Basis". H. Croon konstatiert, die Oberbürgermeister hätten „keine eigene Parteipolitik" getrieben, S. Miller, die SPD-Oberbürgermeister hätten sich innerhalb der Partei zumindest nicht als Oberbürgermeister geriert und nicht von dort her in Parteipolitik gemacht, und vielleicht liegt auch S. Millers Wort von der unprätentiösen Art Hermann Beims' auf dieser Ebene.
Was die Jahre des Dritten Reichs anlangt, so wird hier im nachhinein die Frage der Elite-Effizienz noch einmal besonders beleuchtet. Wenn wir im Falle der Oberbürgermeister eine Elite vor uns haben, so scheint sie jedenfalls in den wenigen Nazi-Jahren befremdlich zusammengefallen und dann überhaupt verlöscht zu sein. Von Goerdeler abgesehen, ist die Teilnahme der Oberbürgermeister am aktiven und geistig-ideologisch tiefer fundierten Widerstand quantitativ so gering, daß ein Vergleich mit den Eliten – Adel, Offizierkorps, Pfar-

rerschaft beider Konfessionen und so fort – gar nicht gezogen werden kann. Die Oberbürgermeister der Nazizeit verlegen sich, wenn es gut geht, aufs Abdichten der Verwaltung gegen Einflüsse der Partei, im übrigen meiden sie offene Auseinandersetzungen. Als Reservoir „für die Besetzung zentraler Positionen" (D. Rebentisch) hat das Oberbürgermeisteramt im Dritten Reich nicht gedient.
Eines ist freilich aus allen Epochen sichtbar geworden: nicht das Amt hat den Mann gemacht, sondern der Mann das Amt. Luppe – so Chr. Engeli – sagt, er habe auch jedes andere Amt übernehmen können. Beims meint, das Amt habe seinem Wesen entsprochen, was doch heißen will, daß man den Oberbürgermeister-Stuhl ausfüllen können muß. Das legt übrigens auch von dieser Perspektive noch einmal nahe, für den Oberbürgermeister keine Laufbahnnormen zu suchen, überhaupt keine Norm: Als Einzelner ist der Oberbürgermeister vielleicht sogar mehr als „Elite". Auch wenn der Oberbürgermeister aus einer Partei gekommen und aufgestiegen ist, hat er ja keine konventionelle und beliebig übertragbare Laufbahn ad hoc hinter sich. Letztlich ist der Oberbürgermeister ebenso wenig erlernbar wie er andererseits keinesfalls „qua Amt zur jeweiligen lokalen Elite" (H. Matzerath) gehört. Das Amt macht es nicht: die SPD-Leute unter den Weimarer Oberbürgermeistern bleiben das, was sie soziologisch waren oder sind, und über das Amt führt sie kein Weg zur Solidarität mit den anderen, den übrigen Oberbürgermeistern (wie umgekehrt).

III.

Das ist für die Elitefrage kein guter Start: wir haben meist Einzelne anvisiert. „Elite", das Wort, meint einen Plural und ein Kollektiv. Elite: das sind „die" Inhaber von Herrschaftspositionen, von privilegierten Positionen. Doch besitzen die Oberbürgermeister des hier behandelten Zeitraumes wirklich die Merkmale der Zugehörigkeit zu einer Elite? Es scheint bezeichnend, daß Adenauer, wie R. Morsey sagte, bisher von der Eliteforschung nicht gewürdigt worden ist. Er ist ganz sicher der Prototyp des Ausnahmefalls, in dem politisches Ingenium komprimiert ist. Bezeichnend ist, daß im Referat Adenauer auf die selbstgestellte Frage, worin sich Adenauer als Angehöriger einer Elite verstanden habe, worin sich das geäußert habe, die Antwort gegeben wurde: Er hat sich unabhängig gefühlt und frei von Minderwertigkeitsgefühlen. Das ist genau das Gegenteil von Elite: eben nicht Zugehörigkeit, sondern überragende Einzelposition.

Was ist Elite? Davon, von einer determinierenden Funktion, ist in den Referaten und Gesprächen in vorteilhafter Weise Abstand genommen worden. Da und dort fiel das Wort von der „Prominenz" oder „prominenten Politikern" unter den Oberbürgermeistern als Attraktion: „Prominenz" ist nicht, oder jedenfalls nicht immer „Elite". „Standeselite" kann Elite sein, die — vorgenommene — Klassifizierung durch Titel oder Orden ist zu äußerlich, zu vordergründig. Gerät „Funktionselite" nicht in die gefährliche Nähe der lediglich ausübenden Institution im Sinne Max Webers? Funktionieren, Tun braucht noch keine elitäre Qualität zu haben. Wenn von den „Banken" und „Kirchen", den „Zeitungsverlagen" und „Journalisten" als „städtischen Eliten" gesprochen wird, scheint eine Verwechslung mit Einflußgruppen vorzuliegen. Bedeutet Elite nicht in erster Linie: eine nur vordergründig durch ihre Funktionen, eigentlich und wesentlich durch ihre weltanschaulich-ideologische Kollektivhaltung bedingte Gruppe, die im gesellschaftlich-politischen Raume führt? Die Wirksamkeit im Gesellschaftlichen, das ist sicher unverzichtbarer Bestandteil einer Definition. Aber auch eine Langzeit muß der elitären Gruppe eigen sein, die „Tradition", die „Schule" (nicht im wörtlichen Sinne: Haus mit Schulbänken, sondern tradierbare und tradierte Form, Haltung).

Bilden in diesem Sinne — bezeichnenderweise haben wir allemal von „dem" und „dem" Oberbürgermeister gesprochen — die Oberbürgermeister eine Elite? Gab es das, im soziologisch-anspruchsvollen Sinne der Elite, ein Corpus der Oberbürgermeister? Was die Schule anlangt — wie etwa die Schulen der drei Eliten Generalstab, Societas Jesu, Royal Navy —, so scheint das gerade im Widerspruch zu dem zu stehen, was man als „großen Oberbürgermeister" bezeichnet hat: Es kann und konnte nur ein schlechterer folgen. Der Hinweis im Referat D. Rebentischs, die NS-Oberbürgermeister des Dritten Reiches hätten versucht, sich „mehr oder weniger stark dem überkommenen Selbstverständnis des Oberbürgermeister-Amtes" zu nähern, scheint dem entgegenzustehen. Aber auf die Länge der Jahre des Dritten Reiches fällt gerade hier der Oberbürgermeister als Meister, als Artist des Spielraums, zusammen wie ein Kartenhaus, am Ende bleibt der Befehlsempfänger: von Schule keine Rede.

Die Wirksamkeit, sagten wir, ist wichtig, das Durchsetzen von Rahmenvorstellungen in der Gesellschaft. Das preußische Herrenhaus, dem wir die Ersten Kammern der süddeutschen Staaten hinzuzufügen hätten, ist mehrfach genannt worden. Trotz der Lex Adickes, die dort zustandekommen kann, aber nicht muß — da gibt es auch andere

Wege –, scheint die Durchsetzungsmöglichkeit hier doch auch begrenzt gewesen zu sein. 15% Oberbürgermeister nennt W. Hofmann als Zugehörige des Herrenhauses, das insgesamt einen mehr retardierenden Charakter gehabt habe: Das spricht in quantitativer wie in qualitativer Weise nicht für massive Durchsetzungslust.
Bleibt der lokale Raum, der dem Oberbürgermeister genuine Raum? „Zentrale Elite" kontra „Regionale Elite", womit gesagt ist, daß es auf verschiedenen Ebenen verschiedene Eliten geben kann, es gibt auch eine Dorfelite. „Für Düsseldorf war Lehr ein großer Oberbürgermeister" (W. Först); das ist sicher eine übertragbare Formulierung. Die SPD-Oberbürgermeister exponieren sich während der Weimarer Jahre in der Reichspolitik nicht (S. Miller), und mit singulären Abweichungen wird man das für die deutschen Oberbürgermeister zuvor und danach überhaupt sagen dürfen. Es sind – das haben die Referate dieses Forschungstreffens gezeigt – Männer elitären Charakters für ihre Stadt und ihre Stadtregion und – die Parteiwichte des Dritten Reiches machen den Kontrast deutlich – alles in allem großartige Beispiele für Können, Diszipliniertheit und öffentlich-politische Gestaltungskraft, für eine Haltung, die in ihren markantesten Vertretern allen irgendwie kleinbürgerlichen Behaglichkeiten zu entsagen und einem – auch dadurch elitären – Dienstethos sich zu verpflichten weiß.

PERSONENREGISTER

(OB = Oberbürgermeister)

A

B

C

D

P

R

S

T

www.ingramcontent.com/pod-product-compliance
Lightning Source LLC
LaVergne TN
LVHW042240300926
849161LV00003B/413

* 9 7 8 3 4 8 6 4 1 7 9 9 9 *